中央宣传部　新闻出版总署　农业部

推荐“三农”优秀图书

规模化生态放养鸡

（第 2 版）

李　英　谷子林　主编

中国农业大学出版社

·北京·

图书在版编目(CIP)数据

规模化生态放养鸡/李英,谷子林主编.—2版.—北京:中国农业大学出版社,2010.4(2017.4重印)

ISBN 978-7-81117-967-5

Ⅰ.①规… Ⅱ.①李… ②谷… Ⅲ.①鸡-饲养管理 Ⅳ.①S831.4

中国版本图书馆CIP数据核字(2010)第031902号

书　　名　规模化生态放养鸡

作　　者　李　英　谷子林　主编

策划编辑　赵　中　　**责任编辑**　杨建民　赵　中

版式设计　郑　川　　**责任校对**　陈　莹　王晓凤

出版发行　中国农业大学出版社

社　　址　北京市海淀区圆明园西路2号　**邮政编码**　100193

电　　话　发行部 010-62818525,8625　读者服务部 010-62732336

编辑部 010-62732617,2618　出　版　部 010-62733440

网　　址　http://www.cau.edu.cn/caup　**e-mail** caup@public.bta.net.cn

经　　销　新华书店

印　　刷　北京时代华都印刷有限公司

版　　次　2010年4月第2版　2017年4月第9次印刷

规　　格　850×1 168　32开本　12.75印张　315千字

定　　价　25.00元

主　编　李　英　谷子林

副主编　魏忠华　郑长山　马永兴

编著者　（以姓氏笔画为序）

李连术　李　茜　吴秀楼　郑长山
赵　超　郜希君　姚如明　高振华
葛　健　魏忠华

第 2 版前言

经过改革开放 30 年的发展，我国家禽业年产值已逾千亿元，基本满足了人们对蛋、肉的需求。但是，工厂化笼养鸡的肉、蛋的口味不佳，出现了药物残留超标、蛋黄颜色变浅、蛋白变稀、胆固醇含量较高等问题。这也是我国工厂化笼养鸡——鸡蛋价格一直偏低、鸡肉出口受挫、养鸡业持续低迷的主要原因。与此同时，本地土鸡即柴鸡的放养悄然兴起，其肉、蛋备受消费者的青睐，价格是笼养鸡的 2～4 倍。由此可见，工厂化养鸡的产品低价位运行并非是因为产品绝对过剩，而是因为其质量不符合人们的消费要求，畜牧业必须由数量型向质量型转化。

我国加入了世界贸易组织，为畜禽产品更大份额地占据国际市场提供了良好条件。但是，其出口量非但未见明显增加，反而屡遭封关，难以突破发达国家的"绿色壁垒"；随着我国经济的增长和人民生活水平的提高，尽管畜禽产品有巨大的潜在市场及人们有很高的消费欲望，但由于食品安全问题屡屡发生，人们对畜产品的安全忧心忡忡。要改变这种被动局面，必须改变思维定势，走生态畜牧业的发展道路。以生态放养鸡为突破口，在农田、果园、林间隙地、山坡等地，利用优良的饲草、空气、水源、土壤等生态环境条件，发展养鸡，通过科学的饲养管理和环境控制实现标准化生产，使肉、蛋产品达到无公害食品乃至绿色食品、有机食品的标准。取之于自然，用之于人类，是我国养鸡业走出低谷的有效途径，也是一种农牧结合的新型生态产业，具有广阔的市场前景。

为适应我国生态畜牧业发展的新形势，满足养鸡生产的需要，2005 年我们曾经结合本课题组完成的"规模化生态放养鸡技术体系"课题的研究成果，查阅有关生态放养鸡的资料，编著了《规模化生态放养鸡》一书。在这次的修订中，补充了我们近几年完成的国家科技部、农业部、河北省科技厅下达课题的几个科技成果，包括"绿色食品鸡蛋生产技术体系"、"有机食品鸡蛋生产技术体系"、"北方土石山区县域百万生态养鸡规范化技术开发与示范"等；并且收录了农业部公益性行业（农业）科研专项"优质土鸡蛋生产关键技术研究与示范"和国家蛋鸡产业技术体系研究成果。本书修订版以发展生态养殖为主线，对规模化生态放养鸡的关键技术作了更为全面的介绍。全书共11章，包括：概述、放养对鸡产品品质的影响、适宜放养的品种、放养鸡的营养需要与饲料配合、雏鸡的饲养与管理、鸡的生态放养技术、生态放养鸡场的建筑与设备、生态放养鸡的常见疾病及防治、生态放养鸡生产模式、生态放养鸡绿色产品生产技术、放养鸡产品品质鉴定和屠宰加工。本书集规模化生态放养鸡理论、养殖技术、加工及生产模式于一体，内容新颖，技术先进，实用性强，是目前生态放养鸡方面较系统、全面的专著。本书对科研人员、大专院校师生、生产技术人员具有重要的参考价值。

在完成相关科研项目和编著与修订本书过程中，有诸多专家教授提出了宝贵的建议，一些企业和基层技术人员也提出了很好的补充修改意见，在此一并致谢。

由于规模化生态放养鸡这项新技术尚待不断完善及系统化，限于作者水平，书中不妥之处，敬请同行和广大读者批评指正。

编著者

2009年9月

目　　录

第一章　概　　述

导读

本章阐述了我国养鸡业的生产现状、工厂化养鸡业存在的问题、规模化生态放养鸡的含义及与传统散养鸡的区别、规模化生态放养鸡的养殖技术优点和意义，介绍了目前国外和国内生态放养鸡的研究和生产状况，总结了目前放养鸡存在的主要问题，提出了这一新兴产业的广阔前景、发展趋势和继续发展壮大应采取的措施。

第一节　我国养鸡业的现状

一、生产概况

我国养鸡源于7 000多年前的新石器时代，历史悠久。但养鸡业长期以来由于一直是庭院散养、农家副业，历经天灾人祸，发展十分缓慢，新中国成立前夕全国仅有鸡2.5亿只。新中国成立后，养鸡业得到迅速发展。特别是20世纪80年代以来，随着改革开放的深入，人民生活水平的提高，先进科学技术的普及应用，我国养鸡业发展迅猛。

据统计，我国2007年以鸡为主的家禽存栏50.19亿只，系世界第一养鸡大国；鸡蛋产量2 536万t，连续23年居世界首位，且人均19.1 kg，明显高于世界平均水平(9.0 kg)；鸡肉产量1 025万t，仅次于美国，居世界第二位，但人均7.7 kg，低于世界平均水平(11.0 kg)。

经过30年的快速发展，我国以养鸡为主的家禽饲养业已经成为年产值4 202.6亿元、占牧业总产值近26.1%的巨大产业。其主要特点：

一是区域化生产格局比较明显。商品蛋鸡生产主要集中在河北、山东、河南、江苏、辽宁等省。这些地区的饲料（主要是玉米）充裕，气候适宜，邻近京、津、沪等大城市，交通便利，年产鸡蛋占到全国总产量的63%。肉鸡生产主要集中在我国的华北东部、华东、华中和西南东北部，主要有山东、广东、江苏、河北、辽宁、吉林、河南等省，近年我国东北发展也很快。排在前10位的省（市）肉鸡产量占全国总产量的80%左右。

二是工厂化饲养已经成为主体。笼养方式具有占地少、管理方便等优点，逐渐成为蛋鸡的主要饲养形式，并促进了规模化饲养的发展。全国目前75%的鸡蛋都来自笼养鸡，市售商品鸡蛋绝大部分产自笼养蛋鸡场（户）。全国2007年年存栏500只以上的规模蛋鸡场（户）79.9万个，年存栏蛋鸡17.8亿只，年产鸡蛋1 917万t，蛋鸡淘汰后几乎全部肉用；肉用仔鸡也多以“密集型”方式饲养，全国2007年年出栏2 000只以上的肉鸡场（户）53.2万个，年出栏肉鸡58.2亿只，占总出栏数的80%，如表1-1和表1-2所示。

表1-1 全国2007年蛋鸡饲养规模情况

项 目	场（户）数/个	存栏数/万只	产蛋量/万t
年存栏500～1 999只	560 863	59 731.6	621
年存栏2 000～9 999只	221 738	81 327.3	879.9
年存栏10 000～49 999只	15 599	27 259.6	306.3
年存栏50 000只以上	1 008	9 535.9	110.2
合计	799 208	177 854.4	1 917.4

表 1-2 全国 2007 年肉鸡饲养规模情况

项　目	场(户)数/个	年出栏数/万只
年出栏 2 000～9 999 只	388 233	182 137.1
年出栏 10 000～49 999 只	131 087	240 279.1
年出栏 50 000～99 999 只	10 204	66 698.3
年出栏 10 万只以上	2 481	92 905.3
合计	532 005	582 019.8

三是养鸡技术集中于工厂化养鸡技术创新与集成。我国养鸡业的迅猛发展始终是以工厂化养鸡技术的创新、引进、改造和组装应用为基础的。在良种繁育体系方面，先后从 9 个国家的 25 个种禽公司引进了 34 个配套系，又先后育成了我国自己的蛋、肉鸡配套系，如"京白"、"滨白"、"农大 3 号"、"苏禽黄鸡"等，2009 年又育成了"京红 1 号"和"京粉 1 号"两个蛋鸡配套系。现在我国有 5 个国家级蛋鸡原种场、2 个国家级肉鸡原种场。在营养与饲料方面，以营养需要量研究为基础，开发普及了系列预混料、浓缩料、全价配合饲料，按照可消化氨基酸利用率配制日粮和根据采食量调整营养浓度等技术已在生产中应用。工厂化养鸡设备方面，孵化器、鸡笼、饮水器、热风炉、换热器、湿垫通风设备等实现了国产化生产，并不断改进。鸡病控制方面，疫苗、诊断液、消毒和治疗药物的生产技术水平不断提高，包括疫情报告、检疫、检测、诊断、隔离、消毒、免疫接种、药物防治、淘汰和处理禽尸等综合配套的生物安全卫生措施不断完善。经过 30 年的努力，我国已经基本建立了具有一定现代化水平的工厂化养鸡技术体系和生产体系。

二、存在问题

伴随着工厂化养鸡业的发展，出现了很多问题。

一是养鸡业由于过分追求产量的提高，在一个相当长的阶段忽略了产品质量。现有笼养蛋鸡和工厂化饲养的“快大型”肉鸡已不能满足消费者对品质和风味的需求。

二是为了改善工厂化养鸡的产品品质,往往在饲料中添加一些化学合成物(如着色剂)等,治标不治本,反而会引起消费者疑虑。

三是为了提高生产性能和防疫灭病,大量使用抗生素和化学药物,造成在产品中残留,对人体健康形成威胁。

四是高密度、集约化经营与恶劣的鸡舍小气候条件,造成疾病逐渐增多,药物使用量逐渐增大,养鸡效益逐渐降低。

五是大量鸡粪及其分解产物对空气、土壤、水源和居民生活造成了直接和间接、当前和潜在的环境污染。

尽管我国已加入世界贸易组织,但是畜禽产品,特别是鸡蛋和鸡肉屡遭“封关”,难以进入国际市场,或难以占据应有的份额,直接关系到出口贸易和刺激国内养鸡事业的发展水平。总之,笼养蛋鸡、快大型肉鸡的产品在一部分消费人群中已不能满足需求,其安全性受到质疑,产品品质较差、生产成本较高、污染环境等问题已经制约了我国养鸡业的进一步发展。

面对以上问题,迫使我们改变思维定势,养鸡还可以走一条由鸡舍转移到田间、由高密度笼养改为放养的路子。用生态养殖方式改善鸡产品的品质,解决农民的增收问题;利用生物相克,降低果园和农田的虫害,减少动物的意外伤害,走农牧、林牧和牧牧结合的道路;改进传统落后的庭院零星散养方式,使其与现代先进养鸡技术相结合,进行规模化生态放养,实现优质、高效、安全、生态统一兼顾。

第二节 生态放养鸡的意义

一、规模化生态放养鸡的概念

规模化生态放养鸡就是从农业可持续发展的角度,根据生态学、生态经济学的原理，将传统养殖方法和现代科学技术相结合，根据不同地区的特点，利用林地、草场、果园、农田、荒山等资源，实行放养和舍养相结合的规模养殖。它以自由采食野生自然饲料为主，即让鸡自由觅食昆虫、嫩草、腐殖质等，人工科学补料为辅，严格限制化学药品和饲料添加剂等的使用，禁用任何激素和抗生素；通过良好的饲养环境、科学饲养管理和卫生保健措施等，实现标准化生产，使肉、蛋产品达到无公害食品乃至绿色食品、有机食品的标准；同时，通过放养鸡控制植物虫害和草害，减少或杜绝农药的使用，利用鸡粪提高土壤肥力，实现经济效益、生态效益、社会效益的高度统一。规模化生态放养鸡是一种农、林、牧三结合的新型生态产业，具有广阔的市场前景。

规模化生态放养鸡在禽肉、蛋生产中要兼顾“优质、高效、安全、生态”，建立起规模化生态放养鸡技术体系和生产体系；技术方面要解决鸡种优选、饲养管理、营养补饲、设施条件、健康保健、标准制订、实用生产模式等问题，形成一整套成熟的现代化生产技术；生产方面要建立和完善良种繁育、饲料供应、设备生产、防疫灭病、产品加工、储运营销、经营管理、环境保护等产业链条，实现现代化产业化生产。

二、规模化生态放养鸡与传统的柴(土)鸡散养的区别

规模化生态放养鸡不是传统的柴(土)鸡散养。它有以下特点：

①品种上并非都是传统的本地柴(土)鸡，而是生产高质量鸡肉、鸡蛋为目标的多种适宜品种，既包括地方鸡种，又包括现代配套系鸡种。

我国各地都有当地长期饲养的地方鸡种，又称“柴鸡”、“土鸡”。其中，有些未经过系统选育，生产性能较差，但肉蛋品质优良、风味好，如惠阳鸡、河田鸡等。有些经过系统选育或利用地方

良种制种，具有生态型地方良种的特性，不但肉蛋风味、滋味、口感、营养俱佳，而且生产性能也较高，适应性强，是规模化生态放养鸡的首选鸡种，如三黄鸡、仙居鸡、固始鸡、杏花鸡等。

近代利用现代制种技术育成的配套系鸡种，有些也适于规模化生态放养，如农大3号小型鸡、海兰鸡、伊莎鸡、黄羽肉鸡、固始鸡蛋用系、黄麻羽白壳蛋鸡、矮小型绿壳蛋鸡等。

②规模上不是一家一户十只八只的零星散养，而是以规模化养殖为基础（上百只为起点）的饲养群体。

③鸡舍上不是在庭院垒砌的传统的日出而起、日落而归的小鸡窝，而是在放养地建造的既可以防风避雨，又可以产蛋休息，还可以人工管理的鸡舍。

④饲料上并非完全靠鸡到外面自由采食野食，而是天然饲料和人工饲料相互补充，植物饲料、动物饲料和微生物饲料合理搭配的类天然饲料。

⑤防病上是根据当前鸡易流行的几种主要传染病，结合当地鸡种特有的发病规律和放养地实际而制定免疫程序及防制措施。

⑥管理上不是只放不养、任其自生自灭的随意、粗放管理，而是根据鸡的生物学特性、放养鸡的特殊规律、放养地的环境条件、季节气候等因素而设计严格的管理方案，实行精细管理。

⑦组织上不是一家一户自发盲目地发展，而是有组织、有计划地进行，既有政府的宏观指导，又有科技部门和科技人员的广泛参与，更有经济实体、龙头企业牵头，实施产、供、销一体化组织。

三、生态放养鸡的作用和意义

（一）生产优质鸡肉、鸡蛋，满足市场需求

随着人民生活水平的提高，消费者对农产品的质量提出了更高的要求。近年来，市场常常反映集约化笼养鸡产的蛋口味欠佳、蛋黄变浅、蛋白变稀，集约化饲养的“快大型”肉鸡味道不香，加之

对兽药和饲料添加剂超标等一系列问题的疑虑，使人们更加留恋起传统的田园牧鸡。柴鸡蛋和柴鸡肉备受青睐，价格居高不下，一般放养的柴鸡蛋比笼养品牌鸡蛋售价高1倍左右，柴鸡肉售价也比“快大型”肉鸡高1倍左右。

（二）节省饲料

放养鸡自由采食植物性饲料（草子、嫩草等）和动物性饲料（蝗虫、螟虫等），在夏、秋季节适当补料即可满足其营养需要，节省1/3的饲料。

（三）降低建筑费用

笼养鸡需要较规范的鸡舍和笼具，投资较大，而放养鸡的鸡舍建筑简易，无需笼具，投资较小，适于经济欠发达地区的农民采用。

（四）减少疾病发生

田园、林地、草场放养鸡，环境优越，空气新鲜，阳光充足，饲养密度小。再加上鸡只自由活动，采食天然饲料，机体健康，疾病少。特别是山区的草场、草坡有大山的自然屏障作用，明显地减少了传染病的发生。

（五）提高养鸡经济效益，增加农民收入

由于省饲料、投资小、疾病少、生产成本低和产品售价高，规模化生态放养鸡的收益明显较高。一般放养柴鸡肉用，每只比集约化饲养“快大型”肉鸡收入高6～10元；放养柴鸡产蛋，每只比笼养蛋鸡收入高10～20元。

（六）减少虫害

生态放养的鸡，大量扑食多种昆虫，配合灯光、性信息等诱虫技术，可大幅度降低虫害的发生率，减少农药的使用量，既保护农作物和果树，降低生产成本，又对环境和人类的健康十分有利。

据棉田调查：棉花在谷雨播种至霜降收获，生长期大约6个月。为了预防植物病虫害，在苗期每4～5 d喷施农药1次（植物病害和棉蚜等）；在开花前至结桃大约1个月，2～4 d喷药1次（盲椿象等)；结桃后一直到末伏后 20 d，为了预防棉铃虫，一般 7 d 喷药 1 次。如此大的农药喷施量，每 667 m^2 棉田农药开支 300 元左右，且环境污染严重。放养柴鸡的棉田，喷施农药 5 次，其中防治棉蚜 2 次，盲椿象 2 次，棉铃虫 1 次，每 667 m^2 棉田农药开支 90 元左右。

苹果园调查显示：苹果树在春季发芽前后各喷药 1 次；开花前后各用药 1 次；以后根据情况一般每 7 d 用药 1 次，直到霜降收苹果为止。据统计，苹果园用农药一般每 667 m^2 为 300～600 元，而放养柴鸡后的用药次数可以减少 1/3。

(七)缓解林牧矛盾和农牧用地矛盾

以山场、林地、草地放养鸡替代放牧牛羊，实现鸡上山、牛羊入圈，可以实现资源的合理利用，林牧矛盾得到缓解。同时能缓解草场的放牧压力，有效地保护和科学地利用草场。

工厂化笼养鸡场大部分在平原农区，所建禽舍要占用大量的农用耕地，增加了土地资源紧张的压力，而生态放养鸡不占用耕地，是发展生产、保护耕地的有效措施。

(八)减少环境污染

农区养鸡是我国蛋鸡生产的主体，场舍密集，甚至人、鸡混杂，紧靠农居修建鸡舍，设施不健全，排泄物对环境污染严重，夏秋成为蚊蝇的滋生地，影响居民身心健康，而生态放养鸡，远离居民区，饲养密度低，加之环境的自然净化，可使排泄物培植土壤，变废为宝。

总之，发展规模化生态放养鸡好处很多。通过壮大龙头企业，建立农民协作组织，完善产业链，形成产、供、销一条龙和牧、工、商一体化；面向国内外市场，提高产品市场竞争力，可以做成大产业；能为社会增加就业机会，有利于农业增产、农民增收，繁荣农村经济。从总的趋势看，这是当前养鸡业发展的一个新的增长点，既有重大的现实价值，又有深远的意义，大力倡导，利国利民。

第三节　国内外生态放养鸡的生产现状

一、国外概况

国外工厂化养鸡起步较早，关于环境因素（地面、温度、光照、密度）、营养因素、非营养性添加剂等对鸡的行为、品质和产量的影响已有很多研究，关于集约化养殖对动物福利和环境的影响也有报道。这些成果在生产中得到广泛应用，一些发达国家工厂化养鸡已经达到相当高的水平。但有关鸡的放养研究报道很少，生产上也未见大规模应用。

在散养鸡方面，博格丹诺夫等（1997）研究报道：放养母鸡164 d，平均产蛋率为57%；蛋的品质好（蛋壳正常、蛋黄呈橘黄色）；放养鸡精力旺盛，羽毛光亮，鸡冠红润，耻骨扩展，无产蛋能力衰退的表现；放养母鸡表现出觅食本能，平静安逸，有扬沙、日光浴、展翅伸腿的行为。洛伯特（1998）给放养母鸡采食牧草和配合日粮，笼养鸡仅采食配合日粮；放养母鸡的鸡蛋中含有较高的N3脂肪酸和维生素E，并且与笼养母鸡的鸡蛋相比，没有不良的氧化反应。帕尔敏等（1999）研究指出，家禽的放牧饲养方式可以改善土壤微生态。

英国科学家提出了一种方法，不用到农场进行测试就能确定出标记为散养的鸡蛋是否来自产蛋箱，这将加快确定散养蛋的速度。由于刚生出来的蛋比较湿，灰尘附着在蛋壳表面，灰尘根据鸡蛋是产在舍内的地面、鸡舍的巢箱还是外面而变化。由于灰尘发荧光，因此这些不同的方式均可以很容易地在紫外线下进行区分。

沃尔勒塞尼亚（2002）研究了坦桑尼亚3个气候类型区（温湿气候区、干热气候区和冷湿气候区）本地土鸡的生产性能。当地饲养规模平均为16.2只，范围为2～58只；平均活重：公鸡为

1 948 g，母鸡为 1 348 g；每窝平均孵化为 11.8 只，孵化率为 83.6%，蛋重为 44.1 g；雏鸡 1～10 周的平均成活率为 59.7%；10 周的平均生长率，公雏和母雏分别为 5.4 g/d 和 4.6 g/d；然而，第 10～14 周的日增重分别达到了 10.2 g/d 和 8.4 g/d；母鸡的第一个产蛋年产蛋 6～8 个月，每年有 3 个产蛋周期。多数鸡白天自由采食天然饲料（如腐生动物），夜间提供简单的棚舍（95.2%的家庭提供）。少数偶然地补充饲料和进行健康防疫。因此，由于粗放的管理、防疫和营养缺乏，鸡的生产性能很低。

同年，沃尔勒塞尼亚研究了坦桑尼亚散养本地鸡的日粮构成；不同的季节，鸡采食的饲料由粮食、糠麸、绿色植物、昆虫和厨房废弃物配合构成。研究表明，农村散养鸡采食自然饲料时获得的营养，在不同季节、气候和鸡年龄，都低于营养标准。

生态田园放养鸡已经引起一些国家的重视，加拿大采用可移动式鸡舍在草场轮牧养鸡。欧美一些国家，市场销售的鸡蛋要注明是笼养还是放养，放养的鸡蛋的价格要贵很多。基于食品安全和动物福利的考虑，欧盟规定 2012 年后，产蛋鸡禁止笼养，提倡蛋鸡散养，也传达了世界养鸡业重视产品质量、生态环境和动物福利的新信息。

二、国内概况

我国传统的农家养鸡，均以散养为主，但规模小，饲养方式粗放原始。为了顺应市场对优质产品的需求，现在不少地方开始尝试运用一些先进技术在山场、林地散养蛋鸡、肉鸡。

广东省封开县、龙门县、廉江市等地，利用荒地、山场散养杏花鸡、三黄鸡、广海鸡。福建省永安地区在山场果园和冬闲地轮养当地鸡和杂交鸡，每群 1 000～2 000 只，每只纯利为 3～5 元。福建省尤溪地区以公司为龙头，采取公司加农户的方式，在山场放养本地麻鸡。通过品种改良等措施提高生产水平，料肉比由过去的 4.8∶1 降低到 2.8∶1，种鸡年产蛋量由 85 枚提高到 170 枚，公司为农户提供鸡苗、饲料、防疫，并回收产品，产业化初步形成。

1999 年河北农业大学谷子林研究员针对太行山的生态环境恶化和日益突出的林牧矛盾，提出了"山场蛋鸡生态养殖技术"和"鸡上山、羊入圈"的设想，并且在易县、顺平、沙河、涿鹿等县试验，举办技术培训班推广。

进入 21 世纪，以河北省畜牧兽医研究所李英研究员、河北农业大学谷子林教授为主的创新团队，联合石家庄牧工商公司等企业，相继承担了国家科技部、农业部、省财政厅、省科技厅、省畜牧兽医局 10 个相关科研、示范、推广项目，已率先在全国推出了成熟的规模化生态养鸡综合技术体系和产业化生产模式；明确了规模化生态养殖的产品质量优势，提出了生态养殖的适宜品种；在棚舍设计、适宜放养密度、牧牧（鸡、鹅）结合、生态相克、防治天敌和免疫程序等关键环节，为规模化生态放养鸡提供了相关的技术措施；提出了禽类治虫、农牧、林牧、牧牧结合类型的生态养殖模式；提出了不同品种、不同日龄、不同草场类型、不同季节的适宜饲料配方和配比原则，为生产优质禽肉、蛋提供了营养保障，并为柴鸡的饲养标准制定奠定了基础；提出了当前规模化生态放养鸡的 3 种切实可行的生产实用模式（105 d×2 模式、365 d 模式、500 d 模式）。通过这些项目的研究，制定了规模化生态放养鸡的系列标准，为规模化生态放养鸡的标准化提供了技术保障。这些成果综合提出了规模化生态放养鸡包括品种优选、饲养管理、营养水平、设施建设、适宜放养密度、安全保健、标准化生产、生产实用模式为一体的规模化生态放养鸡技术体系，并提出了生产绿色食品鸡蛋、有机禽肉、有机禽蛋食品技术。

几年来，有计划地在全省开展了生态放养鸡产业化开发、推广。在河北省重点组织 7 个示范大区（石家庄、保定、邯郸、邢台、承德、沧州、衡水),挂牌建立试验示范基地52个,培育井陉天山绿色食品有限公司、涉县凤落沟山场柴鸡养殖基地、赞皇天然农产品有限公司、临城县绿岭公司等龙头企业18家,开发出“凤落沟”、“苍岩山”、“绿岭”、“堪泰园”、“小山庄”等38个规模化生态放养柴鸡鸡蛋品牌,包括3个有机食品和5个绿色食品鸡蛋品牌,在市场深受欢迎。

目前,项目示范区年存栏规模化生态放养鸡(以柴鸡为主)3 500万只,从山场草坡养鸡扩展到平原林地、果园、山区草场养鸡,配套发展了放养鸡产品加工企业。按标准化生态放养生产的柴鸡蛋、肉售价平均高于笼养品牌鸡产品1～1.5倍。

2007年3月,河北涉县柴鸡养殖协会薛花元会长携“凤落沟”山场放养柴鸡蛋参加由世界银行发起和国务院扶贫办、民政部、财政部、NPO信息中心等组织的“中国发展市场项目申报评选”,从参评的975个项目中脱颖而出,成为24个获胜项目之一,荣获二等奖第一名,获赠发展资金1.37万美元。井陉县“苍岩山”牌柴鸡蛋在2006年中国第十届(廊坊)农交会上获名优产品,2007年获河北省第八届消费者信得过产品。赞皇县“小山庄”绿色食品柴鸡蛋2005年获河北省优质产品,2007年又获河北省名牌产品。临城县绿岭果业有限公司的“绿岭”牌鸡蛋、井陉县天山绿色食品有限公司的“苍岩山”牌鸡蛋、辛集市新绿科技发展有限公司的“康钛益”鸡蛋等先后通过有机产品认证。

目前河北省规模化生态养鸡在全省迅速发展,已经成为深受广大农民欢迎的致富新途径和新兴产业。中央电视台(七套)、中国农民报、科技日报、经济日报、中国畜牧兽医报等媒体相继进行了多次宣传报道。今年又列入国家人力资源和社会保障部筛选并在全国宣传的34项“科技创新案例”之一,并收录入“全国专业技术人员继续教育公需科目教材”。

第四节　放养鸡存在的主要问题及发展趋势

一、目前放养鸡存在的主要问题

就养鸡而言，目前工厂化、集约化养殖是世界各国的主流。只不过发达国家在环境控制和鸡的福利等方面做得比较周全和科学，而一些欠发达地区的农村零星散养依然存在。有计划地进行规模化生态放养鸡是一种新的生产方式，尚存在许多问题需要解决。

其一，我国有100多个优良的地方品种鸡，其中收入《中国家禽品种志》的就有27个。这些地方品种是我国劳动人民历经数千年，根据体质、外貌、生产性能培育出的地方良种。但是一些地方鸡种早期增重慢，育肥效果差，耗料多，繁殖率低；相当一部分未经系统的选育提纯，群体内个体间生产性能很不一致；目前培育出的适合规模放养的优质、高产、高效的新品系也很少，而大量外来高产品种引入国内，杂交乱配现象严重，致使一些优良基因大量流失。因此，市场上鸡种来源混杂，羽色、外貌、生产性能参差不齐，不利于规模化饲养。

我国地域辽阔，地方良种鸡宝贵的遗传资源需要保护和开发利用。但是有的地方鸡种濒于灭绝，如山东百日鸡、四川的彭县黄鸡等。还有一部分地方品种鸡有关生活规律、代谢特点和产品质量等没有系统资料，影响进一步开发利用。

其二，放养地的饲料状况主要受气候变化影响。我国北方春、夏、秋季野外有青饲料、昆虫、草籽等可供放牧鸡自由觅食，冬季则基本一片荒茫。实际生产中即使在盛草期也应对放养鸡适量补饲。而在不同季节、不同饲养方式和不同管理条件下对放养鸡补饲的种类、配比、补饲量、补饲营养水平和补饲方式目前研究很少。

其三,目前放养鸡育雏一般采用集约化育雏方式,到放养期则模拟传统散养方式,尚欠科学,很不规范。规模化生态放养鸡不同于笼养和散养,其整个生产环节不同时期的饲养管理及其配套技术尚待研究和全面总结。

其四,农村放养地和田间棚舍不易彻底消毒,防疫比较困难,某些传染病和寄生虫病的感染机会多,若无针对性强的、合理的免疫程序和预防措施,失败的可能性很大。同时,户外放养时鼠、兽伤害以及意外伤亡时有发生,一些地方没有经验,死亡率往往较高。

其五,规模化生态放养鸡以较大的群体在户外饲养,需要因地制宜地提供补料、饮水、保暖、防雹、避雨、遮阳、用电等配套设施,目前需要提出相对价格低廉、坚固适用的设施建设方案。至于如何在生态放养鸡中有效地开展农牧结合、牧牧结合,更没有系统的研究资料及成熟的产业化生产经验。

其六,规模化生态放养鸡有其独特的生产、销售规律。如何利用植物生长季节、市场需求变化、市场价格的时间差和地区差有效地组织生产和销售,需要认真探索。

二、规模化放养鸡发展趋势

(一)建立健全良种繁育体系

做好育种工作,提供适合规模化生态放养鸡的优质鸡种是基础。采用放养形式,鸡群饲养过程受自然环境的变化影响很大,要求饲养的鸡具有较强的适应性、抗逆性和觅食能力,所产蛋、肉的品质优良,因此首先要考虑我国优良地方鸡种。

我国地方品种鸡主要分为蛋用型(如仙居鸡、白耳黄鸡、汶上芦花鸡等)、肉用型(如武定鸡、桃源鸡、惠阳胡须鸡等)、兼用型(如狼山鸡、寿光鸡、固始鸡等)。对于放养,应以兼用型、肉用型繁育为主。我国优质肉鸡的育种已经经历了以地方良种为主适度杂交、引进外来鸡种进行杂交、系统选育和利用地方良种制种3个阶段。近年来重点是为地方鸡培育配套母系。新培育的北京矮脚肉鸡就是生态地方品种鸡理想的配套品系。用北京油鸡、河南的固始鸡、江西的崇仁麻鸡、泰和丝毛乌骨鸡、江苏的鹿苑鸡、福建的尤溪麻鸡、广西的霞烟鸡等作为父本，以北京矮脚肉鸡作母系，解决了地方品种繁殖率低、耗料多、早期生长慢等缺陷，并由专业公司开展了产业化生产。在蛋用型土种鸡育种方面，国内曾对仙居鸡、白耳黄鸡等进行提纯选育，还利用地方鸡种蛋壳颜色的基因突变，选育出绿壳蛋鸡。山东利用莱芜地方鸡种选育出了莱芜黑鸡蛋用系，并进行了杂交配套及生产开发。

今后将通过培育商品配套系的方式，利用系统的生产性能测定技术体系，遗传评定新技术和新方法，大规模联合育种技术以及繁殖生物学技术的应用等，培育推广新品种（品系）；通过繁育体系优化育种规划，建立由曾祖代、祖代、父母代种鸡场和商品鸡放养鸡场相结合的良种繁育体系；现有适合规模化放养的现代配套系鸡种也在进一步完善其繁育体系。

（二）不断完善生产技术体系

规模化生态放养鸡不能沿用传统技术，也不能照搬现代鸡种的饲养管理模式，而要实行传统饲养和现代工艺的有机结合。在种鸡管理、孵化、育雏、防疫和饲料配制等环节主要吸纳现代养鸡工艺的精华，在优质鸡肉、蛋商品生产环节则以经过改进的传统放养方式为主。规模化生态放养鸡生产技术体系在不断完善。其主要包括以下几部分：

①生态放养鸡品种优选，包括不同饲养方式对不同品种鸡鸡蛋品质的影响、放养柴（土）鸡与现代品种鸡的鸡肉品质与鸡蛋营养含量对比、放养柴（土）鸡与现代品种鸡的主要营养物质代谢测定、柴（土）鸡与现代品种鸡的屠宰性能及消化系统的组织切片对比等。

②优良鸡种繁育，包括不同类型地方良种选育、优良杂交组合筛选、优质鸡配套系培育、遗传评定新技术、良种繁殖新技术等。

③生态放养鸡饲养管理技术，包括不同放养地的饲养水平下放养鸡的生长性能、不同补饲量对生态放养鸡的产蛋末期生产性能与鸡蛋品质的影响、不同饲料原料和配方对放养鸡在冬季的产蛋性能和鸡蛋品质的影响、不同放养地适宜放养的密度、生态放养鸡的饮水装置和棚舍的设计技术等。

④生态放养鸡安全保健技术，包括放养鸡的常见病发病规律及防治措施、生态放养鸡的免疫程序设计与应用、生物相克、防范兽害技术等。

⑤生态放养鸡标准化生产与产品安全测定，包括生态放养鸡的系列标准的制定、生态放养鸡的鸡肉安全性测定、生态放养鸡的鸡蛋安全性测定等。

⑥农林牧生态结合及生产模式，包括不同放养地放养鸡的生态效益测评、草地生态放养鸡的生产模式的设计及应用等。

（三）产业化程度逐渐提高

专业化、标准化生产是现代畜牧产业化的发展趋势。生态放养鸡适应社会发展、市场需求，因其产品质量好、经济效益佳而不再是一种可有可无的家庭副业，必然要走区域化布局、规模化饲养、标准化生产、市场化经营的现代化产业之路。

产业化生产从一定意义上讲就是集团式生产，从鸡种繁育、孵化育雏、育成育肥、肉蛋运销、产品加工、生产资料供应、技术服务、特色餐饮旅游开发等不同环节进行专业化分工和协作，延伸和完善产业化链条。从生产形式来看，是以龙头企业为主导，以基地加农户为主体，以合作服务组织和专业市场为中介，以利益互补的形式将鸡肉、鸡蛋产品的产前、产中、产后连接起来，建立农、工、贸一体化的经济运行机制，实现规模化生态放养鸡业的可持续发展。

规模化生态放养鸡发展较好的地方，无一例外都要建立良种繁育体系、饲料加工体系、家禽保健体系、设备加工维修体系、产品加工体系和生态环境保护体系。此外，还要建立涵盖产地环境、生产过程、产品质量、包装储运、专用生产资料等环节的技术标准体系；建立从农田到餐桌全过程的质量控制体系，以保护生态环境和提高产品质量以及保障食品安全，为社会提供无公害食品、绿色食品乃至有机食品；树立品牌意识，注重创立、经营品牌，提高市场竞争力。我国华东、华中、华北地区已经发展了一些龙头企业，如温氏集团、康达尔集团等，他们开发的管理模式代表了我国规模化生态以及产业化发展的方向。

提问：

1. 规模化生态放养鸡有哪些特点？
2. 规模化生态放养鸡与传统散养鸡的区别是什么？
3. 国内生态放养鸡的现状怎样？
4. 进一步发展壮大这一新兴产业应做哪些方面的工作？

第二章 放养对鸡产品品质的影响

导读

放养能够提高鸡蛋的质量性状和营养物质含量，提高蛋黄颜色，降低蛋黄中胆固醇含量，提高磷脂质含量。放养有提高蛋黄相对质量的趋势。放养可提高鸡的屠宰率和肉质鲜嫩度，降低腹脂率。

柴鸡（土鸡）是我国长期以来在广大农区和山区普遍饲养的一些地方鸡种，耐粗饲，适应性和抗病力强。在放养条件下，鸡只可以自由采食一些天然草料及某些昆虫等饲料，获取能量、蛋白质并补充维生素、微量元素、脂肪酸等，同时补料中不添加抗生素、激素和人工合成促生长剂等化学物质。这样生产的产品（鸡蛋、鸡肉等）具有口味鲜美、营养价值高、无药残、无污染等特点，是值得重点发展的畜禽产品。

鸡产品的品质优劣，既受到遗传因素的影响（如品种），也受到环境因素的制约，特别是饲料和饲养条件的制约。

规模化放养是综合我国农村传统养鸡与现代养鸡技术的养殖模式，它既不同于野生状态，又不同于舍饲条件，是一种基于动物本身的生物学特性的饲养方式，最大限度地满足动物的营养、生理和心理需要，提高畜禽本身的免疫力，减少应激的发生。我们通过"规模化生态放养鸡技术体系研究"证明，不同鸡种和饲养方式对鸡的生长发育、产品品质、理化指标等都有影响。

第一节　放养对鸡蛋品质的影响

一、不同饲养方式对鸡蛋主要质量性状的影响

我们选择3个不同蛋鸡品种(柴鸡、绿壳蛋鸡和农大褐3号),进行两种不同饲养方式(笼养和放养)的对比试验。饲养条件基本相同。试验结果如表2-1所示。

(一)放养对蛋壳质量的影响

蛋壳的质量包括比重、蛋壳变形值、蛋壳厚度、蛋壳相对质量、蛋壳强度等多项指标。良好的蛋壳质量有利于减少鸡蛋的破损率、提高种蛋的孵化率。蛋壳的厚度是衡量蛋壳质量的主要指标,正常的厚度为0.30～0.40 mm。厚度微小的变化对蛋壳破损率有很大的影响(王修启等,1999)。所有的研究均表明蛋壳质量和孵化率之间的关系为正相关(福斯特,1998)。

我们的研究(2004)表明,各品种放养鸡组的蛋壳厚度、蛋壳相对质量均比对应的笼养组提高,其中柴鸡和绿壳蛋鸡蛋壳厚度提高均达到了显著水平($P<0.05$)。这是由于放养鸡组全部采用自然光照,而笼养鸡组采用自然光照和人工光照相结合的方式,因此放养鸡组在光照时间上要少于笼养鸡组,导致蛋在蛋壳腺中逗留的时间增长,从而改善了蛋壳质量。

影响蛋壳质量的营养因素有很多,其中主要有钙、磷、维生素、矿物质。钙是影响蛋壳质量的最主要营养因素。一般认为,蛋鸡日粮中的钙含量在3%～4%是适宜的。若为提高蛋壳质量而将钙的供应量提高到超过鸡的需要量,只会使蛋壳质量更加糟糕,出现大量的沙壳蛋,而且蛋壳更加薄(格兰特·理查兹,1998)。蛋壳的质量不仅与日粮中钙的含量有关,还与钙源、钙原料的粒度、钙原料的饲喂时间有关。姚来顺等(1992)实验证明,下午3点钟一

表 2-1 不同饲养方式对鸡蛋品质的影响

品种	饲养方式	蛋重/g	蛋形指数	蛋黄颜色	蛋黄系数	哈夫单位	蛋壳厚度/mm	蛋壳相对重量/%
柴鸡	笼养	43.38±2.15	74.21±2.84	8.40±0.55	46.43±1.89	92.19±2.13	0.378±0.024	10.65±0.55
	放养	43.50±1.83	74.38±2.46	11.60±0.89*	50.45±2.22*	94.16±3.04	0.417±0.025*	11.42±0.59
绿壳蛋鸡	笼养	48.41±1.35	77.09±0.62	6.20±0.45	46.70±0.37	96.34±1.26	0.357±0.009	11.22±0.50
	放养	46.13±1.45	75.11±1.56	10.60±0.55*	49.53±2.42*	98.63±2.81	0.418±0.009*	11.38±0.30
农大褐3号	笼养	50.40±3.20	78.52±2.86	7.20±0.84	45.01±1.59	81.55±3.21	0.334±0.020	11.11±1.03
	放养	46.38±1.58*	74.93±2.01	8.80±0.45	49.78±1.90*	84.42±6.14	0.347±0.017	11.93±1.06

注:同列上标 * 表示差异显著($P<0.05$),下同。

次性饲喂全日的耗料量，其蛋壳质量显著优于早上8点钟一次性饲喂全日的耗料量。蒙吉恩等(1974)研究证明，含不同钙水平的日粮在不同的时期饲喂，母鸡对钙的需要量和吸收量也明显不同。王晓霞等试验证明，石粉粒度对蛋壳强度、蛋壳重及单位面积蛋壳重都有极显著影响。蛋壳的质量可因实行非24 h光照而得到显著改善，这是因为延长蛋的形成期可以改变排卵时间，蛋在蛋壳腺中逗留的时间比实行24 h光照多，蛋壳的钙化期延长的缘故。

我们的研究(2004)表明，根据柴鸡产蛋率低、户外放养可自由采食野外食物的特点，可以将饲料中钙、磷含量分别降至2.8%和0.28%，并且证明该钙、磷含量能够满足放养柴鸡的生产需要，并且蛋壳质量均能够达到合格的水平。

(二)放养对蛋黄颜色的影响

蛋黄的颜色是一项与鸡蛋的营养成分没有直接关系的指标，但是随着人们消费水平的提高，消费者对食物的感官要求也不断提高。1981年，国际标准将蛋黄色级为4～5的蛋规定为可食蛋，而出口要求蛋黄颜色达到8级以上才合格(袁世永，1998)。为了迎合消费者的这种需要，采用技术手段提高蛋黄颜色是很有必要的。

饲料中的着色物质对蛋黄颜色的影响非常重要。这些着色物质主要是叶黄素类。叶黄素主要有黄体素、玉米黄质、隐黄素、柑橘黄素、虾黄素5种。其中黄体素、玉米黄质广泛存在于玉米蛋白粉、苜蓿粉、万寿菊粉等植物中，具有良好的着色效能。虾黄素存在于虾、蟹、牡蛎、昆虫等动物体内。

色素的吸收主要是在小肠进行的。叶黄素首先与胆盐结合，形成混合微胶粒，进入小肠黏膜表面静水层，一部分叶黄素在小肠黏膜中重新酯化，另一部分以扩散方式进入淋巴和血液循环，通过转运过程到达各个靶组织起着色作用。研究表明，蛋黄的色素沉积过程相对比较简单，色素被机体吸收后不发生任何结构改变直接转移到卵巢。在产蛋高峰期，从家禽肠道吸收的色素几乎不沉积到除蛋黄以外的其他任何组织，且均匀沉积到蛋黄中的色素表现相当稳定，几乎不发生任何化学变化。

蛋黄的颜色主要受遗传的影响和饲料中着色物质的影响。不同品种的鸡在色素的沉积上存在差异。程忠刚等(2001)认为，叶黄素能否聚于表皮，由一对染色体基因(W.w)决定，显性基因W抑制叶黄素的沉积，使皮肤成为白色，隐性基因则使皮肤成为黄色。吴孝兵(2002)认为，来航鸡沉积色素的能力比白洛克鸡强，新汉普夏鸡胫部颜色显著深于白洛克鸡。

大量的研究表明，无论什么品种放养鸡的蛋黄颜色显著高于笼养鸡的蛋黄颜色。在我们的试验中柴鸡和绿壳蛋鸡放养显著优于笼养($P<0.05$)，原因主要是放养鸡可以自由接触绿地，自由采食草料及一些富含角黄素的甲壳类、昆虫、蜘蛛等动物，同时比较低的产蛋率也为色素在蛋黄中的沉积提供了较长的时间。

(三)放养对鸡蛋蛋重、蛋黄系数的影响

现代鸡种放养组的蛋重明显低于对应的笼养组，这可能是由于放养条件下鸡群采食饲料具有随意性，往往造成营养的不足或不均衡所致。柴鸡(土鸡)和绿壳蛋鸡由于觅食能力强，放养对其蛋重影响不大。蛋黄系数的增加表明蛋黄的表面张力提高，是蛋黄膜坚固程度的体现，3个品种情况相似，放养高于笼养($P<0.05$)，说明放养条件下鸡体的健康状况要好于笼养。

(四)放养对鸡蛋哈夫单位的影响

哈夫单位是衡量鸡蛋蛋白品质的重要指标。哈夫单位越高，蛋白质越黏稠，蛋白品质越好。根据分级标准：哈夫单位>72为AA级，72>哈夫单位>60为A级，哈夫单位<60为B级。

3个品种的共同特点是放养提高了哈夫单位，但差异不显著($P>0.05$)。这主要是由于鸡蛋中蛋白质的沉积与鸡自身对蛋白质的同质化能力有关，而这种能力主要是由遗传性能决定的。

二、不同饲养方式对鸡蛋主要营养物质含量的影响

我们测定了上述几种鸡蛋的主要营养物质含量，结果见表2-2。

表 2-2　不同饲养方式对鸡蛋主要营养物质含量的影响　%

品种	饲养方式	蛋清水分含量	蛋黄水分含量	蛋黄中胆固醇含量	蛋黄中磷脂质的含量	蛋清中蛋白质含量	蛋黄中蛋白质含量	蛋黄相对重量
柴鸡	笼养	88.16±0.57	49.77±0.89	1.50±0.05	13.35±0.29	9.62±0.54	16.68±0.30	30.73±0.97
	放养	86.66±0.71*	47.40±0.90*	1.40±0.10*	14.51±0.47*	10.43±0.82*	17.28±0.41	32.20±1.10
绿壳	笼养	87.67±0.92	50.53±2.37	1.55±0.10	13.50±0.30	10.38±0.27	16.71±0.34	29.26±0.89
蛋鸡	放养	86.71±0.28	48.03±0.91*	1.33±0.08*	14.21±0.37*	10.54±0.38	17.38±0.43	30.55±1.65
农大	笼养	88.10±0.56	51.39±3.88	1.59±0.11	9.50±0.90	9.53±0.22	13.44±1.88	26.92±2.21
褐3号	放养	86.21±1.72*	46.86±2.69*	1.46±0.08*	10.56±0.35*	10.41±0.40*	14.53±1.03	28.48±2.84

(一)放养对鸡蛋含水量的影响

鸡蛋含水量的高低是衡量鸡蛋营养含量的重要指标之一。鸡蛋含水量越高说明它的有价值部分越低,可购买性越差。放养鸡组的蛋清含水量均比对应的笼养鸡组降低,其中柴鸡和农大褐3号达到显著程度($P<0.05$),蛋黄含水量放养鸡各品种显著低于笼养鸡($P<0.05$)。这可能是因为笼养鸡的日饮水量高于放养鸡组的缘故。

(二)放养对蛋黄中胆固醇和磷脂质含量的影响

胆固醇是细胞膜的重要组成成分,在生理状态下,主要参与组成细胞膜结构、细胞内通讯、电子传递并且还是生长发育的物质基础,因此它是人类维持正常生理活动的必需物质。然而血液中胆固醇含量过高又会引起高血压、动脉粥样硬化等一系列心脑血管疾病。因此,为了维护人体健康,保持机体内一定水平的胆固醇是必需的。西方国家对于胆固醇能够增加心脑血管疾病的发病率的研究早有报道,并且推荐人体每天摄入的胆固醇量以不超过300 mg为宜(布朗,1990),而蛋黄中胆固醇含量约占蛋黄重的4%,为200～250 mg/枚。

各品种的放养鸡的蛋黄中胆固醇含量均显著低于对应的笼养鸡($P<0.05$),这可能是由于放养鸡可以自由地采食绿草、甲壳类动物,从而增加了饲料中可溶性纤维、壳聚糖的含量,从而使蛋黄中胆固醇含量显著降低。

磷脂质具有降低胆固醇、软化血管、降低血压、提高记忆力的效果,因此蛋黄中磷脂质的含量是评价鸡蛋优劣的重要指标之一。但多年来对蛋黄中磷脂质含量的研究比较少。不同的饲养方式对蛋黄中磷脂质含量也有影响。我们的试验表明,各品种的放养鸡组蛋黄中磷脂质均明显高于对应的笼养鸡组($P<0.05$),其机理有待于进一步的研究。

(三)放养对鸡蛋中蛋白质含量和蛋黄相对质量的影响

鸡蛋中含有丰富的优质蛋白质。有人认为，鸡蛋中的蛋白质能够几乎全部被吸收利用。遗传因素、饲料中蛋白质水平是影响鸡蛋中蛋白质含量的主要因素。在我们的试验中，放养鸡的蛋清中蛋白质含量、蛋黄中蛋白质含量均高于笼养组，其中蛋清中蛋白质含量，柴鸡和农大褐 3 号达到显著水平($P<0.05$)。柴鸡和绿壳蛋鸡的蛋黄相对重高于农大褐 3 号。放养有提高蛋黄相对质量的趋势，但均未达显著水平($P>0.05$)。

(四)放养对鸡蛋全蛋中营养物质含量的影响

鸡蛋营养成分主要包括含水率、粗蛋白、粗脂肪、粗灰分、钙、磷和氨基酸的含量，属于鸡蛋的内在品质。根据我们测定，放养的柴鸡蛋的干物质率显著高于现代笼养鸡(京白)鸡蛋($P<0.01$)，说明柴鸡蛋的含水量也低。放养柴鸡蛋的全蛋脂肪含量明显高于现代笼养鸡(京白)鸡蛋($P<0.05$)。萨希等(2002)认为，脂肪主要存在于蛋黄中，产蛋率低的鸡，生长卵泡达到成熟时的时间长，即卵黄积累的过程需要的时间长，脂肪的含量可能与此有关。脂肪含量高，也是农村放养鸡的鸡蛋味道香的主要原因。柴鸡蛋的全蛋粗蛋白含量也较高($P<0.05$)。这可能是由于放养鸡产蛋率低，蛋白质沉积时间长的缘故，同时柴鸡蛋的含水量低也使得蛋白质含量相对升高。放养柴鸡蛋的粗灰分也显著高于现代笼养鸡(京白)蛋，但在钙、磷含量上两种鸡蛋无显著差异($P>0.05$)，这与王思珍等(2003)的报道相一致。其结果如表 2-3 所示。

鸡蛋中总氨基酸含量现代笼养鸡(京白)稍高于柴鸡，结果如表 2-4 所示。这与表 2-3 中所测定的粗蛋白含量有差异，说明在柴鸡蛋的蛋白质中非氨基酸含氮物占有稍高的比例。

表 2-3 全蛋常规营养成分比较

项　目	柴鸡蛋(放养)	京白鸡蛋(笼养)
干物质率/%	27.00±0.57**	25.54±0.12
粗蛋白/%	12.75±0.37*	12.14±0.18
粗脂肪/%	10.12±0.64*	9.13±0.18
粗灰分/%	1.90±0.29*	1.13±0.11
钙/(mg/kg)	765.00±64.34	746.20±45.90
磷/(mg/kg)	2 070.40±61.57	2 104.8±40.31

注:同行上标 * 表示差异显著($P<0.05$);同行上标 ** 表示差异极显著($P<0.01$)。

表 2-4 鸡蛋中氨基酸含量对比 %

氨基酸种类	京白鸡(笼养)	柴鸡(放养)	氨基酸种类	京白鸡(笼养)	柴鸡(放养)
天冬氨酸	4.33	4.35	异亮氨酸	2.12	2.18
苏氨酸	2.23	2.15	亮氨酸	4.08	3.9
丝氨酸	2.44	2.37	酪氨酸	1.87	1.8
谷氨酸	2.39	2.76	苯丙氨酸	2.51	2.45
甘氨酸	1.45	1.44	赖氨酸	3.08	2.96
丙氨酸	2.81	2.82	组氨酸	1.04	1.25
胱氨酸	1.00	0.94	精氨酸	2.74	2.55
缬氨酸	3.27	3.49	脯氨酸	2.12	2.26
蛋氨酸	1.74	1.42	氨基酸总量	41.22	41.09

全蛋干样中总氨基酸含量现代笼养鸡(京白)要高于柴鸡,但谷氨酸含量柴鸡蛋要比现代笼养鸡(京白)鸡蛋高 15.48%,而谷氨酸是重要的风味物质,这可能是柴鸡蛋风味优于笼养鸡蛋的另一原因。

第二节　放养对产肉性能及主要器官的影响

一、不同鸡种与饲养方式对鸡胴体品质的影响

由表 2-5 可知，我们测定的现代笼养鸡（京白）在活重方面具有明显的优势，较柴鸡重 304.15 g，差异极显著（$P<0.01$）。柴鸡的屠宰率则较现代笼养鸡（京白）提高 6.31%，差异达到了极显著水平（$P<0.01$）。笼养鸡的半净膛率较柴鸡显著提高 4.67%（$P<0.05$），全净膛率现代笼养鸡（京白）和柴鸡之间没有明显差异（$P>0.05$）。柴鸡的腹脂重极显著低于现代笼养鸡（京白）（$P<0.01$），现代笼养鸡的腹脂率（京白）比柴鸡高 59.22%，差异也达到了显著水平（$P<0.05$）。

表 2-5　胴体品质比较（一）

项　目	柴鸡（放养）	京白鸡（笼养）
活重/g	1 217.93±126.75**	1 522.08±112.46
屠宰率/%	90.02±2.02**	84.68±1.26
半净膛率/%	74.36±3.75*	77.83±1.91
全净膛率/%	56.03±4.12	56.53±1.79
腹脂重/g	7.23±5.21**	14.01±3.16
腹脂率/%	1.03±0.67*	1.64±0.41

注：同行上标 * 表示差异显著（$P<0.05$）；同行上标 ** 表示差异极显著（$P<0.01$）。

由表 2-6 可知，现代笼养鸡（京白）在屠体重和胸肌、腿肌以及翅膀重量上具有明显的优势，分别较柴鸡提高 17.59%、20.29%、30.63%和 25.51%，差异均达到极显著水平（$P<0.01$）。柴鸡的胸

肌率和翅膀率分别比现代笼养鸡(京白)提高5.32%和1.10%,腿肌率较现代笼养鸡(京白)低3.48%,但差异均不明显($P>0.05$)。

表2-6 胴体品质比较(二)

项 目	柴鸡(放养)	京白鸡(笼养)
屠体重/g	1 095.99±114.73**	1 288.79±95.72
胸肌重/g	122.27±11.30**	147.08±12.17
胸肌率/%	18.03±1.44	17.12±0.98
腿肌重/g	164.92±24.61**	215.43±25.79
腿肌率/%	24.13±1.05	25.00±1.75
翅膀重/g	87.18±7.29**	109.42±10.45
翅膀率/%	12.89±1.36	12.75±1.16

注:同行上标**表示差异极显著($P<0.01$)。

屠宰率、半净膛率、全净膛率、腿肌率、胸肌率是反映畜禽屠体品质的指标,放养柴鸡的活重普遍较低,因此其产肉性能低于现代笼养鸡(京白)。这可能是由于放养的粗放环境,鸡所食日粮的营养低而且不均衡,造成放养鸡生长缓慢,活重较低。但柴鸡的屠宰率较现代笼养鸡(京白)有极显著提高,说明羽毛和血在现代笼养鸡(京白)中的比率较柴鸡大得多。柴鸡的半净膛率较现代笼养鸡(京白)显著降低,而全净膛率在两个品种间无显著差异,说明心、肝和腹脂等(半净膛中所包含的)指标在现代笼养鸡(京白)中所占比率明显高于柴鸡。张学余等(1998)将商品代白羽乌骨鸡、泰和鸡和商品代黄羽乌骨鸡饲养至10周龄测定肉用性能,其结果表明:泰和鸡虽然体重最小,但有较高的屠宰率;半净膛率以黄羽乌骨鸡最高,泰和鸡的全净膛率高于其他两个鸡种。史兆国(2000)报道了甘肃黄鸡平均87.5日龄体重达2.0 kg,其屠宰率和全净膛率分别为90.81%和69.85%,均接近于速长型的艾维茵肉鸡。

柴鸡的腹脂率较现代笼养鸡(京白)显著降低,这既是该品种的特点之一,也与放牧条件下能量不足、纤维丰富有关。能量摄入过多,超过消耗量,则以脂肪的形式在体内蓄积。腹脂与皮下脂肪的沉积具有相当高的一致性,所以腹脂可以作为家禽胴体肥度的指标。另外,过多脂肪的沉积还会降低饲料转化效率,沉积 1 g 脂肪所需能量为沉积 1 g 瘦肉的 4 倍。

鸡肉中适当的脂肪含量,能够改善肉的味道和营养品质,但胴体中脂肪含量过高,会有不良影响。特别是内脏脂肪(腹脂),消费者认为是废弃物,不符合人们的保健要求,所以要适当控制肉鸡的屠体脂肪。柴鸡在放养过程中,活动量大,体内消耗能量较笼养鸡多,造成脂肪的沉积减少,同时由于放养而摄食的无机盐量也充足,其骨质和肉质都较硬实,味道较浓。

二、不同鸡种与饲养方式对主要器官相对质量的影响

由表 2-7 可以看出,我们测定的柴鸡的肝脏相对质量要比现代笼养鸡(京白)高 88.31%,差异极显著($P<0.01$)。脾脏和法氏囊的相对质量,柴鸡分别比现代笼养鸡(京白)高 3.60% 和 11.51%,但差异不明显($P>0.05$)。胆囊的相对质量柴鸡略低于现代笼养鸡(京白),不存在显著性差异($P>0.05$)。

表 2-7　部分器官相对质量比较　mg/100 g

项　目	柴鸡(放养)	京白鸡(笼养)
肝脏	3 435.84±521.03**	1 824.53±170.30
脾脏	187.89±94.23	181.36±25.58
胆囊	80.42±20.62	83.64±31.71
法氏囊	197.88±39.66	177.45±42.80

注:同行上标 ** 表示差异极显著($P<0.01$)。

柴鸡的心脏相对质量极显著地低于笼养鸡(比京白低32.21%,差异极显著),而柴鸡由于长期野外奔跑,心脏功能应强于现代笼养鸡(京白),所以仅从心脏的相对质量上并不能完全反映其功能。尽管心脏的相对质量较低,屠宰时发现,放养柴鸡的心肌的厚度较大,心脏功能较强。柴鸡的睾丸相对质量极显著低于现代笼养鸡(京白),在正常生理状态下只有黄豆粒大小。这可能是由于柴鸡与现代笼养鸡(京白)相比,饲养环境粗放,日粮营养成分搭配不均衡,造成放养鸡生长缓慢,从而导致性成熟推迟有关。柴鸡的头部相对质量也远远小于现代笼养鸡(京白),这是柴鸡区别于现代笼养鸡(京白)显著的外部特征。

头部相对质量,柴鸡要比现代笼养鸡(京白)低 51.89%,差异同样达到极显著水平($P<0.01$)。柴鸡在爪的相对质量上与现代笼养鸡(京白)不存在明显差异($P>0.05$)。其结果如表 2-8 所示。

表 2-8 组织器官相对质量比较 mg/100 g

项目	柴鸡(放养)	京白鸡(笼养)
心脏	410.22±39.78**	605.17±60.01
睾丸	83.74±76.22**	740.33±251.66
头	3 134.56±274.49**	6 515.31±823.91
爪	3 363.56±440.39	3 349.83±157.20

注:同行上标 ** 表示差异极显著($P<0.01$)。

肝脏是家禽的主要内脏器官,具有造血、贮存营养、解毒多种功能。除此之外,肝脏还是家禽自体防御机能中分泌细胞色素 P-450 依赖性药物代谢酶系的重要器官,对生活在艰苦环境下的家禽是极其重要的。柴鸡的肝脏在正常生理状态下要远远重于笼养鸡,这可能与柴鸡的饲养方式有关。

鸡的脾脏是对外源抗原刺激发生反应的最重要的外周淋巴

器官之一。成年公鸡脾脏重约 4.5 g，母鸡约 3.0 g。法氏囊是家禽特有的淋巴上皮器官，参与体液免疫的 B 淋巴细胞就是在这里分化发育的。促进脾脏和法氏囊的发育，有利于提高机体的免疫能力。免疫器官称重法是目前研究机体免疫体况的方法之一。一般认为，免疫器官重量降低为免疫抑制所致，而免疫器官重量增加则为免疫增强的表现。柴鸡的免疫脏器（脾脏和法氏囊）相对质量均高于笼养鸡，说明柴鸡在免疫机能和抗病力方面具有一定的优势。

三、不同鸡种与饲养方式对消化系统发育的影响

由表 2-9 可知，我们测定的放养柴鸡的嗉囊和小肠重量分别比现代笼养鸡（京白）高 53.77%和 57.58%，差异均达到了极显著水平（$P<0.01$）。肠道其他部位的重量两组鸡之间不存在显著性差异（$P>0.05$）。

表 2-9　消化器官重量比较　g

项　目	柴鸡（放养）	京白鸡（笼养）
食管	4.29±1.53	3.39±1.02
嗉囊	6.52±0.89**	4.24±0.44
腺胃	4.81±0.86	5.56±1.13
肌胃	37.63±4.13	34.21±3.47
小肠	63.68±13.14**	40.41±3.47
盲肠	9.15±1.92	7.85±1.03
直肠-结肠	5.08±2.43	3.09±1.00

注：同行上标 ** 表示差异极显著（$P<0.01$）。

由表 2-10 可知，放养柴鸡的小肠和盲肠长度分别较现代笼养鸡（京白）长 11.67%和 2.72%，但差异不显著（$P>0.05$）；直肠-结肠长度柴鸡比现代笼养鸡（京白）长 31.59%，具有显著性差异（$P<0.05$）。

在消化道重量方面，除嗉囊和小肠重量柴鸡显著高于现代笼养鸡（京白）之外，肠道其他部位的重量两组鸡之间不存在显著性差异（$P>0.05$）。在消化道长度指标上，放养柴鸡分别高于或显著高于现代笼养鸡（京白），表明柴鸡的消化功能强于现代笼养鸡（京白）。房兴堂（1998）研究艾维茵内脏器官 0～7 周的生长发育规律表明：放养和笼养环境对十二指肠、空肠、回肠、盲肠相对生长速度似无太大影响。

表 2-10 消化道长度比较 cm

项目	柴鸡（放养）	京白鸡（笼养）
小肠	154.29±19.60	138.16±13.44
盲肠	30.26±7.94	29.46±3.01
直肠-结肠	10.33±1.81*	7.85±1.56

注：同行上标 * 表示差异显著（$P<0.05$）。

四、不同鸡种与饲养方式对腿骨发育的影响

据我们测定，相同日龄的放养柴鸡在趾骨长度和周径方面要显著低于现代笼养鸡（京白）（$P<0.05$），在腓骨和胫骨长度上两种鸡无显著差异（$P>0.05$）。这说明腿骨的发育柴鸡较笼养鸡并没有明显的优势。其具体结果如表 2-11 所示。

表 2-11 腿骨长度及周径的比较 cm

项目	柴鸡（放养）	京白鸡（笼养）
趾骨长度	8.94±0.45*	9.44±0.18
腓骨长度	12.91±0.48	13.24±0.28
胫骨长度	9.00±0.42	9.04±0.35
趾骨周径	3.44±0.23*	3.64±0.09

注：同行上标 * 表示差异显著（$P<0.05$）。

第三节　放养对鸡肉品质的影响

一、不同鸡种与饲养方式对鸡肉营养成分的影响

（一）不同鸡种与饲养方式对鸡肉常规成分的影响

由表 2-12 可以看出，我们测定的柴鸡胸肌的干物质率显著高于现代笼养鸡（京白）腿肌（$P<0.05$），与柴鸡腿肌和现代笼养鸡（京白）胸肌间差异不显著（$P>0.05$）；柴鸡胸肌的粗蛋白质含量最高，现代笼养鸡（京白）腿肌的粗蛋白质含量最低；在粗脂肪含量上，柴鸡胸肌要极显著低于柴鸡腿肌和现代笼养鸡（京白）腿肌（$P<0.01$），而现代笼养鸡（京白）腿肌的粗脂肪含量最高；柴鸡胸肌与现代笼养鸡（京白）腿肌间灰分含量呈现极显著差异（$P<0.01$），现代笼养鸡（京白）胸肌和腿肌间灰分含量差异同样达到了极显著水平（$P<0.01$）；肌肉中钙和磷的含量，柴鸡与现代笼养鸡（京白）不存在明显差异（$P>0.05$）。

（二）不同鸡种与饲养方式对鸡肉氨基酸含量影响

不同类型、不同部位的肌肉中氨基酸含量不同。由表 2-13 可以看出，4 种肌肉氨基酸总量的大小顺序为：柴鸡胸肌＞现代笼养鸡（京白）胸肌＞柴鸡腿肌＞现代笼养鸡（京白）腿肌。谷氨酸是重要的鲜味氨基酸，含量的多寡直接影响到肉加热后产生肉味的强弱及轮廓。上述 4 种肉样中谷氨酸含量由高到低依次为：柴鸡腿肌（1.40%）、现代笼养鸡（京白）腿肌（1.37%）、柴鸡胸肌（1.22%）、现代笼养鸡（京白）胸肌（1.05%）。

禽肉的主要营养成分包括水分、粗脂肪、粗蛋白、灰分、钙和磷以及氨基酸含量等。主要营养成分与肉质有较密切的关系，特别是脂肪与食用品质直接相关。谢金防等（1995）对江西余都黑羽乌鸡的主要营养成分，周中华等（1996）对优质黄羽矮小型鸡的主要

表 2-12 常规营养物质含量对比

%

项　目	干物质率	粗蛋白	粗脂肪	粗灰分	钙/(mg/kg)	磷/(mg/kg)
柴鸡胸肌(放养)	27.67±0.89[a]	25.76±0.44[Aa]	0.38±0.12[A]	1.52±0.07[Aab]	259.00±88.44[a]	2 712.20±160.74[a]
柴鸡腿肌(放养)	27.36±3.61[ab]	23.47±3.12[ACbc]	1.37±0.27[B]	1.36±0.09[ABac]	269.80±71.78[a]	2 666.60±338.57[a]
京白鸡胸肌(笼养)	27.24±0.25[ab]	25.53±0.05[ACab]	0.36±0.15[A]	1.57±0.23[ACb]	232.20±39.10[a]	2 676.40±64.34[a]
京白鸡腿肌(笼养)	25.08±0.70[b]	22.70±0.33[BCc]	1.94±0.38[C]	1.22±0.10[Bc]	283.00±22.98[a]	2 540.60±120.70[a]

注:同一列上标小写字母不同表示差异显著($P<0.05$),大写字母不同表示差异极显著($P<0.01$),相同字母表示差异不显著($P>0.05$)。

表 2-13　氨基酸含量对比　%

氨基酸种类	胸肌中氨基酸含量		腿肌中氨基酸含量	
	京白鸡(笼养)	柴鸡(放养)	京白鸡(笼养)	柴鸡(放养)
天冬氨酸	1.75	1.87	1.90	1.84
苏氨酸	0.95	1.03	0.97	0.92
丝氨酸	0.55	0.59	0.66	0.63
谷氨酸	1.05	1.22	1.37	1.40
甘氨酸	1.06	1.00	0.87	0.88
丙氨酸	1.66	1.69	1.27	0.82
胱氨酸	0.26	0.28	0.25	0.24
缬氨酸	1.43	1.36	1.07	1.22
蛋氨酸	0.65	0.70	0.64	0.60
异亮氨酸	1.06	1.09	1.25	2.30
亮氨酸	1.88	2.17	1.80	1.61
酪氨酸	0.89	0.87	0.79	0.82
苯丙氨酸	1.16	1.13	0.97	0.94
赖氨酸	2.06	2.11	1.92	1.80
组氨酸	0.79	0.81	0.59	0.71
精氨酸	1.62	1.58	1.49	1.31
脯氨酸	1.00	0.92	0.98	0.92
氨基酸总量	19.82	20.42	18.79	18.96

营养成分，王峰等(1996)对雉鸡的主要营养成分，马鸿胜等(1996)对京白鸡的主要营养成分，杨笃宝等(1997)对 AA、新浦东、京白及泰安土杂鸡的主要营养成分，谌澄光等(2003)对江西宁都黄鸡的主要营养成分，均进行了研究。张艳云等(1997)对我国 7 个地方品种的肌肉常量化学成分进行了研究。一般而言，腿肉水分含

量，土鸡低于肉鸡，胸肉水分含量比腿肉水分含量低。灰分含量，胸肉高于腿肉。腿肉脂肪含量，土鸡低于肉鸡，胸肉脂肪含量低。粗蛋白质含量，土鸡高于肉鸡，胸肉粗蛋白质含量比腿肉粗蛋白质含量高。

肌肉的营养成分含量主要反映肌肉的营养和食用价值。在不同品种的同一部位之间，多数指标无显著差异；在同一品种不同部位之间以及不同品种的不同部位之间，多数主要营养指标均具有显著（$P<0.05$）或极显著（$P<0.01$）的差异性，如干物质率、粗蛋白、灰分的含量等均为胸肌>腿肌，粗脂肪含量为腿肌>胸肌。杨笃宝等（1997）研究认为，这可能是由于胸部和腿部的组织结构不同、生理机能不同而引起的。据报道，肌肉的水分为70%～75%，本研究结果近于此值。

二、放养对鸡肉风味、口感的影响

（一）不同鸡种与饲养方式对鸡肉风味的影响

鸡肉中适当的脂肪含量能够改善肉的味道和营养品质。本试验中粗脂肪含量高低顺序为：笼养鸡腿肌>放养柴鸡腿肌>放养柴鸡胸肌>笼养鸡胸肌。许冬梅等（2002）研究认为，在笼养方式下，鸡运动较少，而且采食配合饲料，其中能量和蛋白质水平较高，这不仅有助于增加体重，也有利于脂肪的蓄积。一些研究认为，香味是瘦肉中水溶性香味前体物质在加热时产生的，脂肪不能产生对肉香味有特殊作用的含N、S的芳香类化合物。国外一些学者报道了最强的鸡肉香味产自水溶性的蛋白质和氨基酸组分；还有一些学者讨论了存在于鸡肉中的潜在的香味前体物质的性质和浓度，指出水溶性蛋白质组分提供了鸡肉的基本香味，而脂类对鸡肉的特征香味有贡献。

氨基酸是构成蛋白质的基本单位。现代营养学认为，肉品蛋白质的营养价值取决于组成蛋白质的氨基酸种类、含量和比例以及消化率等。由表 2-13 可知，鸡肉中氨基酸总量大小顺序为：放养柴鸡胸肌＞笼养鸡胸肌＞放养柴鸡腿肌＞笼养鸡腿肌，表明肌肉中各种氨基酸的相对含量在不同品种之间存在一定的差异。这与舒希凡(2001)、王克华等(1999)的研究结果相一致。胸肌中氨基酸含量与黄梅南等(1996)的测定结果有很大出入。王克华(1999)认为，尽管地方鸡种有其同源性，但不同地方鸡种是在特定条件下经人们长期选育形成的，因而，构成胸部肌肉的各种蛋白质或某种蛋白质的氨基酸含量在进化过程中仍有一定的变异和差别。这种差异是由遗传决定的。

陈国宏等(2000)在研究鸡的氨基酸组成时，指出中国地方鸡的肌肉中与风味有关的谷氨酸等鲜味氨基酸含量相对较高。不同品种同一部位间以柴鸡肉中谷氨酸含量为高。同一品种以腿肌中谷氨酸含量为高。这与上述作者的观点相一致。谷氨酸单钠盐(MSG)以游离态存在于畜禽肌肉中，是一种重要的氨基酸及鲜味物质。它与肌苷酸(IMP)以一定比例存在时，产生协同效应，使鲜度增加 30～40 倍，让肉变得更加美味，而且它还是肉味前体物质，含量的多寡直接影响到肉加热后产生肉味的强弱。黄秀清等(2000)研究认为，除谷氨酸外，天冬氨酸、精氨酸、丙氨酸、甘氨酸、蛋氨酸、缬氨酸、亮氨酸、脯氨酸、丝氨酸和异亮氨酸也是重要的鲜味氨基酸。王克华等(1999)的研究也证实了这一点。

(二)不同鸡种与饲养方式对鸡肉中肌苷酸含量的影响

相同品种不同部位的肌肉中肌苷酸含量不同，并且具有一定的规律性，即相同品种以胸肌中肌苷酸含量高于腿肌，相同部位以放养柴鸡肌肉中肌苷酸含量高于笼养鸡。以上 4 种肌肉中肌苷酸含量的高低顺序为：放养柴鸡胸肌(1.965 mg/g)、现代笼养鸡(京白)胸肌(1.637 mg/g)、放养柴鸡腿肌(1.185 mg/g)、现代笼养鸡(京白)腿肌(0.868 mg/g)，如表 2-14 所示。

表 2-14 肌苷酸含量对比 mg/g

项 目	胸肌		腿肌	
	京白鸡(笼养)	柴鸡(放养)	京白鸡(笼养)	柴鸡(放养)
肌苷酸	1.637	1.965	0.868	1.185

近年来,人们研究发现,对肉类及其制品的鲜味贡献最大的有两类物质:一类是氨基酸,其中以谷氨酸效果最为明显;另一类是核苷酸,其中鲜味最强的是肌苷酸(IMP)。肌苷酸是构成肌肉鲜味的主要成分之一。鸡被宰杀后,在肌肉僵直达到极限 pH 值过程中,部分三磷酸腺苷(ATP)在 ATP 酶的作用下,分解成二磷酸腺苷(ADP);ADP 在肌酸激酶的作用下,分解成腺苷酸(AMP);AMP 在脱氨酶作用下,脱氨形成肌苷酸(IMP);IMP 又可在磷酸脂酶的作用下形成肌苷(HxR),并进一步在核苷水解酶的作用下,分解成次黄嘌呤(Hx)和核糖。肉中次黄嘌呤核苷酸和其他分解产物的积累可使肉鲜味变浓。此外,大量的研究表明:肌苷酸和糖蛋白在水中或脂肪中加热能产生明显的肉鲜味。故畜禽肉中这些物质含量的多少已成为衡量肉质优劣的一项重要指标。

戴维等(1967)和乔恩等(1968)用纸色谱法对鸡肉中的肌苷酸含量进行了测定,并用其作为肉质新鲜度的一项指标。苏淑贞(1987)等曾用薄层层析法对猪、鸡和其他动物肌肉中肌苷酸含量进行了分析研究。其结果表明:肌苷酸因品种、性别及日龄不同存在明显的差异;同日龄的柴鸡与现代笼养鸡(京白)肌肉中肌苷酸含量存在较大差异,相同部位以柴鸡肌肉中肌苷酸含量高于现代笼养鸡(京白)。这与黄梅南(1996)、苏一军(2002)、宋焕禄(2002)、李建军(2003)、李慧芳(2004)等的研究结果相一致。这可能是我国地方小型鸡种较国外大型鸡种肉鲜、品优的主要原因之一。

相同品种的肌苷酸含量,胸肌中肌苷酸含量高于腿肌。这与徐日福(1997)等的报道一致。徐日福研究指出,5 周龄的 AA 肉用型种鸡胸肌肌肉 IMP 含量与血浆激素中的睾酮和肾上腺皮质激素的含量的相关关系分别是极显著正相关和负相关,而腿肌 IMP 含量与之相反,因此认为这可能是直接导致胸肌 IMP 含量高于腿肌的原因。

(三)不同鸡种与饲养方式对肌纤维指标的影响

同种部位不同类型的肌纤维直径差异极显著($P<0.01$),放养柴鸡的腿肌和胸肌极显著的小于相应现代笼养鸡(京白)的腿肌和胸肌;相同品种不同部位的肌纤维也存在一定的差异,其中放养柴鸡胸肌的肌纤维直径要远小于放养柴鸡腿肌的肌纤维直径($P<0.01$),而现代笼养鸡(京白)胸肌的肌纤维直径虽然小于腿肌,但差异不显著($P>0.05$)。从肌纤维密度来看,相同部位不同类型肌纤维密度存在极显著差异($P<0.01$),放养柴鸡腿肌密度极显著高于现代笼养鸡(京白),放养柴鸡胸肌肌纤维密度同样高于现代笼养鸡(京白),并且差异达到极显著水平;相同品种不同部位的肌纤维密度在放养柴鸡和现代笼养鸡(京白)之间表现不尽相同,其中放养柴鸡胸肌肌纤维密度要远远高于腿肌,而现代笼养鸡(京白)胸肌和腿肌间肌纤维密度差异不显著($P>0.05$)。综合比较来看,放养柴鸡胸肌的肌纤维直径最小,肌纤维密度最大,嫩度最好。其具体结果如表 2-15 所示。

表 2-15　肌纤维直径和密度比较

项目	肌纤维直径/μm	肌纤维密度/(根/mm^2)
柴鸡腿肌(放养)	33.72 ± 2.34^{A}	351.80 ± 28.04^{ACa}
柴鸡胸肌(放养)	24.36 ± 1.73^{B}	470.80 ± 15.55^{B}
京白鸡腿肌(笼养)	39.80 ± 3.06^{C}	300.20 ± 10.06^{Cb}
京白鸡胸肌(笼养)	38.48 ± 1.40^{C}	319.60 ± 13.90^{Cb}

注:同一列上标小写字母不同表示差异显著($P<0.05$),大写字母不同表示差异极显著($P<0.01$),相同字母表示差异不显著($P>0.05$)。

一般来说,肌纤维的数量随着家禽生长状况而有所不同。生长速度快的家禽肌纤维数量高于生长速度慢的家禽。在一定范围内,肌纤维的数量与日增重和料肉比呈正相关。火鸡在0～15周龄的生长期内,肌纤维的横截面积增长了35倍,大大超过了肌内膜和肌束膜的结缔组织的增长量,而结缔组织是肌肉内部的支撑系统。这表明,快速生长的选育使肌肉组织的生长超出了其支撑系统的极限,因此会导致肌肉组织的伤害。

通过肌肉组织学研究评定肉品的嫩度,主要测定肌纤维密度直径等指标。由于同一组织的横断面积越大,肌肉纤维直径变粗而密度降低,从而导致肉质粗硬。我们的研究通过综合比较肌纤维的直径和密度,得出本试验中放养柴鸡胸肌的肌纤维直径最小,肌纤维密度最大,嫩度最好。李宝全等(2000)报道,肌纤维越细,肉质越嫩;同时肌纤维越密,肉口味越好。陈宽维等(1997)研究指出,肉鸡肌纤维直径与肉质没有明显的相关,但肌纤维密度影响肌肉蛋白质含量,密度愈大,蛋白质含量愈高;肌苷酸含量也有相似的结果。索斯内科(1999)研究认为,在优质鸡中,肌纤维越细,肌纤维密度越大,系水力越强,表现为肉质细嫩。陈国宏等(1998)的研究则显示,不同品种肌纤维直径不同,我国地方鸡种的肌纤维直径通常较为纤细。法国研究人员正是根据生长速度和肌纤维直径的大小确定优质鸡的肉质的,生长速度快的个体的肌肉纤维直径比生长速度慢的个体的要粗。

提问:

1. 放养鸡和笼养鸡的鸡蛋的蛋黄颜色有何区别?
2. 为什么放养鸡的鸡蛋好吃?
3. 放养鸡的鸡蛋打开后为何不易散形?
4. 放养对鸡的肉质有何影响?

第三章 适宜放养的品种

导读

鸡放养在野外，外界环境变化大，且各地有不同的消费习惯，选择适应性强、体重大小适中、活泼好动、觅食性强、市场畅销的鸡种，对提高放养鸡的经济效益至关重要。

中国养鸡业的发展经历了散养、笼养再散养的过程。最初由散养转为笼养就是为了增加鸡肉、鸡蛋产品的数量来满足消费者的需求。发展至今，养鸡业再次回到散养的形式，主要是为了提高鸡产品的质量，满足消费者日益增长的消费水平、消费欲望和消费意识，同时利用绿色自然资源，增加养殖效益。要实现此目的就必须在众多的鸡品种中选择合适的品种进行放养。我国养鸡历史悠久。在长期的饲养实践中经过自然选择和人工选择，形成了许多各具特点的优良地方品种，并且，最近几十年，为了促进中国养鸡业的发展从国外引进了一些品种，国内专家也培育出了一系列优良的新品种。所有这些都为我国放养鸡的发展奠定了坚实的基础。

第一节 放养鸡种的选择原则

一、适应性强，抗病力高

放养和笼养相比，鸡所处的生存环境差。例如，冬天没有保暖措施，自由野外活动导致接触病原物质的几率增加。实践中也证明，放养除了呼吸道病发病率低（空气清新）之外，其他疾病如球虫、白痢均不同程度地高于笼养鸡。因此，在品种的选择上应当选择对环境、气候适应性强和抗病能力高的品种。

二、觅食性强

放养的优点在于能够改善产品品质和节约饲料资源。野外可采食的物质包括青草和昆虫等。这些物质作为饲料资源，一方面可以减少全价饲料的使用，节约资金；另一方面这些物质所含的成分能够改善鸡产品的品质，如提高蛋黄颜色和降低产品中胆固醇含量。要充分利用这些饲料资源，鸡只必须活泼好动，觅食能力强。

三、体重、体型大小适中

放养鸡的选择应当以中、小型鸡为主，应当选择那些体重偏轻、体躯结构紧凑、体质结实、个体小而活泼好动、对环境适应能力强的品种。对于大型鸡种来说，体躯硕大、肥胖，行动笨拙，不适于野外生活。

四、产品畅销，市场欢迎

绿色健康食品是目前消费的主流。在放养鸡的养殖中也应当遵循这一特点，着重选择那些能够提供优质产品的品种，符合市场的需求。例如，在蛋鸡的养殖中饲养绿壳蛋鸡，其鸡蛋含有丰富的微量元素，并且胆固醇含量低；在肉鸡的饲养中可以选择屠体美观和肉质鲜嫩的霞烟鸡、庄河鸡等品种。由于不同地区消费者的嗜好不同，因此，不同地区应根据当地的消费习惯选择适宜的品种。

第二节　地方品种

一、肉用型

(一)惠阳胡须鸡

1. 产地与分布

惠阳胡须鸡也叫三黄胡须鸡、龙岗鸡、龙门鸡、惠州鸡。因其颌下有张开的肉髯，状似胡须而得名。该鸡原产于东江和西枝江中下游沿岸各县，以惠阳、博罗、紫金、龙门和惠东5县为主，河源、东莞、宝安、增城亦有分布。该鸡具有胸肌发达、早熟易肥、肉质佳的特点，与清远麻鸡、杏花鸡一起被誉为广东省三大出口名鸡。

2. 外貌特征

惠阳胡须鸡属于中型肉用品种，头大颈粗，胸深背宽，背线平直，后躯圆润，体质结实，腿肌和胸肌发达，胸角一般在60°以上，后躯丰满，体躯呈葫芦瓜形，尤以颌下发达而张开的胡须状髯羽为其基本特征，并且在其颌下无肉垂或仅有一些痕迹。

公鸡单冠直立，冠齿为6～7个。喙粗短而黄，虹彩橙黄色，耳叶红色。梳羽、蓑羽和镰羽金黄色而富有光泽。背部羽毛枣红色，分为主尾羽和无主尾羽两种。主尾羽多呈黄色，有些内侧是黑色。腹部羽色稍淡。

母鸡单冠直立，冠齿6～8个。虹彩橙黄色，耳叶红色。全身羽毛黄色，主翼羽和尾羽有些黑色。尾羽不发达，喙脚黄色。

3. 生产性能

惠阳胡须鸡肥育性能良好，具有脂肪沉积能力强的特点。农家散养母鸡，开产前体重可达1 000～1 200 g。如果在此时选择笼养育肥，只需12～15 d即可增重350～400 g，并具有皮薄骨软、脂丰肉满的特点。据测定，120日龄公鸡，半净膛屠宰率为

86.6%,全净膛屠宰率为81.2%;150日龄公鸡,半净膛屠宰率为87.5%,全净膛屠宰率为78.7%。

受当地气候条件、日粮营养水平、饲养方式、就巢性强和腹脂多的影响,惠阳胡须鸡产蛋率很低。即使在较好的饲养管理水平下,也仅在28%左右。在农家以稻谷为主、结合放养并以母鸡自然孵化与育雏的方式下,年平均产蛋只有45~55枚。改善饲养管理后,平均每只母鸡年产蛋可达108枚,平均蛋重45.8 g,蛋壳浅褐色,平均开产日龄150 d。

公鸡性成熟早,最早的3周龄会啼叫。一般公、母配种比例为1∶(10~12),平均种蛋受精率为88.6%,受精孵化率为84.6%。育雏率较高,平均育雏成活率在95%以上。

(二)清远麻鸡

1. 产地与分布

清远麻鸡原产于广东省清远县。清远县年饲养量都在600万只以上。该鸡目前已分布到邻近的花县、四会、佛岗等县及珠江三角洲的部分地区。因其羽毛背侧有细小的黑色斑点,故称为麻鸡。它以体型小、皮下和肌间脂肪发达、皮薄骨软而著名,素为我国活鸡出口的小型肉用名鸡之一。

2. 外貌特征

清远麻鸡的典型特征是"一楔、二细、三麻",即母鸡体型像楔形,前躯紧凑、后躯圆大;头细脚细;被羽主要有麻黄、麻棕、麻褐3种颜色。公鸡体质结实灵活,结构匀称,属肉用体型。

出壳雏鸡背部绒羽为灰棕色,两侧各有1条约4 mm宽的白色绒羽带,直到第一次换羽后才消失。这是清远麻鸡雏鸡的独特标志。

公鸡头大小适中,单冠直立,冠齿5~6个。肉垂、耳叶鲜红。虹彩橙黄色,喙黄色。颈部长短适中,头颈、背部的羽金黄色,胸羽、腹羽、尾羽及主翼羽黑色,肩羽、蓑羽枣红色,较短而黄。

母鸡头细小，单冠直立，冠齿5～6个，冠、耳叶鲜红色。喙黄而短。虹彩橙黄色。颈长短适中。头部和颈前部1/3的羽毛呈深黄色。背部羽毛有麻黄、麻棕、麻褐3种颜色。主副羽翼的内侧呈黑色，外侧呈麻斑，由前至后变淡而麻点消失。胫趾短细，呈黄色。

3. 生产性能

清远麻鸡以农家饲养放牧为主。天然食饵丰富的条件下生长速度较快，120日龄公鸡体重1 250 g，母鸡体重1 000 g。该品种具有肥育性能良好和屠宰率高的特点。未经肥育的仔母鸡半净膛屠宰率平均为85%，全净膛屠宰率平均为75.5%；阉公鸡半净膛屠宰率为83.7%，全净膛屠宰率为76.7%。

母鸡5～7月龄开产，年产蛋70～80枚，蛋重47 g，蛋壳浅褐色。公、母配比1∶(13～15)，种蛋受精率在90%以上，受精蛋孵化率83.6%。自然育雏方法育雏率一般较低，人工育雏30日龄育雏率达93.6%。

(三)杏花鸡

1. 产地与分布

杏花鸡原产于广东省封开县一带，当地又称为“米仔鸡”。它具有早熟、易肥、皮下脂肪和肌间脂肪分布均匀、骨细皮薄、肌纤维细嫩等特点，属小型肉用鸡种。

杏花鸡主要分布于广东省封开县内，年饲养量达100万只以上。怀集、德庆、郁南、新兴、肇庆、佛山、广州等地都有饲养。

2. 外貌特征

杏花鸡体质结实，结构匀称，胸肌发达，被毛紧凑，前躯窄，后躯宽。体型特征可概括为：“两细”即头细、脚细；“三黄”即羽黄、皮黄、胫黄；“三短”即颈短、体躯短、脚短。

雏鸡以三黄为主，全身绒羽淡黄色。

公鸡头大，冠大直立，冠、耳叶及肉垂鲜红色，虹彩橙黄色，羽毛黄色略带金红色，主翼羽和尾羽有黑色，脚黄色。

母鸡头小；喙短而黄；单冠；冠、耳叶及肉垂红色；虹彩橙黄色；体羽黄色或浅黄色；颈基部羽多有黑斑点，形似项链；主副翼羽的内侧多呈黑色，尾羽多数有几根黑羽。

3. 生产性能

农家饲养条件下，杏花鸡早期生长缓慢。在使用配合饲料情况下，112 日龄公鸡的体重为 1 256 g，母鸡平均体重 1 032 g。未开产的母鸡，一般养到 5～6 月龄，体重达 1 000～1 200 g。半净膛屠宰率，公鸡为 79.0%，母鸡为 76.0%；全净膛屠宰率，公鸡为 74.7%，母鸡为 70.0%。因皮薄且有皮下脂肪，故细腻光滑，肌肉脂肪分布均匀，肉质特优，适宜做白条鸡。

农村放养和自然孵化条件下，年产蛋量为 60～90 枚，蛋重 45 g 左右，蛋壳褐色。母鸡在 150 日龄时有 30%开产。公、母配比，农家放养的为 1∶15，种蛋受精率达 90%以上；群养的为 1∶(13～15)，种蛋受精率为 90.8%，受精蛋孵化率为 74%。30 日龄的育雏率在 90%左右。

（四）桃源鸡

1. 产地与分布

桃源鸡原产于湖南省桃源县的三阳巷和深水巷一带。它以体型高大而出名，故又称为桃源大种鸡。省内以长沙、岳阳、郴州等地分布较为普遍。20 世纪 50 年代以来，江苏、江西、四川、贵州、广东、广西、河南、新疆等省、自治区相继引种。20 世纪 60 年代先后在北京和巴黎展览，为人们所熟知。

2. 外貌特征

桃源鸡体型硕大，体质结实，羽毛蓬松，体躯稍长，呈长方形。公鸡姿态雄伟，性勇猛好斗，头颈高昂，尾羽上翘，侧视呈“U”形。母鸡体稍高，性温顺，活泼好动，背较长而平直，后躯浑圆，近似方形。

公鸡头部大小适中，单冠直立，冠齿 7～8 个，耳叶、肉垂鲜红，眼大微凹陷，虹彩金黄色，颈稍长，胸廓发育良好。体羽呈金黄色或红色，主翼羽和尾羽呈黑色，梳羽金黄色或间有黑斑。尾羽长出较迟，未长齐时尾部呈半圆佛手状，长齐后尾羽上翘。镰羽发达，向上张开。腿高，胫长而粗。

母鸡头部清秀，单冠直立，冠齿7～8个，鸡冠倒向一侧。羽色有黄色和麻色两个类型，黄羽型的背羽呈黄色，颈羽呈马黄色；麻羽型的体羽呈麻色。两种类型的主翼羽和尾羽均呈黑色，腹羽呈黄色。喙、胫呈青灰色，皮肤白色。

3. 生产性能

桃源鸡生长缓慢，特别是早期生长发育迟缓。90日龄公、母鸡平均体重分别为1 093.45 g和862 g。肉质细嫩，肉味鲜美，富含脂肪。半净膛屠宰率，公鸡为84.9%，母鸡为82.06%。雏鸡出壳后绒羽较稀，长羽速度迟缓。主、副翼羽一般要3周龄才能全部长出。同时成年羽生长速度也比较慢，因此在育成阶段常表现为光背、裸腹、秃尾和胸部袒露。

开产日龄平均为195 d，年产蛋100～120枚，高产群体平均可达158枚。蛋壳浅褐色，平均蛋重51 g。公、母配比1∶(10～12)，种蛋受精率为83.83%，受精蛋孵化率为83.81%。母鸡就巢性强，放牧饲养条件下，30日龄育雏率为75.66%。

(五)溧阳鸡

1. 产地与分布

溧阳鸡是江苏省西南丘陵山区的著名鸡种，当地也称为“三黄鸡”或“九斤黄”。该鸡种的中心产区位于溧阳市西南部，尤其以茶亭、戴埠、社渚等地最多，属于大型肉用品种。

2. 外貌特征

溧阳鸡体型较大，体躯略呈方形；羽毛及喙和脚有黄色、麻黄色和麻栗色几种，但多为黄色。

雏鸡以快生羽为主，出壳毛色呈米黄色，部分有条状黑色的绒羽带。

公鸡单冠直立，冠齿5个。耳叶、肉垂较大，颜色鲜红。背羽为黄色或橘黄色，主翼羽有黑色和半黑半黄色之分，副翼羽为黄色和半黑，主尾羽黑色，胸羽、梳羽、蓑羽金黄色或橘黄色，有的羽毛有黑镶边。

母鸡鸡冠有单冠直立和倒冠之分；眼大；虹彩呈橘红色；全身羽毛平贴体躯，绝大多数羽毛呈草黄色，少数黄麻色。

3. 生产性能

一般放养条件下，溧阳鸡生长速度比较慢。成年鸡体重，公鸡为3.3 kg，母鸡为2.6 kg。90日龄公鸡，半净膛屠宰率为82.0%，全净膛屠宰率为71.9%；90日龄母鸡，半净膛屠宰率为83.2%，全净膛屠宰率为72.4%。成年公鸡，半净膛屠宰率为87.5%，全净膛屠宰率为79.3%；成年母鸡，半净膛屠宰率为85.4%，全净膛屠宰率为72.9%。溧阳鸡肉质鲜美。

溧阳鸡产蛋性能差，平均开产日龄243 d，年产蛋145个，平均蛋重57.2 g，蛋壳褐色。母鸡就巢性强，公、母配种比例1∶13，种蛋受精率为95.3%，受精蛋孵化率为85.6%；育雏率高，一般5周龄育雏率为96%。

(六)河田鸡

1. 产地与分布

河田鸡原产于福建省西南地区，主要产区是长汀、上杭两县，其中尤以长汀的河田镇为中心，向连城、武平等县部分地区辐射。河田鸡属于优良的肉用型品种，具有肉质细嫩、肉味鲜美的特点。目前饲养量200万只左右。

2. 外貌特征

河田鸡具有黄羽、黄喙、黄脚的“三黄”特征。体型近似方形，颈粗、躯短、胸宽、背阔。河田鸡有大型与小型之分，但大型鸡较少，多数是小型鸡；两者体型外貌相同，仅有体重、体尺的区别。大型鸡羽毛生长慢，性成熟比小型鸡迟1个月左右。

雏鸡的绒羽颜色深黄，喙、胫黄色，冠叶后部有分裂成叉状特征。成年鸡主要特征为冠叶后部分裂成叉状冠尾，皮肤白色或黄色。

公鸡单冠直立，冠齿约5个；冠叶前部为单片，后部分裂成叉状冠尾，颜色鲜红；颜面鲜红，无明显皱纹。耳叶椭圆形，红色。喙基部褐色，喙尖呈浅黄色。公鸡羽色较杂，头、颈羽棕黄色，背、胸、腹羽淡黄色，尾羽黑色。蓑羽呈鲜艳的浅黄色，镰羽不发达，主翼羽黑色，有浅黄色镶边。

母鸡冠部基本与公鸡相同，但是比较矮小。羽毛以黄色为主，颈羽的边缘呈黑色，颈部深黄色，腹部丰满。

3. 生产性能

河田鸡具有屠体丰满、皮薄骨细、肉质细嫩、肉味鲜美的特点。但是，河田鸡生长速度缓慢，150日龄公、母鸡体重分别为1 294.8 g和1 093.7 g。同时，河田鸡屠宰率低。据测定，120日龄半净膛屠宰率，公鸡为85.8%，母鸡为87.08%；全净膛屠宰率，公鸡为68.64%，母鸡为70.53%。

母鸡开产日龄在180 d左右，年产蛋量100枚，蛋重为42.89 g，蛋壳颜色以浅褐色为主，少数灰白色。农村放养公、母配比1∶15，种蛋受精率为90%；饲养场1∶10，种蛋受精率为82%～97%，入蛋孵化率为67.75%。母鸡自然孵化育雏率达90%以上，人工孵化育雏30日龄的育雏率为85.76%。母鸡具有极强的就巢性。

（七）霞烟鸡

1. 产地与分布

霞烟鸡原名下烟鸡，又名肥种鸡，原产于广西容县石寨乡下烟村，是国内优良的地方鸡种。当地为土山丘陵，物产丰富，群众喜爱硕大黄鸡，霞烟鸡是该地区中较大的鸡种，目前年饲养量在20

万只左右。广东、北京、上海等省、市曾引入霞烟鸡饲养。

2. 外貌特征

霞烟鸡体躯短宽，腹部丰满，外形呈方形。

雏鸡绒羽以深黄色为主，喙黄色，胫黄色或白色。成年鸡头部较大，单冠，肉垂、耳叶均鲜红色，虹彩橘红色。喙基部深褐色，喙尖浅黄色。颈部显得粗短，羽毛略为疏松。骨骼粗。皮肤白色或黄色。

公鸡羽毛黄红色，梳羽颜色比胸背羽颜色为深，主副翼羽带黑斑或白斑，有些公鸡蓑羽和镰羽有极浅的横斑纹，尾羽不发达。性成熟的公鸡腹部皮肤多呈红色。

母鸡羽毛黄色，背平、胸宽，龙骨略短，腹部丰满。临近开产的母鸡，耻骨与龙骨末端之间能并容3指，是该品种的重要特征。

3. 生产性能

在较好的饲养管理水平下，90日龄公鸡活重922.0 g，母鸡776.0 g；150日龄公、母活重分别为1 595.6 g、1 293.0 g。半净膛屠宰率，公、母鸡分别为82.4%、87.89%；全净膛屠宰率，公、母鸡分别为69.19%、81.16%。由于肌间和皮下沉积脂肪，霞烟鸡具有肉质好、肉味鲜的特点，特别是经过肥育后，肌脂丰满，屠体美观，肉质嫩滑，很受消费者欢迎。

母鸡开产日龄平均在170～180 d；产蛋量随饲养条件变化，农家饲养年产蛋80枚，饲料条件好可以达到140～150枚；平均蛋重43.6 g；蛋壳浅褐色。一般公、母配比为1∶(8～10)，种蛋受精率为78.46%，受精蛋孵化率为80.5%。

(八)丝毛乌骨鸡

1. 产地与分布

丝毛乌骨鸡原产于江西省泰和县和福建省泉州市，厦门市和闽南沿海等县均有分布且饲养量较大。以其体躯披有白色的丝状羽，皮肤、肌肉及骨膜皆为黑色而得名，被国际上认为是标准品种，称为丝羽鸡。国内在不同的产区有不同的命名，如江西称泰和鸡、武山鸡，福建称白绒鸡，广东、广西称竹丝鸡等。

新中国成立后，各省市均有饲养，所以该品种目前分布已遍及全国各地。除作为肉用鸡之外，丝羽乌骨鸡由于体型外貌独特，在世界各地动物园中多用作观赏性鸡种。

2. 外貌特征

丝毛乌骨鸡被国际列为观赏用鸡，头小、颈短、脚矮，体小轻盈。其外貌与其他品种有较大区别。标准的丝毛乌骨鸡可概括为以下十大特征，又称“十全”：

①桑葚冠。草莓冠类型，公鸡比母鸡略为发达。颜色在性成熟前为暗紫色，与桑葚相似；成年后颜色减退，略带红色，有荔枝冠之称。

②缨头。头顶有冠羽，为一头缨状丝羽。母鸡羽冠较为发达，状如绒球，又称“凤头”。

③绿耳。耳叶呈暗紫色，在性成熟前呈现明显的蓝绿色彩，在成年后此色彩逐渐消失，仍呈暗紫色。

④胡须。在下颌和两颊着生有较细长的丝羽，母鸡较为发达，形如胡须；肉垂很小或仅有痕迹，颜色与鸡冠一致。

⑤丝羽。除翼羽和尾羽外，全身的羽片因羽小枝没有羽钩而分裂成丝绒状。一般翼羽较短，羽片末端常有不完全的分裂。尾羽和公鸡的镰羽不发达。

⑥五爪。脚有5趾，通常由第一趾向第二趾的一侧多生1趾，也有个别从第一趾再多生1趾成为6趾的，其第一趾连同多生的1趾均不着地。

⑦毛脚。胫部和第四趾着生有胫羽和趾羽。

⑧乌皮。全身皮肤以及眼、脸、喙、胫、趾均呈乌色，往往乌黑的部位和程度，随个体而表现出不同程度的差异。

⑨乌肉。全身肌肉略带黑色，内脏膜及腹脂膜均呈乌色。

⑩乌骨。骨质暗乌，骨膜深黑色。

3. 生产性能

150日龄公、母鸡平均体重，在福建分别为1 460 g、1 370 g，在江西分别为913.8 g、851.4 g。半净膛屠宰率，公鸡为88.35%，母鸡为84.18%；全净膛屠宰率，公鸡为75.86%，母鸡为69.5%，显著高于一般肉鸡，并且肉质细嫩，肉味醇香。

福建、江西两地，丝毛乌骨鸡开产日龄分别为205 d、170 d，年产蛋量分别为120～150枚、75～86枚，平均蛋重分别为46.85 g、37.56 g，受精率分别为87%、89%，受精蛋孵化率分别为84.53%、75%～86%。公、母配比一般为1∶(15～17)。母鸡就巢性强，年平均就巢4次，平均持续期17 d。

(九)江村黄鸡

1. 产地与分布

江村黄鸡是广州市江村家禽企业发展公司经过10多年的个体选育、品系杂交配套试验培育出来的优质黄鸡新品种。为了适应不同市场、不同客户的需要，江村黄鸡分为JH-1号特优质鸡、JH-2号快大型鸡、JH-3号中速型鸡。该鸡具有香港石岐鸡和本地土种鸡的优点。其父母代除分布全国10多个省市地区外，还推广至东南亚邻近几国，产品远销日本、瑞典等国家，深受国内外客户欢迎。

2. 外貌特征

江村黄鸡全身羽毛紧实，毛色亮泽呈浅黄色，头部较细，单冠直立为鲜红，嘴黄而短，体型短而宽，肌肉丰满，脚较矮，体胫皮肤为黄色。鸡冠鲜红直立，嘴黄而短，全身羽毛金黄，被毛坚实，体型短而宽，结构紧凑匀称，肌肉丰满，肉质细嫩，鸡味鲜美，皮下脂肪特佳。

3. 生产性能

江村黄鸡抗逆性好，饲料转化率高，既适合于大规模集约化饲养,也适合于小群放养。其肉质风味好,肌纤维细嫩,皮脂适中,皮脂及皮肤呈黄色。父母代母鸡22周龄开产,27～29周龄为产蛋高峰期,至66周龄产种蛋150枚。肉用母鸡饲养期100 d,体重1 700～1 900 g,肉料比1∶3.0。肉用公鸡饲养期63 d,体重1 500 g,肉料比1∶2.3。开产母鸡体重为1 750 g,22周龄达5%产蛋率,高峰产蛋率(约28周龄)达90%,68周龄入舍母鸡产种蛋190枚,产健雏数160羽,平均入孵蛋孵化率84%。用于父母代配套繁殖生产黄羽肉鸡,饲料消耗量节省25%以上,饲养面积及设备可节省20%,综合经济效益可提高30%～40%。全期成活率为90%以上。

(十)石岐杂鸡

1. 产地与分布

石岐杂鸡又称中山沙栏鸡或三角鸡,属中小型肉用品种。原产于广东省中山市三角沙栏,目前主要分布于中山市,此外,顺德、番隅也有分布。

2. 外貌特征

石岐杂鸡头部大小适中,冠型多为单冠直立,冠齿6～7个。耳叶、肉髯鲜红,虹彩橙黄色。躯体丰满,胸肌发达。公鸡羽毛多为黄色或枣红色;主翼羽有黑色,有的以羽轴为界,外侧枣红色,内侧黑色,紧靠羽轴两边为黑色,也有全身黑色而羽尖少部分呈枣红色;尾羽多为黑色,也有无主尾羽。母鸡羽毛有黄色、麻色,尤其以麻色居多。背部羽毛有麻黄色、麻褐色、麻棕色3种;头、颈、胸和腹部羽毛,麻黄色的为黄色,麻褐色的为褐色,麻棕色的为棕色,形成黑花点披肩。皮肤有黄色、白玉色,以白玉色居多。胫部颜色有黄色和白玉色,以黄色居多。出壳雏鸡背部两侧各有1条约0.4 cm宽的背线,从肩延伸至尾部;第一次换羽后该条纹消失,出现雌雄羽毛的差别。

3. 生产性能

石岐杂鸡平均初生重为32 g,70日龄体重为723 g,150日龄体重为1 111 g;成年公鸡为2 150 g,母鸡为1 550 g。半净膛屠宰率,成年公鸡平均为86.16%,母鸡为85.93%;全净膛屠宰率,成年公鸡平均为81.12%,母鸡为78.82%。

母鸡平均开产日龄165 d,平均年产蛋80枚,平均蛋重45 g。蛋壳多为褐色、浅褐色,蛋形指数为1.34。公鸡平均性成熟期105 d。公、母配比1∶(15~20)。平均种蛋受精率为92%,平均受精蛋孵化率为91%。母鸡有就巢性,公、母鸡利用年限1~2年。

二、肉蛋兼用型

(一)固始鸡

1. 产地与分布

固始鸡是我国优良的地方鸡种,主产于河南省固始县,俗称"固始黄"。其因外观秀丽、肉嫩汤鲜、风味独特、营养丰富等而驰名海内外。固始鸡在明清时期被列为宫廷贡品,20世纪50年代开始进入我国港澳地区及出口东南亚地区,20世纪60~70年代被指定为京、津、沪特供商品,20世纪70年代末,国家为保存和利用固始鸡资源,投资在固始县兴建了固始鸡原种场,专门从事固始鸡保种和选育研究工作。该场先后承担"固始鸡提纯复壮研究"、"固始鸡品系选育和繁育体系建设"等国家级攻关项目;经过20多年艰苦细致的工作,成功地选育出固始鸡高产品系、快速品系。以快速品系为父本、高产品系为母本生产的固始鸡商品代(青脚系、乌骨系),生产性能大幅度提高,综合性能达到国内同类研究先进水平。

2. 外貌特征

固始鸡个体中等,外观清秀灵活,体型细致紧凑,结构匀称,羽毛丰满,尾形独特。按外貌可分为青脚系和乌骨系两类。青脚系固始鸡外貌特征是青脚、青嘴、快羽、白皮肤，母鸡羽毛有麻黄色，公鸡一般为红羽、黑尾。乌骨系固始鸡的外貌特征是乌脚、乌冠、乌皮、乌骨，母鸡毛色以中麻和麻黄为主，公鸡毛色深红。

初生雏鸡绒羽呈黄色，头顶有深褐色绒羽带，背部沿脊柱有深褐色绒羽带。两侧各有四条黑色绒羽带。成年鸡冠型有单冠和豆冠两种，以单冠者居多。冠直立，冠齿为 6 个，冠后缘冠叶分叉。冠、肉垂、耳叶和脸均呈红色。眼大略向外突出。虹彩呈彩栗色。喙短略弯曲，呈青黄色。胫呈青色。尾型分为佛手状尾和直尾两种。佛手状尾尾羽向后上方卷曲，悬空飘摇，是该品种的特征。

公鸡羽色呈深红色和黄色，镰羽多带黑色而富铜色光泽。母鸡的羽色以麻黄色和黄色为主，白、黑很少。该鸡种性情活泼，敏捷善动，觅食能力强。

3. 生产性能

固始鸡早期生长速度慢，公、母鸡 60 日龄体重平均为 265.7 g；90 日龄体重，公鸡为 487.8 g，母鸡为 355.1 g；180 日龄体重，公鸡为 1 270 g，母鸡为 966.7 g。150 日龄半净膛屠宰率，公鸡为 81.76%，母鸡为 80.16%；全净膛屠宰率，公鸡为 73.92%，母鸡为 70.65%。

平均开产日龄 170 d，年平均产蛋量 150.5 枚，平均蛋重 50.5 g。繁殖种群，公、母配比为 1∶(12～13)，平均种蛋受精率为 90.4%，受精蛋孵化率为 83.9%。

(二)萧山鸡

1. 产地与分布

萧山鸡产于浙江省萧山市，又称萧山大种鸡、越鸡。产区地处钱塘江冲积平原，农业发达，饲料丰富，又适宜鸡群放养，加上当地农民养鸡经验丰富，故形成该鸡成熟早、生长快、体型肥大、肉质细嫩、产蛋率高等特点。胸部肌肉特别发达，两脚粗壮结实，性情活泼好动，喜觅活食。该鸡主要分布于瓜沥、义蓬、坎山、城北等地。近年来,建立了种鸡场,进行复壮提纯,解决鸡种杂和退化问题。

2. 外貌特征

萧山鸡属肉蛋兼用型良种。其体型肥大,外形近似方而浑圆。公鸡体格健壮,羽毛紧密,头昂尾翘。单冠红而直立,中等大小。肉垂、耳叶红色,眼球略小,虹彩橙黄色。喙稍弯曲,端部红黄色,基部褐色。全身羽毛有红、黄两种,二者颈、翼、背部等羽色较深,尾羽多呈黑色。羽毛、喙部和脚胫均呈金黄色,故又称三黄鸡。

母鸡体态匀称,骨骼较细。全身羽毛基本黄色,但麻色者也占一定比例。颈、翼、尾部间有少量黑色羽毛。单冠红色,冠齿大小不一。肉垂、耳叶红色。眼球蓝褐色,虹彩橙黄色。喙、胫黄色。

3. 生产性能

萧山鸡早期生长速度快,特别是 2 月龄阉割以后的生长速度更快,体型高大,俗称"萧山红毛大阉鸡"。90 日龄体重,公鸡为 1 247.9 g,母鸡为 793.8 g;120 日龄体重,公鸡为 1 604.6 g,母鸡为 921.5 g;150 日龄体重,公鸡为 1 785.8 g,母鸡为 1 206.0 g;一般成年公鸡体重 3～3.5 kg,母鸡约 2 kg,阉鸡达 5 kg。150 日龄半净膛屠宰率,公鸡为 84.7%,母鸡为 85.6%;全净膛屠宰率,公鸡为 76.5%,母鸡为 66%。屠体皮肤黄色,皮下脂肪较多,肉质好而味美。鸡肉脂肪含量较普通鸡少。据测定,100 g 肌肉中含蛋白质 23 g,脂肪仅 1 g 左右。

电孵生产的雏鸡,饲养 180 d 左右即能生蛋。母鸡年产蛋 120～150 枚,蛋重 54～56 g。蛋壳褐色。公、母配比通常为1∶12。种蛋受精率为 90.95%,受精蛋孵化率为 89.53%。

(三)寿光鸡

1. 产地与分布

寿光鸡原产于山东省寿光县稻田乡一带,以慈家村、伦家村饲养的鸡最好,所以又称慈伦鸡。该鸡的特点是体型硕大、蛋大。属肉蛋兼用的优良地方鸡种。该鸡历史悠久，分布很广，不但分布寿光全县，而且邻近的潍县、昌乐、益都、广饶等县均有分布。

2. 外貌特征

寿光鸡有大型和中型两种，还有少数是小型。大型寿光鸡外貌雄伟，体躯高大，体型近似方形。脸、冠、耳均为鲜红色，喙、跖和爪均为铁青色。成年鸡全身羽毛黑色，在阳光映照下闪蓝色光泽。皮肤白色。单冠公鸡冠大而直立；母鸡冠形有大小之分。初生重为 42.4 g；大型成年体重，公鸡为 3 609 g，母鸡为 3 305 g；中型体重，公鸡为 2 875 g，母鸡为2 335 g。年均产蛋 150 枚，蛋重 60～70 g。寿光鸡蛋大皮红，国内闻名；肉质细嫩，味道鲜美，世界著称。明代、清代寿光县志载曰："此地此户皆畜，雄鸡高尺许，长冠巨爪，鸡卵甲他县，为一邑特产。"

经过几十年的保种、选育和提纯复壮，寿光鸡目前个体产蛋达到 150 枚以上，100 日龄平均体重 1.45 kg，料重比 3.3∶1，已接近国内近年来培育的一些黄羽肉鸡的生产性能。

3. 生产性能

寿光鸡个体高大，屠宰率高。成年母鸡脂肪沉积能力强，肉质鲜美。90 日龄体重，公鸡为 1 310.0 g，母鸡为 1 056.6 g；120 日龄体重，公鸡为 2 187.0 g，母鸡为 1 775.3 g。据测定，公鸡半净膛屠宰率为 82.5%，全净膛屠宰率为 77.1%；母鸡半净膛屠宰率为 85.4%，全净膛屠宰率为 80.7%。初生重为 42.4 g；大型成年鸡体重，公鸡为 3 609 g，母鸡为 3 305 g；中型公鸡为 2 875 g，母鸡为2 335 g。

开产日龄，大型鸡 240 d 以上，中型鸡 145 d。产蛋量，大型鸡年产蛋 117.5 枚，中型鸡 122.5 枚。蛋重，大型鸡为 65～75 g，中型鸡为 60 g。蛋形指数，大型鸡为 1.32，中型鸡为 1.31。蛋壳厚度，大型鸡 0.360 mm，中型鸡 0.358 mm。在繁殖性能上，大型鸡公、母配比为 1∶(8～12)，中型为 1∶(10～12)。种蛋受精率为

90.7%,受精蛋孵化率为80.85%。

寿光鸡是我国的地方良种之一,遗传性较为稳定,外貌特征比较一致,体型硕大,蛋大而重。但该鸡就巢性弱,还存在着早期生长慢、成熟晚、产蛋量少等缺点。今后应加强本品种选育,保存优良基因,在本品种内培育具有不同特点的品系,进行品系杂交,以进一步发挥其生产性能。

(四)北京油鸡

1. 产地与分布

北京油鸡原产于北京市安定门和德胜门外的近郊地带,以朝阳区的大屯和洼里两个乡最为集中,邻近的海淀、清河也有分布。据考证,距今至少有250年的历史。1980年,北京市农林科学院畜牧兽医研究所调查统计,产区有3万余只。北京油鸡以肉味鲜美、蛋质佳良著称,是一个优良的地方品种。20世纪70年代中期,北京油鸡纯种鸡濒于绝种。北京市农业科学院畜牧兽医研究所等单位相继从民间搜集油鸡的种鸡,进行了繁殖、提纯、生产性能测定和推广等工作,在大兴榆垡种鸡场进行该品种的保种工作。

2. 外貌特征

北京油鸡体躯中等。其中,羽毛呈赤褐色(俗称紫红毛)的鸡,体型较小;羽毛呈黄色(俗称素黄色)的鸡,体型略大。出生雏鸡全身披着淡黄色或土黄色绒羽,冠羽、胫羽、髯羽也很明显,体格浑圆。成年鸡羽毛厚密而蓬松,羽毛为黄色或黄褐色。公鸡的羽毛色泽鲜艳光亮,头部高昂,尾羽多呈黑色;母鸡的头尾微翘,胫部略短,体态敦实。其尾羽与主、副翼羽中常夹有黑色或以羽轴为中界的半黑半黄的羽片。

北京油鸡具有冠羽和胫羽,有些个体兼有趾羽。不少个体的颌下或颊部生有髯须,人们常将这"三羽"性状看作是北京油鸡的主要外貌特征。

冠型为单冠,冠叶小而薄,在冠叶的前端常形成一个小的"S"

状褶曲，冠齿不甚整齐。凡具有髯羽的个体，其肉垂很少或全无，头较小，冠、肉垂、脸、耳叶均呈红色。眼较大。虹彩多呈棕褐色。喙和胫呈黄色，喙的尖部稍微显褐痕。少数个体分生 5 趾。

3. 生产性能

北京油鸡生长速度缓慢，初生重为 38.4 g，4 周龄重为220 g，8 周龄重为 549.1 g，12 周龄重为 959.7 g。成年体重，公鸡为 2 049 g，母鸡为 1 730 g。北京油鸡屠体皮肤微黄，紧凑丰满，肌间脂肪分布良好，肉质细腻，肉味鲜美。肉料比 3.5∶1。北京油鸡尤其适合山区散养。

成年公鸡半净膛屠宰率为 83.5%，全净膛屠宰率为 76.6%；母鸡半净膛屠宰率为 70.7%，全净膛屠宰率为 64.6%。

北京油鸡性成熟较晚。母鸡 7 月龄开产，年产蛋为 110～125 枚，平均蛋重为 56 g，蛋壳厚度 0.325 mm，蛋壳褐色，个别呈淡紫色，蛋形指数为 1.32。鸡群的公、母比例为 1∶(8～10)，种蛋受精率为 95%，受精蛋孵化率为 90%。雏鸡成活率高，在正常的饲养管理条件下，2 月龄的成活率可达 97%，部分个体有抱窝性。

(五)庄河鸡

1. 产地与分布

庄河鸡主产辽宁省庄河市，分布于东沟、凤城、金县、新金、复县等地。因该鸡体躯硕大，腿高粗壮，结实有力，故名大骨鸡。目前饲养量达 450 万只以上，并被推广到吉林、黑龙江、山东、河南、河北、内蒙古等省和自治区。

2. 外貌特征

庄河鸡属蛋肉兼用型品种。庄河鸡体型魁伟，胸深且广，背宽而长，腿高粗壮，腹部丰满，墩实有力，以体大、蛋大、口味鲜美著称。觅食力强。公鸡羽毛棕红色，尾羽黑色并带金属光泽。母鸡多呈麻黄色，头颈粗壮，眼大明亮，单冠，冠、耳叶、肉垂均呈红色。喙、胫、趾均呈黄色。

3. 生产性能

庄河鸡 90 日龄平均体重，公鸡、母鸡分别为 1 039.5 g、881.0 g；120 日龄体重，公鸡为 1 478.0 g，母鸡为 1 202.0 g；150 日龄体重，公鸡为 1 771.0 g，母鸡为 1 415.0 g；成年体重，公鸡为 2 900～3 750 g，母鸡为 2 300 g。产肉性能较好，全净膛屠宰率平均在 70％～75％。

开产日龄平均 213 d，年平均产蛋 164 枚左右，高的可达 180 枚以上。蛋大是庄河鸡的一个突出优点，平均蛋重为 62～64 g，有的可达 70 g 以上。蛋壳深褐色，壳厚而坚实，破损率低。蛋形指数 1.35。公、母配种比例一般为 1∶(8～10)，种蛋受精率约为 90％，受精蛋孵化率为 80％，就巢率为 5％～10％，就巢持续期为 20～30 d，60 日龄育雏率达 85％以上。

(六)狼山鸡

1. 产地与分布

狼山鸡是我国古老的地方品种，在世界家禽品种中负有盛名。该鸡原产于江苏如东县境内，以马塘、岔河为中心，旁及掘港、拼茶、丰利及双甸。该鸡集散地为长江北岸的南通港，港口附近有一游览胜地，称为狼山，因而得名。该鸡以体型硕大、羽毛纯黑、冬季产蛋多、蛋大而著称于世。

2. 外貌特征

狼山鸡体格健壮，头昂尾翘，背部较凹，羽毛紧密，行动灵活。按体型可分为重型与轻型。前者多产于马塘、岔河公鸡体重为 4.0～4.5 kg，母鸡为 3.0～3.5 kg；后者以拼茶为多，公鸡体重为 3.0～3.5 kg，母鸡为 2.0 kg。按羽毛颜色可分为纯黑、黄色和白色 3 种，其中黑鸡最多，黄鸡次之，白鸡最少，而杂毛鸡甚为少见。每种颜色按头部羽冠和胫趾部羽毛的有无分为光头光脚、光头毛脚、凤头毛脚和凤头光脚 4 个类型。

狼山鸡头部短圆细致，群众称之为蛇头大眼。单冠，冠齿 5～

6个。脸部、耳叶及肉垂均呈鲜红色。眼的虹彩以黄色为主,间混有黄褐色。喙黑褐色,头端稍淡。胫黑色,较细长。羽毛紧贴躯体,当年育成的新鸡富有黑绿色光泽。

成年黑色狼山鸡多呈纯黑,有时第9～10根主羽翼呈白色。刚出壳的雏鸡,额部、腹及翼尖等处均呈淡黄色,一直到中雏换羽后才全部变成黑色。狼山鸡的皮肤呈白色。

3. 生产性能

狼山鸡属蛋肉兼用型,虽然个体较大,但前期生长速度不快。初生重40 g;30日龄体重157 g;60日龄为463 g;90日龄体重,公鸡为1 070 g,母鸡为940 g;120日龄体重,公鸡为1 750 g,母鸡为1 333 g;150日龄体重,公鸡为2 403 g,母鸡为1 673 g。1～150日龄,每千克增重耗混合饲料4.46 kg。6.5月龄屠宰测定,公鸡半净膛屠宰率为82.8%左右,全净膛屠宰率为76%左右;母鸡半净膛屠宰率为80%,全净膛屠宰率为69%。

年平均产蛋135～175枚,最高达252枚;平均蛋重58.7 g;蛋壳浅褐色。公、母配种比例为1∶(15～20),种蛋受精率保持在90%左右,最高可达96%。农家放牧条件下,一般公、母比例为1∶(20～30)。平均性成熟期为208 d,就巢率为11.89%,平均持续就巢期为11.23 d。

三、蛋用型

(一)仙居鸡

1. 产地与分布

仙居鸡(又名梅林鸡)原产地为浙江省台州地区,仙居县是重点产区,在其邻近的临海、天台、黄岩等地亦有分布。仙居鸡是浙江省小型的蛋用地方鸡种。生产的雏鸡除供浙江省外,还销至广东、江苏、上海等10多个省市、自治区。

2. 外貌特征

仙居鸡体型结实、紧凑，秀丽、小巧，性格活泼，动作灵敏，容易受惊。羽色有黄、白、黑、花和紫色等，颈部多为黄色，肉色或青色等。全身羽毛紧密贴体，尾羽高翘，背平直，骨骼纤细。雏鸡绒羽黄色，但深浅不同，间有浅褐色。喙、胫、趾呈黄色或青色。成年鸡头部适中，颜面清秀。单冠，冠齿5～7个。母鸡冠矮，公鸡冠直立，高3～4 cm。耳叶椭圆形。肉垂薄，中等大小。眼睑薄，虹彩多呈黄色。公鸡羽毛主要是黄色，梳羽、蓑羽色较浅，有光泽，主翼羽红夹黑色，镰羽和尾羽均黑。母鸡羽毛色较杂，以黄色为主，尚有少数白羽、黑羽。颈羽颜色较深。主翼羽羽片半黄半黑。尾羽黑色，尚有少数白羽、黑羽。

3. 生产性能

仙居鸡体型小，生长速度中等，早期增重慢，属于早熟品种；180日龄时，公鸡体重为1 256 g，母鸡体重为953 g；半净膛屠宰率，公鸡为85.3%，母鸡为85.7%；全净膛屠宰率，公鸡为75.2%，母鸡为75.7%。经选育后的仙居鸡，目前在放牧饲养条件下，公鸡90日龄体重可达1.5 kg，母鸡120日龄体重可达1.3 kg；平均料肉比为3.2∶1。

仙居鸡一般在150～180日龄开产；年产蛋180～200枚，最高可达270～300枚；蛋重平均为42 g；蛋壳以浅褐色为主；蛋形指数为1.36。仙居鸡因体小、灵活而配种能力强，可按公、母配比1∶(16～20)配种；受精率为94.3%，受精蛋孵化率为83.5%；1月龄育雏成活率为96.5%。仙居鸡有一定就巢性，一般就巢母鸡占鸡群的10%～20%，多发生于4～5月份。

(二)白耳黄鸡

1. 产地与分布

白耳黄鸡(又名白耳银鸡、江山白耳鸡、上饶地区白耳鸡)主产于江西上饶地区广丰、上饶、玉山3县和浙江的江山市。以其全身羽毛黄色，耳叶白色而得名，是我国稀有的白耳鸡种。

2. 外貌特征

白耳黄鸡以体型较小、体重较轻、羽毛紧凑、后躯宽大、白耳（白耳，耳叶大，呈银白色，似白桃花瓣）、三黄（黄羽、黄喙、黄脚）为主要特征。成年公鸡身体呈船形，羽毛棕红色，肉垂长、软而薄，呈鲜红色，虹彩金黄色。头部羽毛短，呈橘红色；梳羽深红色；其他羽毛呈浅黄色。母鸡体型小，呈三角形；全身羽毛黄色；肉垂较短；单冠直立，冠齿4～6个，呈淡红色；头细小，喙短稍弯，喙黄色，有时喙端褐色；眼大有神，虹彩橘红色；胸部发达，后躯宽大；性情温顺，行动灵活，觅食力强。公母鸡的皮肤和胫部呈黄色，无胫羽。

3. 生产性能

白耳黄鸡原为蛋用型鸡种，体型小，60日龄平均体重，公鸡为435.78 g，母鸡为411.5 g。150日龄体重，公鸡为1 265 g，母鸡为1 020 g。成年体重，公鸡为1.37 kg，母鸡为1.5 kg。成年鸡半净膛屠宰率，公鸡为83.33%，母鸡为85.25%；全净膛屠宰率，公鸡为76.67%，母鸡为69.67%。

开产日龄平均为150 d，年产蛋180枚，蛋重为54 g，蛋壳深褐色，壳厚0.34～0.38 mm，蛋形指数1.35～1.38。在公、母鸡配比为1∶(12～15)的情况下，种蛋受精率为92.12%，受精蛋孵化率为94.29%，入蛋孵化率为80.34%。

（三）绿壳蛋鸡

绿壳蛋鸡是我国刚培育开发成功的优秀特禽。据中国科学院遗传与发育研究所血型测定结果表明：黑羽绿壳蛋鸡是一个国内外罕见的特异性遗传基因群。该鸡选育时，在兼顾体型外貌全黑、绿壳和产蛋量三大性状指标的前提下重点突出鸡蛋品质的选育。绿壳蛋鸡的肉质和蛋质特别优良，哈氏单位高于其他鸡种；蛋黄中的β球蛋白和γ球蛋白高；肌肉中各种氨基酸明显高于其他鸡种，尤其是赖氨酸、谷氨酸、天冬氨酸含量特别高。

国内许多家禽育种场开展绿壳蛋鸡的培育，并且都形成了自己的品种特征。目前养殖的绿壳蛋鸡主要有以下几个品种：

①黑羽绿壳蛋鸡。东乡黑羽绿壳蛋鸡由江西省东乡县农科所和江西省农业科学院畜牧研究所培育而成。该品种体型较小，产蛋性能较高，适应性强，羽毛全黑，乌皮、乌骨、乌肉、乌内脏，喙、趾均为黑色。母鸡羽毛紧凑，单冠直立，冠齿5～6个，眼大有神，大部分耳叶呈浅绿色，肉垂深而薄，羽毛片状，胫细而短，成年体重1.1～1.4 kg。公鸡雄健，鸣叫有力，单冠直立，暗紫色，冠齿7～8个，耳叶紫红色，颈羽、尾羽泛绿光且上翘，体重1.4～1.6 kg，体型呈V形。大群饲养的商品代，绿壳蛋比率为80%左右。该品种经过5年4个世代的选育，体型外貌一致，纯度较高，其父系公鸡常用来和蛋用型母鸡杂交生产出高产的绿壳蛋鸡商品代母鸡，我国多数场家培育的绿壳蛋鸡品系中均含有该鸡的血缘。但该品种抱窝性较强(15%左右)，因而产蛋率较低。

②三凰绿壳蛋鸡。三凰绿壳蛋鸡由江苏省家禽研究所(现中国农业科学研究院家禽研究所)选育而成。该品种有黄羽、黑羽两个品系，其血缘均来自于我国的地方品种；单冠、黄喙、黄腿、耳叶红色；开产日龄155～160 d；开产体重，母鸡1.25 kg，公鸡1.5 kg；300日龄平均蛋重45 g，500日龄产蛋量180～185枚；父母代鸡群绿壳蛋比率97%左右；大群商品代鸡群中绿壳蛋比率93%～95%；成年体重，公鸡为1.85～1.9 kg，母鸡为1.5～1.6 kg。

③三益绿壳蛋鸡。三益绿壳蛋鸡由武汉市东湖区三益家禽育种有限公司杂交培育而成，其最新的配套组合为东乡黑羽绿壳蛋鸡公鸡做父本，国外引进的粉壳蛋鸡做母本，进行配套杂交。商品代鸡群中麻羽、黄羽、黑羽基本上各占1/3，可利用快慢羽鉴别法进行雌雄鉴别。母鸡单冠，耳叶红色，青腿，青喙，黄皮；开产日龄150～155 d，开产体重为1.25 kg，300日龄平均蛋重50～52 g，500日龄产蛋量210枚，绿壳蛋比率85%～90%，成年母鸡体重为

1.5 kg。

④新杨绿壳蛋鸡。新杨绿壳蛋鸡由上海新杨家禽育种中心培育。父系来自于我国经过高度选育的地方品种，母系来自于国外引进的高产白壳或粉壳蛋鸡，经配合力测定后杂交培育而成，以重点突出产蛋性能为主要育种目标。商品代母鸡羽毛白色，但多数鸡身上带有黑斑；单冠，冠、耳叶多数为红色，少数黑色；60%左右的母鸡青脚、青喙，其余为黄脚、黄喙；开产日龄 140 d(产蛋率 5%)，产蛋率达 50%的日龄为 162 d；开产体重为 1.0～1.1 kg，500 日龄入舍母鸡产蛋量达 230 枚，平均蛋重 50 g，蛋壳颜色基本一致，大群饲养鸡群绿壳蛋比率为 70%～75%。

⑤招宝绿壳蛋鸡。招宝绿壳蛋鸡由福建省永定县雷镇闽西招宝珍禽开发公司选育而成。该鸡种和江西东乡绿壳蛋鸡的血缘来源相似。母鸡羽毛黑色，黑皮、黑肉、黑骨、黑冠；开产日龄较晚，为 165～170 d；开产体重为 1.05 kg；500 日龄产蛋量为 135～150 枚；平均蛋重 42～43 g；商品代鸡群绿壳蛋比率为 80%～85%。

⑥昌系绿壳蛋鸡。昌系绿壳蛋鸡原产于江西省南昌县。该鸡种体型矮小，羽毛紧凑，未经选育的鸡群毛色杂乱，大致可分为 4 种类型：白羽型、黑羽型(全身羽毛除颈部有红色羽圈外，均为黑色)、麻羽型(麻色有大麻和小麻)、黄羽型(同时具有黄肤、黄脚)；头细小，单冠红色；喙短稍弯，呈黄色；体重较小，成年公鸡体重 1.30～1.45 kg，成年母鸡体重 1.05～1.45 kg；部分鸡有胫毛；开产日龄较晚，大群饲养平均为 182 d；开产体重为 1.25 kg；开产平均蛋重 38.8 g；500 日龄产蛋量 89.4 枚；平均蛋重 51.3 g；就巢率 10%左右。

绿壳蛋鸡性情温和，喜群居，抗病力强，全国各地均可饲养。养殖方法与土鸡一样，主食五谷杂粮，喜食青草、青菜，可进行笼养、圈养和散养。

其蛋壳绿色，蛋白浓厚，蛋黄呈橘黄色，含有大量的卵磷脂、维生素 A、维生素 B、维生素 E,属于高维生素、高微量元素、高氨基酸、低胆固醇、低脂肪的理想天然保健食品。经常食用能增强免疫功能,降低血压,软化血管。这对我国发病率不断上升的高血压、冠心病、高血脂、中风等心脑血管疾病患者无疑带来了福音。另外,它还可以增强儿童智力,对婴幼儿发育不良、儿童厌食有疗效,可提高孕妇和病员的营养,是极好的营养滋补食品。养殖前景十分广阔。

(四)柴鸡

1. 产地与分布

柴鸡,又叫笨鸡,因体型瘦小如柴而得名。柴鸡具有耐粗饲、适应性广、觅食性强、遗传性能稳定、就巢性弱和抗病力强等特性,主要分布于河北省的广大地区,其中以西部太行山区为主,沿保定、石家庄、邢台、邯郸等地分布。长期以来由于受到国外引进品种的冲击,河北柴鸡在平原地区几近消失。近年来,由于消费者对家禽产品品质的要求提高,河北柴鸡以其优良的蛋、肉品质受到社会的关注。在河北省各地均掀起了柴鸡养殖的热潮。

2. 外貌特征

柴鸡体型矮小,体细长,结构匀称,羽毛紧凑,骨骼纤细,头小清秀。喙短而细,呈浅灰色或苍白色,少数全黑色或全黄色。冠型比较杂,以单冠为主,约占 90%,豆冠、玫瑰冠较少,极少数还有凤冠、毛髯。肉髯红色、不发达。公鸡羽色以“红翎公鸡”最多,有深色和浅色。浅色公鸡颈羽及胸部羽毛皆呈浅黄色,背、翼、尾和腹部的羽毛多为红色,但主翼羽和主尾羽中有的羽毛 1/2 或 1/3 为黑色和白色;深色公鸡颈、胸处的羽毛为红褐色或羽尖为黑色,而主翼羽和主尾羽有的也混有黑色羽毛。青白、青灰、花斑等羽色的公鸡较少。母鸡羽毛以麻色、狸色最多,约占 50%;黑色次之,占近 20%;其余为芦花色、浅黄色、黄色、白色、银灰色、杂斑等。胫呈铅色或苍白色,少数为绿色或黄色,个别鸡有胫羽。

3. 生产性能

柴鸡平均初生重 27 g,30 日龄体重 76 g,60 日龄体重 180 g,90 日龄体重 470 g;成年平均体重,公鸡为 2 kg,母鸡为 1.5 kg;7 月龄公鸡平均半净膛屠宰率为 82.82%,平均全净膛屠宰率为 62.59%;成年母鸡平均半净膛屠宰率为 79.26%,平均全净膛屠宰率为 60.00%。柴鸡肉质鲜嫩,肉味鲜美,风味独特,十分可口。

母鸡平均开产日龄 198 d,平均年产蛋 100 枚,高者达 200 枚,平均蛋重 43 g,蛋壳厚度 0.4 mm,平均蛋形指数 1.32,蛋壳淡褐色、红褐色和白色。其蛋黄比例大且颜色发黄,蛋清黏稠,色泽鲜艳,适口性好。公鸡性成熟期 80～120 d。公、母配种比例 1∶(10～15)。平均种蛋受精率为 91%,平均受精蛋孵化率为 93%。母鸡就巢性弱,占群体的 2%～5%。公母鸡利用年限 1～2 年。柴鸡适于家庭散养和在山坡、林地、荒地、果园、大田作物中放养。采用放牧与补饲相结合的方式,让鸡在宽广的放牧场地上得到充足的阳光、新鲜的空气和运动,采食青草、虫蛹、子实等各种营养丰富的饲料。采用早上放牧、晚上收牧的饲养方式。

第三节　标准品种

一、农大矮小鸡

(一)产地

农大矮小鸡是由中国农业大学培育的优良蛋鸡配套系,分为农大褐和农大粉两个品系。该蛋鸡培育成果获 1998 年度农业部科技进步二等奖,获 1999 年国家科技进步二等奖。

(二)生产性能

农大褐父母代种鸡 1～120 日龄成活率为 94%;120 日龄平均体重为 1 550 g,开产日龄 151～155 d,高峰产蛋率为 94%;72 周龄入舍母鸡平均产蛋276枚,产合格种蛋230～240枚,产母雏80～87只;母鸡体重为1 900～2 200 g,产蛋期日耗料为110～115 g/只,产蛋期成活率为93%。商品鸡120日龄平均体重为1 250 g,成活率为97%;开产日龄150～156 d,高峰产蛋率93%;72周龄入舍鸡平均产蛋275枚,总蛋重15.7～16.4 kg,蛋重55～58 g,料蛋比(2.0～2.1)∶1,产蛋期成活率为96%。

农大粉父母代种鸡1～120日龄成活率为94%;120日龄平均体重1 350 g,开产日龄148～153 d,高峰产蛋率为95%;72周龄入舍母鸡平均产蛋280枚,产合格种蛋230～240枚,产母雏85～90只;母鸡体重1 800～2 000 g,产蛋期日耗料100～105 g/只,产蛋期成活率为93%。商品鸡120日龄平均体重1 200 g,成活率为96%,开产日龄148～153 d,高峰产蛋率为93%;72周龄入舍鸡平均产蛋278枚,总蛋重15.6～16.7 kg,蛋重55～58 g,料蛋比(2.0～2.1)∶1,产蛋期成活率为96%。

二、海兰鸡

海兰蛋鸡为我国多家蛋种鸡场直接从美国海兰国际公司引进的著名蛋鸡商业配套系(引祖代)鸡种。共分为海兰褐、海兰白、海兰灰3个品系。

(一)海兰褐鸡

1. 外貌特征

海兰褐鸡与其他褐壳蛋配套系鸡种一样,也是四系配套。其父本为洛岛红鸡的品种,而母本则为洛岛白鸡的品系。由于父本洛岛红鸡和母本洛岛白鸡分别带有伴性金色和银色基因,其配套杂交所产生的商品代可以根据绒毛颜色鉴别雌雄。海兰褐鸡的父本洛岛红鸡具有典型的兼用型鸡种以及中型蛋鸡的外貌特征。洛岛红鸡原产于美国,并育成于20世纪初期,有单冠(海兰褐鸡父本均为单冠)、玫瑰冠两个品变种;耳叶红色;全身羽毛深红色,尾羽黑色带有光泽；皮肤、喙和胫的颜色均为黄色；体躯中等；背部长而平是该鸡外形的最大特点。母本洛岛白鸡，红色单冠；耳叶红色；全身羽毛白色；皮肤、喙和胫的颜色均为黄色；体躯中等；背部不及洛岛红鸡的长而平。

海兰褐鸡的商品代初生雏，母雏全身红色，公雏全身白色，可据羽色鉴别雌雄。但由于母本是合成系，商品代中红色绒毛母雏中有少数个体在背部带有深褐色条纹，白色绒毛公雏中有部分在背部带有浅褐色条纹。商品代母鸡在成年后，全身羽毛基本（整体上）红色，尾部上端大都带有少许白色。该鸡的头部较为紧凑；单冠；耳叶红色，也有带有部分白色的；皮肤、喙和胫黄色；体型结实，基本呈元宝形。

2. 生产性能

父母代海兰褐鸡，1～18 周龄公、母鸡平均成活率为 94%，18～65 周龄平均成活率为 92%。28 周龄达产蛋高峰，产蛋率为 92%，平均每只母鸡可提供种蛋 248 枚，其中合格种蛋数 214 枚，种蛋平均孵化率为 87%。限饲条件下，18 周龄公、母鸡体重分别为 2.38 kg 和 1.51 kg，60 周龄公、母鸡体重分别为 3.58 kg 和 2.10 kg。

商品代蛋鸡成活率可达 96%～98%；高峰产蛋率 94%～96%，149 日龄产蛋率可达 50%；32 周龄平均蛋重 62.3 g，70 周龄平均蛋重 66.9 g；18 周龄体重可达 1.55 kg；料蛋比平均为 2.31∶1。

（二）海兰白鸡

1. 外貌特征

海兰白鸡的父系和母系均为白来航鸡，全身羽毛白色，单冠，冠大，耳叶白色，皮肤、喙和胫的颜色均为黄色，体型轻小清秀，性情活泼好动。商品代初生雏鸡全身绒毛为白色，通过羽速鉴别雌雄，成年鸡与母系相同。

2. 生产性能

父母代海兰白鸡1～18周龄平均成活率，母鸡为97%，公鸡为93%；18～65周龄，母鸡平均成活率为96%，公鸡平均成活率为93%；平均148日龄产蛋率可达50%，26周龄达产蛋高峰，产蛋率为91%；平均每只母鸡可提供种蛋258枚，其中合格种蛋数221枚；种蛋平均孵化率为88.6%。限饲条件下，18周龄公、母鸡体重分别为1.45 kg和1.23 kg，60周龄公、母鸡体重分别为2.12 kg和1.68 kg。

商品代蛋鸡成活率可达97%～98%；高峰产蛋率93%～94%，153日龄产蛋率可达50%；32周龄平均蛋重为58.4 g，70周龄平均蛋重为63.4 g；18周龄体重可达1.28 kg；料蛋比平均为1.91∶1。

（三）海兰灰鸡

1. 外貌特征

海兰灰鸡的父本与海兰褐鸡父本为同一父本，母本为白来航鸡，单冠，耳叶白色，全身羽毛白色，皮肤、喙和胫的颜色均为黄色，体型轻小清秀。海兰灰鸡的商品代初生雏鸡全身绒毛为鹅黄色，有小黑点成点状分布全身，可以通过羽速鉴别雌雄。成年鸡背部羽毛成灰浅红色，翅间、腿部和尾部成白色，皮肤、喙和胫的颜色均为黄色，体型轻小清秀。

2. 生产性能

父母代海兰灰鸡1～18周龄平均成活率，母鸡为95%，公鸡为92%；18～65周龄平均成活率，母鸡为96%，公鸡为92%；平均145日龄产蛋率可达50%，28周龄达产蛋高峰，产蛋率为93%；平均每只母鸡可提供种蛋252枚，其中合格种蛋数219枚；种蛋平均孵化率为88%。限饲条件下18周龄公、母鸡体重分别为2.40 kg和1.39 kg，60周龄公、母鸡体重分别为3.16 kg和1.84 kg。

商品代蛋鸡成活率可达98%，高峰产蛋率93%～94%，151

日龄产蛋率可达 50%；32 周龄平均蛋重为 60.1 g；70 周龄平均蛋重为 65.1 g；18 周龄体重可达 1.42 kg；料蛋比平均为 2.16∶1。

三、伊莎鸡

伊莎鸡由法国哈伯德伊莎公司提供，在中国的饲养历史可以追溯到 1986 年。目前，国内主要饲养伊莎褐蛋种鸡的企业有：天津市祖代鸡场、杭州大观山祖代鸡场和杭州市近江祖代鸡场等。

父母代种鸡外表特性：母鸡白色，公鸡红色；羽色性别鉴定。商品蛋鸡外表特性：红色羽毛，羽毛基部白色；皮肤黄色；性情温顺；在适宜的光照和通风条件下可以不断喙。

(一)蛋鸡系

1. 伊莎褐蛋鸡

父母代种鸡 1～19 周龄成活率为 97%；平均开产日龄为 154 d，26 周龄达产蛋高峰期，高峰产蛋率达 93%以上；68 周龄入舍母鸡平均产蛋 271 枚，平均产合格种蛋 233 枚，平均产母雏 93 只；20～68 周龄成活率为 91%。商品鸡 18 周龄平均体重为 1 550 g，成活率为 98%；开产日龄 140～147 d，25～26 周龄达产蛋高峰期，高峰产蛋率达 95%以上；76 周龄入舍母鸡平均产蛋 330 枚，总蛋重 21.3 kg，平均蛋重 63 g；体重 1 950～2 050 g；料蛋比(2.00～2.10)∶1；成活率为 93%。

2. 伊莎新红褐蛋鸡

父母代种鸡 1～18 周龄成活率达 98%以上；平均开产日龄 147～154 d，27 周龄达产蛋高峰期，高峰产蛋率达 95%以上；70 周龄入舍母鸡平均产蛋 272 枚，平均产合格种蛋 239 枚，平均产母雏 95 只；19～70 周龄成活率为 95%。商品鸡 18 周龄平均体重为 1 565 g，成活率为 97%～98%；开产日龄 147 d，25～27 周龄达产蛋高峰期，高峰产蛋率为 94%；76 周龄入舍母鸡平均产蛋 332 枚，总蛋重 20.8 kg，平均蛋重 62 g；体重 2 050～2 150 g；料蛋比

(2.12～2.18)∶1;成活率为94%～96%。

3. 伊莎金彗星蛋鸡

商品鸡18周龄平均体重为1 430 g,育成期成活率为97%,高峰产蛋率为93%;76周龄入舍母鸡平均体重2 000 g,平均产蛋305枚,平均蛋重63 g,成活率为95%。

4. 伊莎白蛋鸡

父母代种鸡1～18周龄成活率为97%;平均开产日龄154 d,29周龄达产蛋高峰期,高峰产蛋率为92%;72周龄入舍母鸡平均产蛋283枚,平均产合格种蛋231枚,平均产母雏98只;19～72周龄成活率为93.7%。商品鸡1～18周龄成活率为98%,开产日龄147～154 d,29周龄达产蛋高峰期,高峰产蛋率为93.5%以上;76周龄入舍母鸡平均产蛋317枚,总蛋重19.6 kg,平均蛋重62 g,19～76周平均料蛋比2.06∶1,成活率为93%。

(二)肉鸡系

伊莎肉鸡属于白羽肉鸡配套系,分为哈伯德常规型,伊莎30MPK、伊莎20、伊莎15、雪佛星宝等。

哈伯德常规型父母代种鸡,20周龄体重2 100～2 250 g;60周龄入舍母鸡产蛋166～171枚,产合格种蛋157～163枚,产雏138～143只,体重3 700～4 000 g。商品鸡,35日龄公、母鸡平均体重1 800 g,料肉比1.68∶1;42日龄公、母鸡平均体重2 300 g,料肉比1.82∶1;49日龄公、母鸡平均体重2 770 g,料肉比1.96∶1。

伊莎30MPK父母代种鸡,20周龄体重2 100～2 250 g;60周龄入舍母鸡产蛋165～170枚,产合格种蛋155～160枚,产雏132～138只,体重3 700～4 000 g。商品鸡,35日龄公、母鸡平均体重1 770 g,料肉比1.66∶1;42日龄公、母鸡平均体重2 270 g,料肉比1.80∶1;49日龄公、母鸡平均体重2 740 g,料肉比1.94∶1。

伊莎 20 父母代种鸡，20 周龄体重 1 750～1 800 g；60 周龄入舍母鸡产蛋 155～160 枚，产合格种蛋 147～152 枚，产雏鸡126～130 只，体重 2 800～2 900 g。商品鸡，35 日龄公、母鸡平均体重 1 765 g，料肉比 1.65∶1；42 日龄公、母鸡平均体重 2 250 g，料肉比1.81∶1；49 日龄公、母鸡平均体重 2 710 g，料肉比 1.95∶1。

伊莎 15 父母代种鸡，20 周龄体重 1 750～1 800 g；60 周龄入舍母鸡产蛋 157～162 枚，产合格种蛋 150～154 枚，产雏鸡 126～130 只，体重 2 800～2 900 g。商品鸡，35 日龄公、母鸡平均体重 1 765 g，料肉比 1.65∶1；42 日龄公、母鸡平均体重 2 255 g，料肉比1.79∶1；49 日龄公、母鸡平均体重 2 715 g，料肉比 1.98∶1。

雪佛星宝父母代种鸡，20 周龄体重 2 100～2 250 g；60 周龄入舍母鸡产蛋 165～170 枚，产合格种蛋 154～158 枚，产雏鸡 134～138 只，体重 3 700～4 000 g。商品鸡，35 日龄公、母鸡平均体重1 760 g，料肉比 1.67∶1；42 日龄公、母鸡平均体重 2 260 g，料肉比1.81∶1；49 日龄公、母鸡平均体重 2 760 g，料肉比 1.96∶1。

四、黄羽肉鸡

目前国内养殖的黄羽肉鸡配套系比较多，著名的有国内培育品种如苏禽黄鸡、京星黄鸡、“882”优质黄羽肉鸡，国外引进品种包括安卡红肉鸡、狄高 TR83 肉鸡。

(一)苏禽黄鸡

苏禽黄鸡是由中国农业科学院家禽研究所培育的优质黄鸡系列配套系，分为优质型、快速型和快速青脚型。其中优质型和快速型于 2000 年通过江苏省畜禽品种审定委员会审定，获得 1999 年农业部科技进步二等奖，2001 年江苏省科技进步三等奖。

优质型父母代种鸡，1～20 周龄成活率为 97%；开产日龄为 147～154 d，开产体重为 1 730～1 820 g；28～29 周龄达产蛋高峰期，高峰期产蛋率为 88%；68 周龄产蛋 190～205 枚；21～68 周龄成活率为95%。商品鸡,56日龄公、母鸡平均体重1 039 g,料肉比2.41∶1。

快速型父母代种鸡,1～20周龄成活率为95%;平均开产日龄161 d,开产体重1 860～1 940 g;28～29周龄达产蛋高峰期,高峰期产蛋率为83%;68周龄产蛋185～190枚;21～68周龄成活率为93%。商品鸡,56日龄公、母鸡平均体重1 707 g,料肉比2.31∶1。

快速青脚型父母代种鸡,1～20周龄成活率为94%;平均开产日龄161 d,开产体重为1 820～1 910 g;29～30周龄达产蛋高峰期,高峰期产蛋率为78%;68周龄产蛋175枚;21～68周龄成活率为92%。商品鸡,49日龄公、母鸡平均体重1 142 g,料肉比2.21∶1;56日龄公、母鸡平均体重1 332 g,料肉比2.43∶1。

(二)京星黄鸡

京星黄鸡是由中国农业科学院畜牧研究所培育的优质黄鸡系列配套系,分为“100”、“101”和“102”3个配套系,其中“100”、“102”配套系已于2002年通过国家家禽品种审定委员会审定。

“100”配套系父母代种鸡,1～20周龄成活率为94%～97%;平均开产日龄154 d;20周龄母鸡平均体重为1 600 g;29周龄达产蛋高峰期,高峰期产蛋率为83%;66周龄入舍母鸡平均产蛋183枚,平均合格种蛋174枚,产雏鸡140只,体重2 480～2 500 g。商品鸡,60日龄公、母鸡平均体重1 500 g,料肉比2.10∶1。

“101”配套系父母代种鸡,1～20周龄成活率为95%～98%;开产日龄154 d;20周龄母鸡平均体重为1 600 g;29周龄达产蛋高峰期,高峰期产蛋率为83%;66周龄入舍母鸡平均产蛋183枚,平均产合格种蛋174枚,产雏鸡140只,体重为2 480～2 500 g。商品鸡,56日龄公、母鸡平均体重为1 450 g,料肉比2.45∶1。

“102”配套系父母代种鸡,1～20周龄成活率为94%～97%;开产日龄168 d;20周龄母鸡平均体重为1 720 g;30周龄达产蛋高峰期，高峰期产蛋率为80%；66周龄入舍母鸡平均产蛋163枚，平均产合格种蛋153枚，产雏鸡127～132只，体重为2 860～2 900 g。商品鸡，50日龄公、母鸡平均体重为1 500 g，料肉比2.03∶1。

（三）"882"优质黄羽肉鸡

"882"优质黄羽肉鸡是由广州市国营白云家禽发展公司培育的优质鸡系列配套系，分1号、2号、3号配套系列，并获1991年广州市科技进步一等奖，1992年广东省星火奖二等奖，1993年国家星火奖二等奖。

1号配套系列父母代种鸡育成期成活率为95%，平均开产日龄161 d，20周龄母鸡平均体重为1 750 g，28周龄达产蛋高峰，高峰产蛋率为75%；68周龄入舍母鸡平均产蛋153枚，平均产雏鸡123只，产蛋期成活率为93%。商品鸡，60日龄公鸡平均体重1 400 g，料肉比2.3∶1；70日龄母鸡平均体重为1 350 g，料肉比2.7∶1；90日龄母鸡平均体重为1 750 g，料肉比3.0∶1。

2号配套系列父母代种鸡育成期成活率为95%，平均开产日龄168 d，20周龄母鸡平均体重为1 800 g，29周龄达产蛋高峰，高峰产蛋率为80%；68周龄入舍母鸡平均产蛋161枚，平均产雏鸡131只，产蛋期成活率为93%。商品鸡，60日龄公鸡平均体重1 500 g，料肉比2.2∶1；70日龄母鸡平均体重为1 450 g，料肉比2.5∶1；90日龄母鸡平均体重1 950 g，料肉比2.8∶1。

3号配套系列父母代种鸡育成期成活率为95%，平均开产日龄168 d，20周龄母鸡平均体重为1 800 g，29周龄达产蛋高峰，高峰产蛋率为78%；68周龄入舍母鸡平均产蛋160枚，平均产雏鸡125只，产蛋期成活率为93%。商品鸡，60日龄公鸡平均体重为1 600 g，料肉比2.2∶1；70日龄母鸡平均体重为1 500 g，料肉比2.5∶1；90日龄母鸡平均体重为2 000 g，料肉比2.9∶1。

（四）安卡红肉鸡

安卡红肉鸡是由以色列PBU公司培育的快大黄羽肉鸡配套

系。父母代种鸡平均开产日龄 175 d,平均开产体重为 2 730 g,30～31 周龄达产蛋高峰,高峰产蛋率为 85%;66 周龄入舍母鸡平均产蛋 177 枚,平均产合格种蛋 164 枚,平均产雏鸡 140 只。商品鸡,42 日龄公、母鸡平均体重分别为 1 880 g 和 1 620 g,料肉比 1.90∶1;49 日龄公、母鸡分别为 2 320 g 和 2 020 g,料肉比 2.00∶1;56 日龄公鸡平均体重为 2 820 g,母鸡平均体重为 2 460 g,料肉比2.10∶1。

(五)狄高 TR83 肉鸡

狄高 TR83 肉鸡是由澳大利亚英汉集团狄高家禽发展有限公司培育的快大黄羽肉鸡配套系。父母代种鸡平均开产日龄 168 d,30～32 周龄达产蛋高峰,高峰产蛋率达 83%以上;68 周龄入舍母鸡平均产合格种蛋 178 枚,平均产雏鸡 154 只。商品鸡 35 日龄公、母鸡平均体重为 1 800 g,料肉比 1.77∶1;42 日龄公、母鸡平均体重为 2 280 g,料肉比 1.94∶1;49 日龄公、母鸡平均体重为 2 750 g,料肉比 2.13∶1。

提问:

1. 放养鸡种的选择原则是什么?
2. 地方鸡种中哪些是蛋用品种?哪些是兼用品种?
3. 现代配套系鸡种中哪些适宜放养?

第四章　放养鸡的营养需要与饲料配合

导读

本章主要介绍放养鸡的采食特点、营养需要特点、放养鸡不同生理时期各养分的推荐量及鸡的饲料配合。充分了解并掌握放养鸡的这些特点，并结合当地饲料资源，进行放养鸡饲料的合理配制，有利于饲料的充分高效利用，对提高放养鸡的养殖效益有重要意义。

现代鸡种在笼养条件下的营养需要与饲料配合已有成熟技术，与之相比，放养鸡的营养需要与饲料配合是一个新问题，特别是规模化生态放养鸡的鸡种虽然包括现代鸡种，但首选还是我国的地方品种鸡。

我国的地方品种鸡，最早由农村家庭散养，具有适应性强、耐粗饲、易饲养等特点，其抗病力及抗应激能力均较佳，而且，散养的鸡自由觅食，能吸收丰富的天然饲料，鸡肉、鸡蛋具有独特的风味和较高的营养价值，如能按照其营养需要科学配制补充料有利于发挥其遗传潜力，生产更多的优质产品。然而，地方品种鸡没有统一的营养标准。国内颁布的地方品种鸡饲养标准，其能量和蛋白质需要量主要参照了广东鸡，其他指标参照了蛋用型生长鸡的标准。我国地域辽阔，鸡品种繁多，体型大小及生产类型差异较大，使用同一标准未必合适，而且，在规模化放养过程中受到环境因素的影响较大，饲养环境不同，其营养获得量差异较大，进而影响生长速度、产蛋性能和产品的营养价值。为了提高地方鸡的生产性能和保证产品质量，需要确定不同饲养环境下的营养补饲量，并且根据当地的气候、饲料资源以及不同阶段鸡的生长发育特点制定出科学的饲料配方，提高放养鸡的经济效益。

第一节 放养鸡的采食特点

一、杂食性

我国地方品种鸡适于在庭院、山坡、林地、荒地、果园、大田作物中放养。放养鸡在野外自由采食时，采食的范围非常广泛，常见的有青草、虫蛹、草籽、昆虫等各种营养丰富的生物饲料，不仅可以满足鸡只自身的营养需要，还可以起到生物灭虫的作用。

二、觅食力

放养鸡觅食能力强，能够捕捉放养场地上的昆虫，可以在土壤中寻觅到自身所需的矿物质元素和其他一些营养物质，提高了自身的抗病性，大大降低了饲料添加剂成本和防病成本。鸡群在农田寻觅食物及活动过程中，可挖出草根，踩死杂草，从而达到除草的作用，降低了劳动强度。鸡群的活动范围非常广阔，经过严格调教的鸡群，觅食范围甚至可以达到 500 m 以外。

三、喜食饲料的形状

放牧饲养条件下的鸡群通常喜食粒状饲料。优质颗粒状配合饲料具有营养价值高、养分含量较为集中、易采食和降低浪费的优点，而且鸡群采食后可以增强肌胃的研磨功能，促进消化液的分泌，有利于营养物质的消化和吸收。特别是在后期，颗粒饲料可促使鸡吃得较多，缩短饲养周期，从而使饲料利用率更高。优质放牧鸡育雏期应饲喂易消化、营养全面的雏鸡全价饲料，随着放养阶段的开展逐步更换为优质颗粒料作为补充料。

第二节　鸡的营养需要

鸡所需要的营养成分包括能量、蛋白质或氨基酸、矿物质、维生素及水分5大类。除了水以外，其他营养大都需由饲料来提供。鸡只的营养需要量受到遗传、生理状况、饲养管理及环境因素的影响。

一、能量

能量是维持动物生命、生长及生殖等所需的营养要素。能量的需要量因鸡的品种、日龄、生产目的及气候等因素而异。鸡只所需要的能源来自谷物。纤维素虽属碳水化合物，但不能被鸡只所利用，并导致能量摄取减少及蛋白质消化率降低，故纤维素对鸡并无能量利用价值。脂肪类的热能含量为淀粉的2.2倍，在动物体内的热增值较低，添加油脂于营养均衡的饲粮中，可降低饲料摄食量，改进蛋白质及饲料利用率。虽然蛋白质也可供给能源，但不经济而且营养效率低。

放牧饲养的鸡饲粮需有适当的能量蛋白比，而此比率随着放养鸡日龄的增长而提高。中国台湾徐阿里研究结果显示，育雏期、生长期及肥育期土鸡饲粮的代谢能(ME)/蛋白质(CP)(kJ/g)分别为58.1、69.0及72.0。在生长期提高饲粮的营养浓度使饲粮含代谢能12.55 kJ/kg及蛋白质19%(ME/CP为66.1 kJ/g)，则显著改进了土鸡的生长及饲料利用效率，但因土鸡具有补偿性的生长，对全期的生长性能并无影响。对于13周龄鸡，饲粮中代谢能含量提高，而蛋白质及氨基酸不作适当调整，会导致屠体脂肪量增加。

二、蛋白质

一般饲粮蛋白质由各种氨基酸组成。蛋白质分为动物性蛋白质和植物性蛋白质两类，两者的氨基酸组成及利用价值略有不同。常用蛋白质饲料以大豆粕、鱼粉等为主，但大豆粕的含硫氨基酸稍有不足，应补充蛋氨酸。土鸡饲粮调配应考虑必需氨基酸的组成、含量及利用率，保障饲料蛋白质的营养价值不但需提供足量的必需氨基酸，而且必须有足够的有机氮以合成非必需氨基酸。家禽必需氨基酸包括蛋氨酸、赖氨酸、色氨酸、苏氨酸、精氨酸、亮氨酸、苯丙氨酸、组氨酸、缬氨酸及异亮氨酸等。饲粮中必需氨基酸不但量要够，而且要适当平衡，才可降低粗蛋白质的需要量。鸡的蛋白质供给量，应以饲粮的能量浓度而调整，因饲粮代谢能的改变可调整其摄食量，故蛋白质浓度应随之变动。

三、维生素

维生素可分为脂溶性和水溶性。脂溶性维生素包括维生素A、维生素D、维生素E和维生素K，其单位以IU或ICU表示；水溶性维生素包括B族维生素和维生素C等。由于饲料原料中维生素含量变异大，不易掌握，故一般以维生素预混剂添加于饲料中。放牧饲养的鸡群一般补饲玉米豆粕型实用饲粮，较易缺乏维生素A、维生素D、维生素E、维生素K、维生素B_2、维生素B_{12}、泛酸和胆碱，应特别注意补充。

四、矿物质

矿物质的功能很重要。它可以构成鸡体组织，如骨骼和肌肉；调解渗透压；作为体内多种酶的激活剂；调节体内酸碱平衡等。饲料中必须考虑的矿物质元素包括：钙、磷、钾、钠、氯、镁、铁、铜、锰、锌、碘、硒、钴等。以玉米—豆粕为主的实用饲粮，必须补充钙、磷、钠、氯、铁、铜、锰、锌、碘和硒等。通常使用石灰石粉及磷酸盐补充钙与磷，使用食盐补充钠和氯，而其他微量元素均以预混剂的形式添加。

第三节　放养鸡的营养推荐量

为了提高鸡的生产水平，国内外对鸡各生理时期的营养需要量及代谢规律进行了大量细致的研究，并取得了一定的成果。例如，美国新版 NRC(1994)家禽营养需要量与旧版 NRC(1984)有很大的区别。新版蛋鸡的育成期分为 0～6 周龄、6～12 周龄、12～18 周龄和 18 周龄至初产期；白色蛋鸡饲料的标准，0～6 周龄和 6～12 周龄能量水平从 12.13 MJ/kg 下降到 11.92 MJ/kg；6～12 周龄粗蛋白质(CP)含量从 15%提高到 16%，12～18 周龄的粗蛋白质含量从 12%提高到 15%，提高了育成期亮氨酸和含硫氨基酸的需要量。褐色蛋鸡各育成期的营养需要量与白色蛋鸡相比，ME 水平下降 0.21 MJ/kg，粗蛋白质含量下降 1 个百分点。白色蛋鸡各育成期的钙需要量均提高 0.1～0.2 个百分点，而非植酸磷的需要量与旧版中有效磷相同。旧版中钙与磷的最适比例为 2∶1，新版提高了钙的需要量。

中国台湾的徐阿里(1997)关于土鸡营养需要量的研究表明，能量蛋白比率随着土鸡日龄的提高而提高；将种用土鸡依其生长阶段，分为育雏期、生长期、育成期和产蛋期，土鸡的营养需要量因生长阶段而异，其参考标准如表 4-1 所示。

《中国畜牧学会志》对种用草鸡育成期的能量及蛋白质需要量作了报道，提出蛋白质需要量在 0～6 周龄、7～12 周龄、13～18 周龄分别为 18%、15%、12%，代谢能则均为 12.31 MJ/kg。此结果与 NRC(1984)推荐的来航蛋鸡的蛋白质与能量需要量相近，与徐阿里的研究结果相一致。

放养鸡要发挥高水平的产蛋性能，在育成期必须使鸡的体格得到充分发育，而饲粮中蛋白质和能量的供给是非常关键的。为了更好地发挥放养鸡生产性能和保证产品质量，有必要对其各阶段的营养需要进行深入研究，探索出适合于鸡群放牧饲养的补饲标准。

表 4-1 河北柴鸡的营养推荐量 %

项目	育雏期（0～6周龄）	生长期（7～12周龄）	育成期（13～20周龄）	开产期	产蛋高峰期	其他产蛋期
代谢能/(MJ/kg)	11.92	12.35	12.35	12.08	12.30	12.30
粗蛋白	18.0	15.0	12.0	16.0	17.0	16.0
钙	0.9	0.7	0.7	2.4	3.0	2.8
有效磷	0.42	0.38	0.38	0.44	0.46	0.44
赖氨酸	1.05	0.71	0.56	0.73	0.75	0.73
蛋氨酸＋胱氨酸	0.77	0.65	0.52	0.59	0.62	0.59

第四节 鸡的饲料配合

一、鸡的常用饲料

(一)青绿饲料

青绿饲料富含胡萝卜素和B族维生素。其常见的有白菜、野菜、胡萝卜、牧草等。放牧饲养过程中，常有一些养殖户使用单一饲料或随便将几种饲料凑合在一起进行饲喂，这对放养鸡的生长发育很不利。科学的饲喂，应该能满足鸡群正常生长发育对蛋白质、能量、维生素、矿物质等营养成分的需要。在雏鸡阶段，应少量饲喂优质新鲜的青绿饲料，最多只能占饲料总量的10%，不宜过多，以免腹泻而造成雏鸡的营养失调和生长发育受阻；当完全放牧饲养之后，随着日龄的增长，青绿饲料的进食量能占到饲料总量的20%～30%。

青年鸡生长迅速，要求健康无病，体重符合品种标准，防止过肥和早熟。其营养要求特别要注意补充维生素和矿物质。日粮中粗蛋白的含量适当降低，代谢能和脂肪的含量也不可太高，粗纤维含量一般在5%左右，可加大糠麸和谷类饲料的喂量，如不添加维生素，青绿饲料要占到日粮的30%～50%。

产蛋期也应适当补充青绿饲料，以提高产蛋母鸡体内维生素的储备。

(二)能量饲料

能量饲料主要包括玉米、高粱、稻谷、糙大米、碎大米、小麦、大麦、燕麦、籽粒苋子、小麦麸、细稻糠、油脂等。

鸡每日从吃进的饲料中获得能量。如果鸡吃进的饲料所含的能量不足，就要消耗体内脂肪，甚至把蛋白质转化成能量，这样利用饲料很不经济，所以，通过补充以上能量饲料满足能量需要和提供适当的蛋白质能量比，是相当重要的。鸡只由于生长发育、产蛋、运动、采食所消耗的能量较多，如果得不到充足的补饲将过多地消耗自身的储备，机体处于半饥饿状态，严重影响鸡体的生长性能和产蛋性能。

在选用上述能量饲料时要因地制宜，前提是保障能量满足供给。一只中等体重的产蛋母鸡，除产蛋外，1 d中活动的代谢能需要量，地面平养的是966.5 kJ(笼养为882.8 kJ)，产一个正常大小的蛋耗能359.8 kJ，共需1.33 MJ(笼养共需1.24 MJ)。刚开产的母鸡体重还在继续增长，每增重1 g，需要代谢能大约是8.37 kJ，但是刚开产的小母鸡所产的蛋也较小，所消耗的能量也不足359.8 kJ。所以，从每天进食的饲料中提供1.33 MJ的代谢能就足够了。

从表4-2可以看出，每千克饲料所含代谢能水平在11.30～11.51 MJ/kg情况下，既能满足蛋白质需要，又能满足能量要求。这就是适当的蛋白质能量比。在11.30～11.51 MJ/kg能量水平条件下，增加饲料蛋白质含量就能促进产蛋高峰的迅速出现，从而充分发挥鸡群的生产潜力。

表 4-2 鸡采食量与饲料能量水平和产蛋率的关系 g

产蛋率/%		100	90	80	70	60	50
需代谢能/MJ		1.33	1.29	1.26	1.22	1.18	1.15
饲料含代谢能/MJ	11.92	111	108	105	102	99	96
	11.72	113	110	117	104	101	98
	11.51	115	112	119	106	103	100
	11.30	117	114	121	108	105	102
	11.09	119	116	123	110	107	104
	10.88	121	118	125	112	109	106

产蛋母鸡对能量的采食有较大的调节控制能力，但这种调节能力往往使蛋白质、能量之间的比例关系受到破坏。当饲料能量水平低时，母鸡就要增加采食量来满足能量要求，但同时吃进的蛋白质就可能过高而造成浪费。当饲料能量水平太高时，采食量减少，随之吃进的蛋白质就可能不足，而达不到理想的成绩。

(三)蛋白质饲料

蛋白质饲料分为植物性蛋白质饲料和动物性蛋白质饲料。常用的植物性蛋白饲料主要有大豆饼(粕)、花生饼(粕)、棉仁饼(粕)、菜籽饼(粕)、向日葵饼(粕)、亚麻仁饼(粕)、芝麻饼(粕)、浓缩蛋白粉(粉丝尾蛋白)、玉米淀粉蛋白、食用酒精糟、啤酒糟。动物性蛋白饲料主要有鱼粉、血粉、肉粉、肉骨粉、废弃内脏粉及屠宰下脚料粉、皮革粉、角蛋白粉(羽毛粉)、蚕蛹、虾糠及虾粉、孵化副产品、反刍动物瘤胃内容物、单细胞蛋白饲料(饲料酵母、脱核酵母、啤酒酵母、酵母发酵饲料、小球藻、螺旋蓝藻等)。在利用这些蛋白饲料时要注意合理搭配，才能配制出科学的补充粉。

日粮营养水平对鸡的增重和耗料量有显著影响。在钙、磷、微量元素、维生素含量基本相同条件下，低蛋白(粗蛋白质为

12.23%)高能量(代谢能 12.57 MJ/kg)、蛋白质能量比为 9.7 的低营养水平日粮影响 4～16 周龄地方品种鸡的采食量和生长发育。广西三黄鸡、灵山麻鸡、固始鸡在生长阶段都不宜采用这种低蛋白高能量日粮。

低蛋白高能量的日粮对地方品种鸡脚胫骨长度和胸骨长度无显著影响，而对胸部肌肉的生长发育影响明显，胸角度显著减小。

梁远东曾经研究地方品种鸡的营养需要，认为 4～10 周龄以高蛋白为 18.3%的日粮为佳；11～16 周龄以中营养水平日粮合适；从全期的生长情况看，用中营养水平日粮饲喂地方品种鸡完全可以达到甚至优于高营养水平日粮的饲养效果，即粗蛋白质15.28%、代谢能 12.25 MJ/kg、蛋白质能量比为 12.47、赖氨酸0.84%、蛋氨酸 0.39%的中营养水平日粮适合在 4～16 周龄全期使用。总之，对于生长较慢的地方品种鸡生长期不必用高蛋白日粮饲喂，但是这个营养水平是否为最佳营养水平尚待进一步探讨。

张顺珍(1997)采用饲养试验、屠宰测定和肉质分析的方法，比较了 3 种不同营养水平日粮对地方鸡种(泰和鸡、黑羽乌骨鸡、中型黄鸡)生长性能和肉质的影响。各鸡种随机分成 3 组，分别饲喂高、中、低 3 种能量和蛋白质水平日粮。结果表明，高能和高蛋白日粮可提高乌骨鸡的增重速度，尤其在 28 日龄前明显。中型黄鸡的增重以饲喂中等营养水平日粮为高，3 组受试鸡的饲料转化率都以使用高营养水平日粮最优，同时单位增重花费的饲料成本最低。日粮营养水平对肉质有一定程度的影响。低能、低蛋白日粮组鸡的肉质优于高能、高蛋白日粮组鸡。各组试验鸡的肉质测定值都在优质鸡肉质标准范围之内。

(四)矿物质饲料

放养鸡在能量、蛋白质、赖氨酸和蛋氨酸等基本满足鸡体需要的情况下，主要的问题在矿物质及微量添加剂的供应与各元素间的平衡方面。鸡群在放牧饲养条件下,能够采食到的饲料主要是青绿饲料和蛋白质饲料,而对于矿物质的采食则不够充分。这种情况下,如果不注重矿物质的补饲,则会对鸡群的生长、骨骼发育造成一定的影响,甚至会影响鸡群的产蛋率,软、破、异型蛋的比率增加,所以必须注重放牧鸡的矿物质补饲。

常用的矿物质饲料有食盐、钙源饲料(石灰石粉、贝壳粉、蛋壳粉等)、磷源饲料(磷酸一钙、磷酸二钙、磷酸三钙)。

(五)维生素饲料

一般来说,放牧饲养的鸡群在自由接触草地的环境中,能够满足自身对维生素的需要,不会出现维生素的缺乏。但在牧草生长后期或秋、冬季节以及草地资源相对匮乏的地区进行放牧饲养,就必须注重维生素的补充。

维生素饲料一般以预混剂形式使用,除单体维生素外,更多的是复合维生素。

(六)添加剂饲料

在放牧饲养过程中,经常会使用一些饲料添加剂。饲料添加剂大体可以分为预防疾病的饲料添加剂、促生长添加剂、特殊目的的饲料添加剂(蛋黄着色剂、增香剂等)。但是,为了保证产品的生态和绿色,所使用的添加剂应以天然绿色物质为主(如中草药),禁用违禁药物和激素等。

常用的添加剂有碳酸氢钙、硫酸钙、天然沸石、天然增色剂(金盏菊、万寿菊、红辣椒、苜蓿、海藻粉、胡萝卜、玉米花粉、针叶粉、刺槐叶粉)、氨基酸、氯化胆碱等。

二、生态动物性蛋白质饲料的生产

动物性蛋白质饲料对于提高放养鸡生长速度和生产性能具有良好效果,特别是在冬季补饲中作用更大。目前较好的动物蛋白来源是养殖蝇蛆、蚯蚓、黄粉虫和蝗虫等。

(一)蝇蛆的养殖生产技术

1. 家蝇的特点

在室温 20～30℃、相对湿度 60%～80%条件下，蛹经过 5 d 发育变成成蝇。成蝇羽化 1 h 以后，展开翅膀开始吃食和饮水。家蝇在自然条件下，一般 1 年可繁殖 7～8 代。在人工饲养条件下，1 年可繁殖 25 代以上。卵期 1～2 d，幼虫期 4～6 d，蛹期约 5 d，成蝇寿命可达 1～2 个月，越冬蝇寿命可长达 4～5 个月。苍蝇的 1 个世代，约为 28 d。人工饲养条件下，完成 1个世代约需 15 d，生产蝇蛆只需要 4～5 d。

成蝇白天活泼好动，夜间栖息，3 d 后性成熟，雌雄开始交尾产卵，1～8 日龄为产卵高峰期，到 25 日龄基本失去产卵能力。蝇卵 4～8 h 孵化成蛆，蛆在猪、鸡粪中培育，一般第五天变蛹。温度及饵料养分对蛆的生长发育有很大影响，一般室温在 20～30℃，温度和营养含量越高，蛆生长发育越快，变成的蛹也越大。

2. 蝇蛆的营养价值

据分析，蝇蛆含粗蛋白质 59%～65%，脂肪 2.6%～12%。无论原物质或是干粉，蝇蛆的粗蛋白质含量都和鲜鱼、鱼粉及肉骨粉相近或略高。蝇蛆的营养成分较为全面，含有动物所需要的多种氨基酸，且每一种氨基酸含量都高于鱼粉，必需氨基酸总量是鱼粉的 2.3 倍，蛋氨酸含量是鱼粉的 2.7 倍，赖氨酸含量是鱼粉的 2.6 倍。蝇蛆粉的必需氨基酸总量(E)为 43.30%，超过粮食与农业组织/世界卫生组织(FAO/WHO)提出的参考值 40%，其必需氨基酸与非必需氨基酸总量的比值为 0.76，超过 FAO/WHO 提出的参考值 0.6。同时，蝇蛆体内除钾、钠、钙、镁等常量元素外，还含有多种生命活动所需要的微量元素，如铁、锌、锰、钴、铬、镍、硼等。

各类蛋白质的限制氨基酸一般为赖氨酸、蛋氨酸、苯丙氨酸、色氨酸，而在蝇蛆中这些氨基酸的含量都很丰富。蝇蛆油脂中不饱和脂肪酸占 68.2%，必需脂肪酸占 36%(主要为亚油酸)。虽然一般植物油中含有较多的亚油酸和亚麻酸，其营养价值比动物油脂高，但在蝇蛆这种动物中，所含必需脂肪酸均比花生油、菜籽油高。蝇蛆是一类品质极高的壳聚糖资源。同时，蝇蛆体内还含有脂溶性维生素 A、维生素 D 和水溶性 B 族维生素等。此外，据研究，蝇蛆中还含有多种生物活性成分如抗菌活性蛋白、凝集素、溶菌酶等。

3. 蝇蛆的生产技术要点

(1)种蝇饲养

种蝇要放在蝇房饲养。种蝇房的大小，根据需要建造，也可用旧房改装。门和窗安装玻璃和纱窗，以利于调温。壁上安装风扇，以调节空气。房内宜有加温设备，使冬天温度保持 20～23℃，房内相对湿度保持 60%～70%。通道上安装黑布帘，防止种蝇外逃。房内设饲养架，分上、中、下 3 层。饲养架用铁料或木料做成。每层架放置用尼龙纱网制成的蝇笼，笼长 100 cm，高 80 cm。将种蝇关在笼内饲养，每笼养种蝇 1.2 万只。每个笼子都加上布袖，以便加料、加水和采卵。1.2 万只成蝇每天喂奶粉 20 g。饲料放在有纱布垫面的料盆中，让成蝇站立在纱布上吸食。饲料和水每天换 1 次。产卵盘内放入湿麦麸供种蝇产卵。每天在种蝇笼取卵 1 次，送到蛆房育蛆。种蝇产卵以每天 8 点钟至 15 点钟数量最多，取卵时间要适当。每批种蝇饲养 15～20 d 即行淘汰，用热水或蒸汽将其杀死，烘干磨粉做鸡的饲料，然后重新换上一批。

在生产蝇蛆的同时，蝇蛆化蛹。作为新的蝇种生产有两种方法：一种是让其自然化蛹，用水洗出蝇蛹；另一种是当蛆养到 5～6 d 变黄时，将蝇蛆取出放到装有干粉的盘中，促使化蛹。

(2)蝇蛆的培养

根据条件用缸、盘、池、多层饲养台等饲养。大规模饲养，可直接在地面用砖砌成 1.2 m×0.8 m×0.4 m 的长方形池，一个挨一个排列；池底不宜渗水；无论是地上池或地下池，池壁要用水泥抹实，池口最好用木框架钉窗纱作盖。根据饲养目的可选用不同的饲料。如果生产无菌蝇蛆，应选择麦麸、米糠、酒糟等。一般每千克麦麸可生产 0.5 kg 蝇蛆，使用时需加水拌匀，干湿度以手捏出水、触碰即散为宜（含水量 60%～65%）。如果是作为动物蛋白饲料，可选用鸡粪、牛粪、屠宰场下脚料等为主要原料。鸡粪一般 3.5～4 kg 生产 0.5 kg 鲜蛆。原料基质最好用新鲜的。不论用哪一种原料养蛆，蛆料的干湿度均应掌握在 60%～65% 为宜。每平方米养殖池倒入培养料 35～40 kg，厚度 4～6 cm 为宜。每平方米接种蝇卵 20 万～25 万粒，重 20～25 g。注意，蝇卵不要露在蛆料表面，以免失水而丧失活力。蛆料的厚度以蛆料内发酵温度不高于 40℃、不低于 20℃ 为标准，一般为 5～10 cm；夏季温度偏高，蛆料要适当薄些，反之，冬季温度偏低，蛆料可适当增厚些。接种卵后的 4～5 d，幼虫发育成熟，可以用 8～16 目筛振荡分离。分离出来的幼虫如鲜喂有余，可将其迅速晒干或烘干，也可加工成粉。每平方米日生产幼虫可达到 0.5～1 kg。

饲养蝇蛆只要严格按照操作规范进行，防止成蝇从饲养笼中飞出，就可以确保在蝇蛆养殖场看不到乱飞的苍蝇，因此不必担心造成环境污染；相反，饲养蝇蛆会起到净化环境作用，因为鸡粪在饲养蝇蛆后，臭味减小。

（3）蝇蛆的收集

利用蝇蛆怕光的特点，进行收集。用粪扒在育蛆池表层不断地扒动，蝇蛆便往里钻，这时可把表层粪料取走。此法反复多次，最后剩下少量粪料和少量蝇蛆。分离出的蝇蛆洗涤后可以直接用来饲喂，也可在 200～250℃ 烘干 15～20 min，储存备用。

4. 蝇蛆的利用实例

大量饲养试验证实，用蝇蛆代替部分或全部鱼粉作蛋白质饲料喂养畜禽、鱼类等都取得了较好的养殖效果。

在其他条件完全相同的情况下，用 10% 的蝇蛆粉喂养蛋鸡与用10%的鱼粉喂蛋鸡相比，喂蝇蛆粉组的产蛋率比喂鱼粉组提高20.3%，饲料报酬率提高15.8%，每只鸡增加收益72.3%（姚福根等，1981）。每只鸡每天吃10～20 g蝇蛆就能满足它所需的动物蛋白质；饲喂110 d后，产蛋量和重量提高11%，而且鸡少得病，成活率比配合饲料喂养的高20%。

在雏鸡阶段，每天加喂部分蝇蛆，每千克鲜蛆可使雏鸡增重0.75 kg，可增值2元左右，喂蛆组鸡的开产日龄比对照组提前28 d，产蛋量和平均蛋重都明显高于对照组（杨亚凡等，1987）。

以蛋白质含量为18%的肉骨粉混合饲料和以蝇蛆粉取代肉骨粉后蛋白质含量为19.3%的饲料饲喂产蛋1个月或7个月的母鸡，饲喂蝇蛆粉混合饲料的母鸡，产蛋量增加3.6%，鸡蛋孵化率提高12.0%（Emst，1994）。

（二）黄粉虫的养殖生产技术

1. 黄粉虫的主要特点

黄粉虫俗称面包虫，是人工养殖最理想的饲料昆虫。其具有生长速度快，对饲料要求不高，失去飞翔能力，便于人工养殖等特点。

黄粉虫是完全变态的昆虫，有成虫、卵、幼虫、蛹4种变态。成虫，体长而扁，长1.4～1.8 cm，黑褐色具有金属光泽，成虫期为50 d左右。成虫在羽化过程中，头、胸、足为淡棕色，腹部和鞘翅为乳白色；开始虫体稚嫩，不愿活动，4～5 d后颜色变深，鞘翅变硬，灵活但不能飞行，爬行较快；精心喂养后，成虫群体交尾、产卵。卵，白色椭圆形，大小约1 mm，卵期8～10 d。幼虫，棕黄色，体长2～3 cm，体节较明显，有3对胸足；在第9腹节有1双尾凸，幼虫孵出时为黄白色，逐渐变为棕黄色；平均9 d蜕1次皮，每蜕1次皮为1龄，共蜕7次皮，当最后一次蜕皮时在饲料表层化蛹；幼虫期约为80 d。蛹白色，后变白黄色，体节明显，蛹期为12～15 d。成虫每次产卵2～4粒，每只雌虫约产卵300粒，散产于饲料底部的筛网上。

2. 黄粉虫的营养价值

黄粉虫营养丰富。幼虫含粗蛋白质 51%～60%;各种氨基酸齐全,其中赖氨酸 5.72%、蛋氨酸 0.53%;含脂肪 11.99%、钙 1.02%、磷 1.11%、碳水化合物 7.4%;另外,还含有糖类、维生素、激素、酶及磷、铁、钾、钠等矿物质,营养价值高。黄粉虫能用于饲养蛙、鳖、蝎子、蜈蚣、蚂蚁、优质鱼、观赏鸟、药用兽、珍贵皮毛动物和稀有畜禽等,加快其生长发育,增强其抗病抗逆能力,降低饲料成本,提高产出效益。用 3%～6%的鲜虫代替等量的国产鱼粉饲养肉鸡,增重率可提高 13%,饲料报酬提高 23%。

3. 黄粉虫的养殖技术要点

(1)种虫

养殖黄粉虫最重要的是种虫。成龄幼虫、蛹、成虫都可做种虫,其中以成龄幼虫最佳。饲养到不同虫期,按黄粉虫的养殖技术,认真挑选蛹、成虫,除去病虫,筛好卵,使各虫期的虫同步繁殖,达到提纯复壮。买到成龄幼虫后,将其放入盛有麦麸的木盘中喂养,添加新鲜菜,认真观察,待蛹羽化成成虫。每 0.5 kg 蛹放在 1 个盛有麦麸的筛盘中,再放在盛有饲料的木盘中,编号上架,待其羽化,注意清除死蛹。每隔 7 d,将成虫筛出换盘。筛下的饲料中混有卵,放在木盘中,继续孵化。

(2)饲料

黄粉虫的主要饲料是麦麸,也可辅以糠麸等。玉米面过细,不透气,不宜做黄粉虫饲料。菜类主要是白菜、萝卜、甘蓝等青叶菜。这些饲料可以满足虫对蛋白质、维生素、微量元素及水分的需要。为了提纯复壮种群,加快繁殖生长,可在饲料中添加少量葡萄糖粉、鱼粉等。每 0.5 kg 黄粉虫在一代周期中可吃掉麦麸 1.5 kg、菜 3 kg。

(3)设备

1)房舍　养殖黄粉虫必须有饲养房。饲养房要透光、通风,冬季要有取暖保温设备。饲养房的大小,可视其养殖黄粉虫的多少而定。一般情况下,每 20 m^2 一间房能养 300～500 盘。

2)饲养盘　饲养黄粉虫的木盘制作:抽屉状木盘为饲养盘,一般为长方形,长 50 cm,宽 40 cm,高 8 cm。板厚为 1.5 cm,底部用纤维板钉好。筛盘,也是长方形。它要放在木盘中,规格是 45 cm×35 cm×6 cm,板厚为 1.5 cm,底部为 12 目铁筛网并用三合板条钉好。制作饲养盘的木料最好是软杂木,而且没有异味。为了防止虫往外爬,要在饲养盘的 4 个框上边贴好塑料胶条。

3)盘架　摆放饲养盘木架根据饲养量和饲养盘数的多少制作。用方木将木架连接起来固定好,防止歪斜或倾倒。然后就可以按顺序把饲养盘排放上架。

4)筛网　筛盘、筛子需用粗细几种铁筛网,12 目大孔的可以筛虫卵,30 目中孔的可以筛虫粪,60 目的小孔筛网,可筛 1～2 龄幼虫。

5)其他设备　饲养房内部要求温度冬夏都要保持在 15～25℃。低于 10℃,虫不食也不生长;超过 30℃,虫体发热会烧死。湿度要保持在 60%～70%,地面不宜过湿。冬季要取暖。如冬季不养可自然越冬。夏季要通风。室内应备有温度计、湿度计。

(4)饲养管理技术要点。

1)成虫期　蛹羽化成虫的过程 3～7 d,头、胸、足、翅先羽出,腹、尾后羽出。因为是同步挑蛹羽化,所以几天内可全部完成羽化。雄雌成虫群集交尾时一般都在暗处,交尾时间较长。产卵时雌虫尾部插在筛孔中产出,这个时期最好不要随意搅动。发现筛盘底部附着一层卵粒时,可以换盘。这时将成虫筛卵后放在盛有饲料的另一盘中,拨出死虫,5～7 d 换 1 次卵盘。成虫存活期在 50 d 左右。产卵期的成虫需要大量的营养和水分,所以必须及时添加麦麸和鲜菜,也可增加点鱼粉。若营养不足,成虫间会互相咬杀,造成损失。

2)卵期　成虫产卵在盛有饲料的木盘中。将换下盛卵的木盘上架,即可自然孵化出幼虫。要注意观察,不宜翻动,防止损伤卵粒或伤害正在孵化中的幼虫。当饲料表层出现幼虫皮时,1龄虫已经诞生了。

3)幼虫期　幼虫从卵孵化出至化蛹前这段时间称为幼虫期。成虫产卵的盘,孵化7～9 d后,待虫体蜕皮体长达0.5 cm以上时,再添加麦麸和鲜菜。每个木盘中放幼虫1 kg,密度不宜过大,防止因饲料不足,虫体活动挤压而相互咬杀。要随着幼虫的逐渐长大,及时分盘。麦麸是幼虫的主要饲料,同时也是栖身之地,因此饲料要保持自然温度。在正常情况下,当温度较高时,幼虫多在饲料表层活动,温度较低时,则钻进下层栖身。木盘中饲料的厚度在5 cm以内。当饲料逐渐减少时,再用筛子筛掉虫粪,添加新饲料。1～2龄幼虫筛粪,要选用60目筛网,防止幼虫从筛孔漏掉。要先准备好盛放新饲料的木盘,边筛边将筛好的幼虫放入木盘上架。

黄粉虫幼虫生长要突破外皮(蜕皮),经过一次次蜕皮才能长大。幼虫期要蜕7次皮。每蜕皮1次,幼虫长1龄,虫体长大。幼虫平均9 d蜕皮1次。幼虫蜕皮时,表皮先从胸背缝裂开,再到头、胸、足部,然后腹、尾渐渐蜕出。幼虫蜕皮一般都在饲料表层,蜕皮后又钻进饲料中。刚蜕皮的幼虫是乳白色,表皮细嫩。

4)蛹期　幼虫在饲料表层化蛹。在化蛹前幼虫爬到饲料表层,静卧后虫体慢慢伸缩,在最后一次蜕皮过程中完成化蛹。化蛹可在几秒钟之内结束。刚化成的蛹为白黄色,蛹体稍长,腹节蠕动,随后蛹体逐渐缩短,变成暗黄色。幼虫个体间均有差异,表现在化蛹时间的先后,个体能力的强弱。刚化成的蛹与幼虫混在1个木盘中生活。蛹容易被幼虫在胸、腹部咬伤,吃掉内脏而成为空壳。有的蛹在化蛹过程中受病毒感染,化蛹后成为死蛹。这需要经常检查,发现这种情况可用0.3%漂白粉溶液喷雾空间，以消毒灭菌，同时将死蛹及时挑出处理掉。挑蛹时将在2 d内化的蛹放在盛有饲料的同一筛盘中，坚持同步繁殖，集中羽化为成虫。

(5)饲养管理应注意的问题

在黄粉虫的养殖过程中，掌握好养殖技术和管理措施十分重要。它关系到黄粉虫繁殖的速度、虫体质量、经济效益等问题。

第一，禁止非饲养人员进入饲养房。如非进入室内不可的人员，必须在门外用生石灰消毒。

第二，在黄粉虫的生活史中，四变态是重要的环节。掌握好每个环节变态的时间、形体、特征，就能把握养殖的技术。

第三，饲料要新鲜，糠麸不变质，青菜不腐烂。

第四，在幼虫期，每蜕皮一次就要更换饲料，及时筛粪，添加新饲料。在成虫期饲料底部有卵粒和虫粪，容易发霉，要及时换盘。

第五，为了加快繁殖生长，对幼虫，羽化后的成虫，在饲料中适当添加葡萄糖粉或维生素粉、鱼粉，每天都要喂鲜菜。

第六，饲养人员每天都要察看各虫期的情况，如发现病虫、死虫应及时清除，防止病菌感染。

4. 黄粉虫的利用实例

据王应昌等(1996)报道，以5%的黄粉虫幼虫粉替代等量的进口鱼粉饲喂产蛋高峰期的蛋鸡(试验期23 d)，结果表明，添加黄粉虫组产蛋率为93.42%，而进口鱼粉组产蛋率为92.33%，较对照组提高1.09个百分点；蛋重，试验组平均为53.34 g，对照组为52.97 g，增加0.37 g。由此可见，黄粉虫幼虫粉代替鱼粉喂鸡效果更好。

他们以1%的黄粉虫粉替代等量的微量元素饲喂蛋鸡43 d，结果表明，试验组较对照组提高产蛋率7%～12%；他们以1%的黄粉虫替代等量高效精料饲喂蛋鸡43 d，试验组较对照组增加产蛋2.38个百分点。

(三)蚯蚓的养殖技术

1. 基本特性

蚯蚓又名地龙，为夜行性环节动物。人工饲养的蚯蚓多为陆栖蚓，喜潮湿，怕阳光，喜静和昼伏夜行；适宜生活在15～25℃、湿度60%～70%、pH值为6.5～7.5的环境中，10℃以下停止生长，4℃以下呈休眠状态，0℃以下死亡，30～33℃个体缩小，35℃以上如不采取措施将成批死亡。

蚯蚓的食性很广，各种畜粪、污泥、腐烂的水果、果皮、蔬菜、作物秸秆、杂草、垃圾以及工业下脚料（如造纸厂、制糖厂、食品厂和酒厂的下脚料）等，经过充分发酵腐烂后，均可作为蚯蚓的饲料。

蚯蚓为雌雄同体，异体交配。由于品种、地区、饲料和生活环境不同，生活周期也不一样。据试验，赤子爱胜蚓在室温22～30℃环境下，以发酵的马粪为饲料，湿度60%～70%，从产卵到孵化为21 d。幼蚓从孵出到性成熟为56 d，性成熟到开始产卵一般为1～12 d；整个生活周期最短47 d，最长128 d，平均2.5～3.5个月。

2. 营养特点

蚯蚓的主产品是蚓体，副产品为蚓粪。蚯蚓可药用。我国利用蚯蚓药已有上千年的历史。本草纲目记述的历代验方有40多种。蚯蚓具有解热镇痛、通络平喘、解毒利尿的功能，能治疗多种疾病。蚯蚓富含蛋白质，干蚯蚓含蛋白66.5%；在蛋白质组成中，富含人体及动物需要的各种必需氨基酸。国内外报道，蚯蚓可饲喂多种动物，具有提高生产性能、降低饲料消耗、促进换羽、防病治病作用。蚯蚓粪不仅是优质的肥料，也可作为动物的饲料。

3. 饲养管理技术要点

(1)创造适宜的环境条件

温度20℃（15～30℃），饵料湿度70%～75%；孵化湿度50%～60%，pH值为6～8，通气良好，无光或暗光、红光，严禁紫外光照射，适宜的密度和丰富的营养。夏天注意防高温和日光直射，冬天防冻。

(2)饵料搭配

饵料既是蚯蚓的食物，又是其生活环境。因而，搭配饲料至关重要。下面介绍几个配方，供参考：

①牛粪 20%，猪粪 20%，鸡粪 20%，稻草屑 40%，混配后充分发酵。

②废纸浆污泥 80%，干牛粪 20%。

③沼气池残渣 60%，垃圾 20%，秸秆或食用菌渣 20%。

④牛粪 20%，羊粪 10%，活性泥 40%，垃圾 30%。

笔者在实践中发现，在饵料中添加香蕉皮、烂苹果、烂梨等，效果非常好。

(3)养殖方式

生产中养殖方式多种，概括起来主要有以下 3 种：

①简易养殖。利用房前屋后挖坑建池。其大小根据空间而定，一般池深 0.5～0.6 m。此种方式注意遮阴、防雨、防冻和防天敌。还可就地取材，利用旧箱、筐、盆、罐、桶等容器饲养。此法简单，易于管理，但饲养量小。

②田间养殖。利用果园、菜园、农田等，在田间空隙挖宽 40～50 cm、深 20～25 cm 的沟槽，投入腐熟的有机肥，放入蚓种，上面覆土 10～15 cm，每 667 m^2 放养蚓种 15 000～25 000 条；成蚓可分期采收。此种养殖方式季节性强，适于投放耐旱和抗逆性强的蚓种。平时注意保持湿度，雨天注意排水，并及时采收。

③工厂化养殖。此法适于养殖生产性能较高的蚓种，如赤子爱胜蚓、红色爱胜蚓等。可利用普通房间、塑料大棚或半地下温室，进行周年生产。养殖床宽 1.5 m、深 0.4 m 左右；亦可用竹、木、塑料制的箱子作为养殖床，大小以 2 个人能搬动为宜，一般(60 cm×30 cm)～(40 cm×20 cm)，立体叠放，可放 4～5 层。

(4)种蚓的选育

蚯蚓雌雄同体,异体交配,繁殖力很强,但也容易造成近亲退化。必须重视种蚓的选育工作。规模较大的养殖场可将蚓群分成3个部分:种子群、繁殖群和生产群。种子群是关键,应选择个体粗大、性状一致、活动力强、生产性能高和具有本品种特征的成蚓。其繁殖的后代作为繁殖群。种子群要不断进行选择和淘汰,并注意同一品种不同群体间进行血缘更新。繁殖群是种子群产生的优秀后代,应具备繁殖力强,为生产群提供大量的卵块。其卵块孵出后即为生产群,长成后便为商品蚓。

(5)采收及分离

当养殖床内的蚯蚓大多数达到400 mg,而且密度较大时(1.5万~2万条/m^2),应及时采收部分成蚓。室内床养、箱养或池养,可采用光照下驱法。根据蚯蚓的避光性,从上至下一层一层刮粪,使成蚓钻到最下部,最后聚集成团。将其放在5 mm的大筛子上,筛子下面放容器,光照使之钻到下面的容器内;田间养殖可利用其夜间爬到地表采食和活动的习性,在夜间3点钟至4点钟携带红光或弱光电筒采收;也可用水灌法,驱使蚓大量爬出捕捉。

工厂化养殖,要使茧粪分离,可先将成蚓收集,剩余的粪及茧重新孵化。经过30~40 d,卵茧全部孵化,并长到一定程度,但尚未产卵时采收即可。

(6)天敌与疾病

蚯蚓的天敌很多,如鼠类、鸟类、蛇、蛙、蟾蜍、蚂蚁、螳螂、蜘蛛、蜈蚣等,应有针对性地预防。蚯蚓的病害不多,主要是饲料酸化造成的蛋白质中毒症,应予以注意。

4. 应用实例

据报道,天津市宁河县芦台镇青年贾立明创办的蚯蚓养殖场,每年生产数百吨蚯蚓粪,以前都是制作成生物肥使用。由于蚯蚓粪中有丰富的粗蛋白、维生素和氨基酸,以后便以蚯蚓粪为主要原料配制成生物饲料，给当地养殖户饲喂畜禽。蚯蚓粪做饲料能显著降低畜禽粪便的臭味，使肉鸡球虫病、呼吸道、消化道疾病减少50%，蛋鸡产蛋高峰期延长25 d左右，还增加了猪、牛、羊的泌乳量。

据马雪云报道(2003)，以2%的蚯蚓粉饲喂37周龄伊莎褐壳蛋鸡30 d，试验组鸡比对照组鸡的产蛋率提高3.41%($P<0.05$)，耗料降低3.91%($P<0.05$)，鸡的精神、体貌普遍好于对照组；鸡蛋中胆固醇含量降低9.9%($P<0.01$)，锌含量增加11.19%($P<0.05$)，铁含量增加21.68%($P<0.05$)。

据孙振军等报道(1994)，鲜蚓代替鱼粉、蚓粪代替部分饲粮饲喂蛋鸡试验，蚯蚓在饲料中的添加量分别为5%和6%(产蛋高峰期)，试验期160 d，结果表明：蚯蚓组产蛋126枚，比基料组产蛋量(100枚)提高了26%，差异极显著($P<0.01$)，比鱼粉组(112枚)提高了12%，差异达显著水平($P<0.05$)；300日龄饲养日的平均蛋重为56.88 g，比基料组和鱼粉组分别高出2.8%和1.3%；总蛋重蚯蚓组为7.17 kg，比基料组、鱼粉组分别高出29.7%和14%；群体达50%开产的日龄，蚯蚓组比基料组、鱼粉组分别提前6 d和3 d；在整个试验期间增重最多的也为蚯蚓组；产蛋率蚯蚓组的周龄产蛋率比基料组提高7.9%，比鱼粉组提高5.1%；蚯蚓组的最高产蛋率为89.9%，为3组中最高，维持85%以上产蛋率达8周。经济效益，蚯蚓组每生产1 kg蛋的成本比基料组、鱼粉组分别减少0.63元和0.75元，提高效益分别为32.6%和36.6%。蚯蚓组与鱼粉组对比，每千克饲料成本降低0.26元，每千克饲料增产0.03 kg蛋，若每千克蛋按5.0元计算，则增加效益0.15元。两项综合效益为0.41元，即每用1 kg蚯蚓组饲料要比用鱼粉组料多增加0.41元的收益。

据张桂英(1994)报道，以5%的蚯蚓粉替代等量鱼粉饲喂蛋鸡60 d，产蛋率试验组提高1.35个百分点，软壳蛋率降低1.05个百分点，蛋重增加 1.99 g，每千克鸡蛋消耗饲料降低 0.42 kg，节约饲料 14.53%，效益显著。

(四)蝗虫的养殖生产技术

1.基本特性

蝗虫俗称蚂蚱，主要以小麦、玉米、高粱等作物和鲜嫩饲草为食。我国有 1 000 余种，其中只有少数适合人工饲养。常见的养殖蝗虫种类有：东亚飞蝗、棉蝗、中华稻蝗、中华蚱蜢等。这些品种各有优缺点，要综合考虑其生长周期、代数、味道、食料、个头大小等因素，并结合当地的气候、食料来源等情况选择养殖品种。

蝗虫为卵生，有成虫、卵和若虫 3 种形态。雄成虫体长 18～27 mm，雌成虫体长 25～60 mm，体绿色、黄绿色或褐绿色；卵长约 3.5 mm，宽 1 mm，深黄色；若虫也称蝗蝻，有 6 个龄期。蝗虫对温度反应敏感，随着温度的升高，取食逐渐旺盛。最佳生活环境为：温度 25～30℃，湿度 70%～85%。蝗虫生长期内至少需经历日平均气温 25℃以上达 30 d 时，才能完成发育和生殖。成蝗虫在土壤中产卵时对土壤的硬度与含水量有一定的选择性。一般成虫喜欢在比较坚硬的土壤中产卵，产卵最适合的土壤含水量为 10%～20%。

2.营养特点

蝗虫营养丰富，具有高蛋白、低脂肪、低胆固醇、矿物质及维生素含量与种类丰富等优点。鲜品含水分约 65.9%、蛋白质 25.5%、脂肪 2%、碳水化合物 1.4%、灰分 2.3%及维生素 A、维生素 C、维生素 B 等。干品约含水分 20%、蛋白质 64%、脂肪 2.3% 及少量维生素 A、维生素 B 和约 3.3%灰分（磷、钙、铁、铜、锰等）。中华稻蝗必需氨基酸含量占氨基酸总量的 47.73%，蛋氨酸含量（0.75%）与半胱氨酸含量（1.3%）之和超过了畜禽的饲养标准，完全可以利用蝗虫作为添加饲料为畜禽补充氨基酸。

在我国，蝗虫可入药，其性味辛、甘、温，具有止咳平喘、定惊止抽、解毒透渗、消肿止痛、滋补强壮等功效。蝗虫除为人类食用外，还是各种畜禽的优良饲料。

3. 饲养管理技术要点

(1)饲养设施与器具

饲养蝗虫要选择空旷、阳光充足、平整地块作饲养场，地面最好是不易结块的沙壤土，便于产卵和取卵。一般民房或废弃厂房均可作为饲养室。饲养笼一般为 1 m×1 m×(2～3) m 的长方体。每笼饲养密度 500 只左右。饲养笼上部用窗纱密封，下部地面铺设潮湿的沙土以供蝗虫产卵，前部留一个双层纱帘门，以便于饲喂和打扫。也可直接建造养殖棚，长方体形框架结构或拱形、梯形蔬菜大棚式的养殖棚都可以，一般以长方体形养殖棚为佳。养殖棚一般高1.5～2 m，一侧纱网上留门。纱网质地要结实，目数要适宜，孔眼不能太大，否则会导致低龄若虫的逃逸。

(2)蝗虫孵化和若虫期饲养管理

孵化蝗虫时需要选择新鲜的卵块，放置在清洁培养皿中，卵块下面垫上湿润的滤纸，30℃恒温孵化。待蝗虫若虫即将孵化时取出培养皿，直到若虫孵化出来全身变硬带黑后再转移至饲养笼中。

若虫期温度以 25～30℃为宜，光照 12 h 以上。饲养笼中要放置足够的枝条，以供若虫攀跃和蜕皮之用。若虫期要及时供应优质的鲜嫩饲草，并且要随着若虫龄的增大，逐渐增加饲喂量，尤其是到了 3 龄以上要保证饲养笼里有充足的食物，防止自相残杀。

(3)成虫期饲养管理

五龄以上蝗虫即将羽化，此时要多加枝条和新鲜饲料，以创造适宜的羽化场所，促进蝗虫生长成熟和交尾。性成熟后 4～7 d 开始交尾，15～20 d 内开始产卵。雌蝗平均产卵 4～5 块，每块含 60～80 粒卵。产卵时最适的土壤含水量为 10%～20%，土壤 pH 值为 7.5～8.0。对于准备第二年孵化的越冬卵，需要及时从饲养笼地面土中收集，用湿度 10%～15%的土按一层土一层卵的层次分层覆盖并密封，于5℃保存。

4. 应用实例

袁世永(1997)报道，用4%蝗虫粉代替鱼粉饲喂伊莎褐商品蛋鸡，产蛋率提高1.48%，饲料转化率提高1.48%，紫褐壳蛋提高0.62%，破损率降低100%，蛋壳坚硬光滑且色泽好。

刘志林等(2000)报道，在商品代京黄肉用型雏鸡饲料中添加1%和5%的蝗虫粉，可以使鸡的日增重比对照组分别提高8.72%($P<0.05$)和16.14%($P<0.01$)，效果明显。

李韬等(1995)报道，在星杂288蛋鸡饲料中按每只鸡每日添加蝗虫粉10 g，可提高产蛋量18.08%，提高产蛋率7.99%。

三、放养鸡饲料的配制方法

土鸡饲料配制的方法与其他家禽或家畜饲料配制方法一样。小规模饲养场多根据营养标准，以试差法设计配方。规模型鸡场或饲料厂，目前多使用配方软件，既快捷，又精确。但是，无论采用哪种方法，都必须了解土鸡营养的特殊性，所用饲料的大体比例。根据我们多年的实践经验，配制土鸡放养期精料补充料的不同饲料原料的大致比例如表4-3所示。

表4-3　放养土鸡饲料配制不同原料的大致比例关系　　%

项　目	育雏期	育成期	开产期	产蛋高峰期	其他产蛋期
能量饲料	69～71	70～72	68～70	64～66	65～68
植物性蛋白饲料	23～25	12～13	18～20	19～21	17～19
动物性蛋白饲料	1～2	0～2	2～3	3～5	2～3
矿物质饲料	2.5～3.0	2～3	5～7	9～10	8～9
植物油	0～1	0～1	0～1	2～3	1～2
限制性氨基酸	0.1～0.2	0～0.1	0.10～0.25	0.2～0.3	0.15～0.25
食盐	0.3	0.3	0.3	0.3	0.3
营养性添加剂	适量	适量	适量	适量	适量

根据以上提供的不同饲料原料的大致比例,即可用不同的饲料配合方法设计配方。在配方设计时,不同原料的用量要灵活掌握。例如,能量饲料主要有玉米、高粱、次粉和麸皮。由于高粱含有的单宁较多,用量应适当限制。麦麸的能量含量较低,在育雏期和产蛋期用量不可太多,否则将达不到营养标准。另外,动物性蛋白饲料主要是优质鱼粉、蝇蛆粉、黄粉虫粉、蚯蚓粉和蝗虫粉,尽量不用土作坊生产的皮革粉或肉骨粉。油脂对于提高能量含量起到重要作用,但选用油脂最好使用无毒、无刺激和无不良气味的植物性油脂,不应选用羊油、牛油等有膻味的油脂,以防将这种不良气味带到产品中去,影响适口性,降低产品品质。

关于沙砾的添加,一般笼养鸡有意识地添加一些小石子,以帮助消化。但在放养期间鸡可自由采食自己所需要的营养物质。田间或草地中,特别是山场,有丰富的沙石,可不必另外添加。

青饲料的添加问题。在放养期间,由于鸡可采食大量的青绿饲料,因此,没有必要在补充的饲料中额外添加。但是在育雏后期,为了使小鸡适应放养期的饲料,可逐渐在配合饲料中添加10%～30%的优质青饲料;在冬季产蛋期,为了保证鸡蛋蛋黄色度和降低胆固醇,可在配合饲料中增加10%～15%的优质青饲料(如蔬菜)或添加5%左右的优质青干草。

放养鸡补充料的饲料配方见第六章。

提问:

1. 放养鸡的采食特点有哪些?

2. 放养鸡的营养需要有哪些特点?

3. 本地有哪些适宜鸡采食的青绿饲料?如何合理地饲喂青绿

饲料？

4. 放养鸡补充料常用的能量饲料、蛋白饲料和矿物质饲料有哪些？

5. 配制放养鸡精料补充料所用原料的大致比例是多少？

6. 怎样生产和利用蝇蛆、黄粉虫、蚯蚓和蝗虫这些动物性蛋白质饲料？

第五章 雏鸡的饲养与管理

导读

放养鸡因其所处环境的特殊性，常常接触污染的饲料、饮水、用具等及受外界应激因素的影响。了解和掌握雏鸡的生理特点，创造适宜的温湿度、饲养密度、光照、清新空气环境条件，提供充足营养，搞好卫生防疫，通过科学的饲养管理，培育出生长发育良好、体质健壮的青年鸡，为确保放养期能充分发挥其良好的生产性能打下坚实的基础。

雏鸡是指0～6周龄的小鸡。这个阶段的小鸡对环境适应能力差，抗病力弱，稍有不当，容易生病死亡。因此，在雏鸡培育阶段需要细心照料，进行科学的饲养管理，才能获得良好的效果。

第一节 雏鸡的生长特点

一、体温调节机能不完善

初生雏的体温较成年鸡体温低2～3℃，4日龄开始慢慢地均衡上升，到10日龄时才达到成年鸡体温，3周龄左右体温调节机能逐渐趋于完善，7～8周龄以后才具有适应外界环境温度变化的能力。

二、生长迅速，代谢旺盛

蛋用型雏鸡2周龄的体重约为初生时体重的2倍，6周龄为

10倍,8周龄为15倍。前期生长快,以后随日龄增长而逐渐减慢。雏鸡代谢旺盛,心跳快,脉搏每分钟可达250～350次,安静时单位体重耗氧量与排出二氧化碳的量比家畜高1倍以上,所以在饲养上要满足营养需要,管理上要注意不断供给新鲜空气。

三、羽毛生长快

幼雏的羽毛生长特别快,在3周龄时羽毛为体重的4%,到4周龄便增加到7%,其后基本保持不变。从孵出到20周龄羽毛要脱换4次,分别在4～5周龄、7～8周龄、12～13周龄和18～20周龄。羽毛中蛋白质含量为80%～82%,为肉、蛋的4～5倍。因此,雏鸡对日粮中蛋白质(特别是含硫氨基酸)水平要求高。

四、胃的容积小,消化能力弱

幼雏消化系统发育不健全,胃的容积小,进食量有限。同时消化道内又缺乏某些消化酶,肌胃研磨饲料能力弱,消化能力差,在饲养上要注意饲喂纤维含量低、易消化的饲料,否则产生的热量不能维持生理需要。

五、敏感性强

幼雏对饲料中各种营养物质的缺乏或有毒药物的过量,会出现明显的病理状态。

六、抗病力差

幼雏由于对外界环境的适应性差,对各种疾病的抵抗力也弱,饲养和管理稍不注意,极易患病。

七、群居性强、胆小

雏鸡喜欢群居,单只离群便奔叫不止。胆小,缺乏自卫能力,遇外界刺激便鸣叫不止。因此，育雏环境要安静，防止各种异常声响和噪声以及新奇的颜色入内，舍内还应有防止兽害的措施。

第二节 育雏前的准备工作

一、育雏计划的制定

根据育雏舍大小、饲养方式及鸡群的整体周转安排制定育雏计划。原则是最好做到全进全出制，每批育雏后的空闲时间为1个月。这是防病和提高成活率的关键措施。首先应根据市场需求以及不同品种的生产性能、适应性等情况，确定饲养的品种。通过调查，选择非疫区、信誉好、正规的种鸡场，根据鸡舍面积、资金状况、饲养管理水平、放养场地的面积等确定进雏数量，然后根据市场供需、放养时间等确定进雏的时间。

二、安排育雏饲养人员

育雏是养鸡全过程中最为繁杂、细微、艰苦而又技术性很强的工作，要求育雏人员要吃苦耐劳、责任心强、心细、勤劳，并且必须有一定的专业技术知识和育雏经验，必要的时候还要封闭在育雏舍区内2～6周不回家。因为幼雏很娇弱，对疫病的抵抗力差，早期很易感病，故大型鸡场育雏时采用封栋或封场饲养，饲养员要待雏鸡转出后才能放假休息。

三、育雏鸡舍及饲养用具的准备

(一)育雏舍的隔离

育雏舍不应靠近其他鸡舍，否则疾病传播危险太大。同其他鸡舍的间隔至少要有50 m，鸡舍四周应有围墙隔离，出入围墙的大门应有消毒池，使车辆进出能经过此池消毒。人员进入均须淋浴更衣换鞋。清粪或处理死鸡的脏道应和人员车辆进出的道路分开。育雏舍门口，设置消毒池，并保持有效的消毒药。

(二)育雏舍的面积

育雏房舍面积由育雏设备占地面积、走道、饲料和工具储放及人员休息场所等构成。如用4层重叠式育雏笼饲养雏鸡，笼具占地50%左右，走道等其他占地面积为50%左右。每平方米(含其他辅助用地)可饲养雏鸡(按养到6～8周龄的容量计算)50只。若是网上平养，每平方米容鸡量为18只左右；地面平养的容量为15只左右。

(三)育雏舍的环境

育雏舍既要保温性能良好(室温要求在20～25℃为宜，最低不要低于20℃)，还要方便通风换气，但要求气流不能太快避免贼风的出现，这样才利于舍内温度、湿度的调节以及舍内空气卫生等其他良好环境的保持。有条件的鸡场最好能设置风机。风机配备应以小流量的风机为主，辅以中流量风机。风机排风量总和要达到6周龄鸡最大通风量的要求。现在先进的育雏舍是采用有湿帘的正压过滤通风的热风火炉式采暖系统，既节煤又减少疫病的发生。

(四)舍内灯光布局要合理

多列育雏笼的每列走道都应布有灯具，列间照明灯应交错排列，灯距2.5 m左右，不要太稀，这样才能保证较均匀的光照。

(五)供水、排水设施

舍内要有供水、排水设施，以便于饮水器的换水和水槽等器具的清洗、消毒等。

(六)鸡舍的清扫、检修及消毒

上批雏鸡转走后，马上清除鸡粪、垫料等物，全面进行清扫和冲洗，之后要把鸡舍、供暖系统、给水系统、料槽、笼具全面认真地进行检修，检修之后再次彻底清扫舍内及舍外四周，确保无粪便、无羽毛、无杂物,然后再进行冲洗。最好用高压水枪从上到下进行冲洗,冲洗干净后才能进行消毒。消毒程序如下:天棚、墙壁、地面、笼具,不怕火烧的部分再用火焰喷烧消毒,然后其他部分和顶棚、墙壁、地面用无强腐蚀性的消毒药物喷洒消毒,最后按每立方米空间用福尔马林 42 mL+21 g 高锰酸钾密闭熏蒸消毒 24 h 以上。抽样检查效果不合格要重新消毒。

(七)鸡舍周围环境消毒

清除舍外所有的垃圾废物、杂草。对路面用酸或碱消毒剂进行冲洗消毒。以上工作最好是在进雏前 2 周完成,让鸡舍真正空舍 2 周以上为好。进鸡前两天再消毒 1 次。

(八)消毒池

育雏舍门口设置消毒池,并保持池内常存有效的消毒药液,并设洗手盆,盆内常备有效的消毒水。饮水用具在进雏使用时,再用清水冲洗一下,清除残留的消毒药液。

(九)其他用品

干湿球温度表、室温表等环境监测仪器;注射器、医用剪、紫药水、碘酊、消毒棉球等常用兽医药械也要准备好。此外,桶盆、铁锹、扫帚、簸箕等工具要配齐,并专舍专用,不得外借和串舍使用。

(十)饲料的准备

雏鸡料必须符合雏鸡饲养标准的营养要求。最好能喂经破碎后的高能高蛋白的颗粒料,因为颗粒料可杀死饲料中的病菌并能解决雏鸡吃料少、增重慢的难题。饲料放在通风、阴凉、干燥处。配制好的全价料不要存放太久,特别是天气炎热的夏季,最好不要超过 2 周,防止全价料中的维生素 A、维生素 E 等被氧化和霉变及被污染。存放时间越长,其效价降低得越多。

(十一)其他物资的准备

要准备一定数量的燃料、抗生素、常用药品、消毒药和疫苗等。疫苗按所进的雏鸡略多一些的头份准备好,并按要求的储放条件和方法储存。灯泡等易损耗用品要有一定的备用量。准备好记录用的各种表格、笔、光照表、日操作程序等。在育雏人员进舍时同时发给工作服,每人 2 套,以便常换洗和消毒。

(十二)雏鸡舍预热试温

无论采用何种供热方式,在进雏前 2～3 d 都要进行试加热,检查供热系统是否完好,以确保完全供热。根据天气情况进雏前对鸡舍进行给热预温,使地面、墙壁等外围温度升高,保证进雏时舍温和育雏器及育雏位置达到要求的标准。

第三节 育雏方式

人工育雏方式可分为三大类:第一类是地面育雏;第二类是网上平养;第三类是立体笼养。现多采用的是立体笼养(立体 3 层或 4 层重叠式育雏器)。地面育雏投资少,适合于小户,但从饲养量、防病和工厂化管理程度和发展趋势看还是立体笼养育雏优于地面育雏和网上平养。

一、地面育雏

把雏鸡放在铺有垫料的地面上进行饲养的方法称为地面育雏。从加温方法来说,地面育雏大体可分为地下烟道育雏、煤炉育雏、电热或煤气保温伞育雏、电热板或电热毯育雏、红外线灯育雏、远红外板育雏和地下暖管升温育雏等。

(一)地下烟道育雏

地下烟道用砖或土坯砌成,其结构形式多样,要根据育雏室的大小来设计。较大的育雏室,烟道的条数要相对多些,采用长烟道;育雏室较小,可采用"田"字形环绕烟道。其原理都是通过烟道对地面和育雏室空间进行加温,以升高育雏温度。

地下烟道育雏优点较多。一是育雏室的实际利用面积大。二是没有煤炉加温时的煤烟味，室内空气较为新鲜。三是温度散发较为均匀，地面和垫料暖和。由于温度是从地面上升，小鸡腹部受热，因此雏鸡较为舒适。四是垫料干燥，空气湿度小，可避免球虫病及其他病菌繁殖，有利于小鸡的健康。五是一旦温度达到标准，维持温度所需要的燃料将少于其他方法。在同样的房屋和育雏条件下，地下烟道的耗煤量比煤炉育雏的耗煤量至少省1/3。

因此，烟道加温的育雏方式对中小型鸡场和较大规模的养鸡户较为适用。值得注意的是，在设计烟道时，烟道的口径进口处应大，往出烟处应逐渐变小，由进口到出口应有一定的上升坡势，烟道出烟处切不可放在北面，要按风向设计。

为了提高热效率和育雏室的利用率，可采用平顶天花板加笼育的方法。在管理上，天花板要留有通风出气孔，根据室温及有害气体的浓度经常进行调节，必要时应在出气孔处安装排风扇，以便在温度过高等紧急情况下加强排气，按育雏温度标准调节室温。

（二）煤炉育雏

煤炉可用铁皮制成或用烤火炉改制而成，炉上设有铁皮制成的伞形罩或平面盖，并留有出气孔，以便接上通风管道，管道接至室外，以便于排出煤气。煤炉下部有1个进气孔，并用铁皮制成调节板，以便于调节进气量和炉温。煤炉育雏的优点是：经济实用，耗煤量不大，保温性能稳定。在日常使用中，由于煤炭燃烧需要一段时间，升温较慢，因此要掌握煤炉的性能，要根据室温及时添加煤炭和调节通风量，确保温度平稳。在安装过程中，炉管由炉子到室外要逐步向上倾斜，漏烟的地方用稀泥封住，以利于煤气排出。若安装不当，煤气往往会倒流，造成室内煤气浓度大，甚至导致小鸡煤气中毒。

在较大的育雏室内使用煤炉升温育雏时，往往要考虑辅助升温设备，因为单靠煤炉升温，要达到所需的温度，需消耗较多的煤炭，另外，在早春很难达到理想的温度。在具体应用中，用煤炉将室温升高到15℃以上,再考虑使用电热伞或煤气保温伞以及其他辅助加温设备,这样既节省燃料和能源成本,也能预防煤炉熄灭、温度下降而无法及时补偿的缺陷。

(三)电热或煤气保温伞育雏

保温伞可用铁皮、铝皮、木板或纤维板制成,也可用钢筋和耐火布料制成;热源可用电热丝或电热板,也可用石油液化气燃烧供热。伞内附有乙醚膨胀饼和微动开关或电子继电器与水银导电表组成的控温系统。在使用过程中,可按雏鸡不同日龄对温度需要来调整调节器的旋钮。保温伞的优点是:可以人工控制和调节温度,升温较快而平衡,室内清洁,管理较为方便,节省劳力,育雏效果好。问题是要有相当的室温来保证,一般来说,室温应在15℃以上,这样,保温伞才有工作和休息的间隔。如果保温伞一直保持运转状态,会烧坏保温伞,缩短使用寿命。另外,如遇停电,在没有一定室温的情况下,温度会急剧下降,影响育雏效果。通常情况下,在中小规模的鸡场中,可采用煤炉维持室温,采用保温伞供给雏鸡所需的温度。炉温高时,室温也较高,保温伞可停止工作;炉温低时,室温相对降低,保温伞自动开启。这样,在整个育雏过程中不会因温差过高或过低而影响雏鸡健康。同时,也可以获得较为理想的饲料报酬。

(四)电热板或电热毯育雏

电热板或电热毯育雏的原理是利用电热加温,小鸡直接在电热板或电热毯上取得热量。电热板和电热毯配有电子控温系统以调节温度。

(五)红外线灯育雏

红外线灯育雏是指用红外线灯发出的热量育雏。市售的红外线灯为250 W。红外线灯一般悬挂在离地面35～40 cm的高度。在使用中,红外线灯的高度应根据具体情况来调节。雏鸡可自由选择离灯较远处或较近处活动。红外线灯育雏的优点是:温度均匀，室内清洁。但是，红外线灯一般也只作辅助加温，不能单独使用，否则，灯泡易损，耗电量也大，热效果不如保温伞好，成本也较大。一盏红外线灯使用 24 h 耗电 6 度，费用昂贵，停电时温度下降快。

(六)远红外板育雏

远红外板育雏是指采用远红外板散发的热量来育雏。根据育雏室面积大小和育雏温度的需要，选择不同规格的远红外板，安装自动控温装置进行保温育雏。使用时，一般悬挂在离地面 1 m 左右的高度；也可直立地面，但四周需用隔网隔开，避免小鸡直接接触而烫伤。每块 1 000 W 的远红外板的保暖空间可达 10.9 m^3。其热效果和用电成本优于红外线灯，并且具有其他电热育雏设备共同的优点。

(七)地下暖管升温育雏

地下暖管升温育雏的方法是在鸡舍建筑时，于育雏室地面下埋入循环管道，管道上铺盖导热材料，管道的循环长度和管道间隔可根据需要进行设计，用暖气、地热资源或工业废热水循环散热加温。这种方法的优点是：热量散发均匀，地面和垫料干燥，几乎所有的雏鸡都有舒适的生活环境，可获得比较理想的育雏效果。如果利用工业废水循环加热，则可节省能源和育雏成本，比较适用于工矿企业的鸡场。

二、网上育雏

网上育雏是把雏鸡饲养在网床上。网床由网架、网底及四周的围网组成。床架可就地取材，用木、铁、竹等均可，底网和围网可用网眼大小一般不超过 1.2 cm 见方的铁丝网、特制的塑料网。网床大小可根据房屋面积及床位安排来决定，一般长 200 cm、宽 100 cm、高 100 cm、底网离地面或炕面 50 cm。每床可养雏鸡50～80 只。加温方法可采用煤炉、热气管或地下烟道等方法。网上育雏的优点:可节省大量垫料,鸡粪可落入网下,全部收集和利用,增加效益。此外,由于雏鸡不接触鸡粪和地面,环境卫生能得到较好的改善,减少了球虫病及其他疾病传播的机会。还由于雏鸡不直接接触地面的寒、湿气,降低了发病率,育雏成活率较高。但要注意日粮中营养物质的平衡,满足雏鸡对各种营养物质的需要,达到既节省成本,又提高育雏效果的目的。

三、立体笼养

立体笼养指在特制的笼中养育雏鸡。育雏笼由笼架、笼体、食槽和承粪盘(板)组成。一般笼架长 2 m,高 1.5 m,宽 0.5 m;离地面 30 cm;每层为 40 cm,共分 3 层;每层 4 笼,每架 12 笼;在上、下笼之间留有 10 cm 的空间,以放入承粪盘(或承粪板)。承粪盘(板)可以是固定的,用刮粪板刮粪;也可以是活动的,可每日或隔日定期调换清粪。实际使用以活动的较好。每个笼子制成长 50 cm、宽 50 cm、高 30 cm 的规格,笼四周用铁丝、竹或木条制成栅栏,食槽和饮水器可排列在栅栏外,雏鸡隔着栅栏将头伸出吃食、饮水。笼底可用铁丝制成不超过 1.2 cm 大小的网眼,使鸡粪掉入承粪盘。采用热水或暖气管加热,也可用地下烟道升温加热或室内煤炉加温,还可采用电热加温方法。上述加热方法中,以地下烟道加热的方法为优,主要可使上、下层鸡笼的温差缩小。笼育方式的优点在于能经济利用鸡舍的单位面积,节省垫料和热能,降低成本,提高劳动生产率,还可有效控制球虫病的发生和蔓延。

目前,塑料育雏笼或机械化生产的定型育雏笼产品到处有售,如上海金山农牧机械厂生产的塑料育雏笼为层叠拼装式,可拆开消毒,另外配备加温系统。育雏时需要注意的是栅栏间隔较大,幼雏易跑出笼外,因此育雏前需用铁丝或其他材料加密,待 2 周龄左右时再拆去。北京市通县养鸡设备厂生产的育雏笼为组装式,每列笼子长×宽×高为 400 cm×60 cm×175 cm,每组笼子长×

宽×高为 100 cm×60 cm×175 cm，每层笼高为 32 cm，底层笼底离地高度为 23 cm，食槽可调高度为 1 cm、2 cm、5 cm、8 cm、14 cm，笼门采食间距调节范围为 1.8～4 cm，加热器功率为250 W，控温范围为 10～40℃，每平方米笼面可养雏鸡 66 只。在饲养中，要根据鸡体不断生长的情况经常作横向分群，即开始时用尽可能少的笼育雏，以后逐步分群到其他笼中。还要根据鸡龄及时调高食槽高度。另外，笼内各层均有控温仪，需将温度调至各笼相近为止，以减少上、下层笼温差过大而影响育雏效果。

另外，中国农业科学院科技开发公司生产的电热育雏笼由加热、保温和活动笼 3 部分组成。这 3 部分可以组合在一起，也可以分开使用。活动笼数量可随意组装，分层控制温度，由 6 个独立结构的笼体组成 1 个单元。

第四节 雏鸡的选择与运输

一、初生雏的选择

品质优良的初生雏从外表看应是活泼好动；绒毛光亮，整齐；大小一致；初生重符合其品种要求；眼亮有神，反应敏感；两腿粗壮，腿脚结实，站立稳健；腹部平坦、柔软，卵黄吸收良好（不是大肚子鸡），羽毛覆盖整个腹部，肚脐干燥，愈合良好；肛门附近干净，没有白色粪便黏着；叫声清脆响亮，握在手中感到饱满有劲，挣扎有力。如脐部有出血痕迹或发红呈黑色、棕色，或为疔脐者，腿和喙、眼有残疾的，均应淘汰；不符合品种要求的也要淘汰。品质良好的初生雏，特别是种雏还应具备以下条件：

①血缘清楚，符合本品种的配套组合要求。

②无垂直传染病和烈性传染病。

③母原抗体水平高且整齐。

④外貌特征符合本品种标准。

以上4个条件，只能在接雏前做细致的调查研究方可得知。

选择方法可归纳为“看、听、摸、问”4个字。

看：就是观察雏鸡的精神状态。健雏活泼好动，眼亮有神，羽毛整洁光亮，腹部收缩良好。弱雏通常缩头闭眼，伏卧不动，羽毛蓬乱不洁，腹大松弛，腹部无毛且脐部愈合不好，有血迹、发红、发黑、疔脐、丝脐等。

听：就是听雏鸡的叫声。健雏叫声洪亮清脆。弱雏叫声微弱，嘶哑，或鸣叫不休，有气无力。

摸：就是触摸雏鸡的体温、腹部等。随机抽取不同盒里的一些雏鸡，握于掌中，若感到温暖、体态匀称、腹部柔软平坦、挣扎有力的便是健雏；如感到鸡身较凉、瘦小、轻飘、挣扎无力、腹大或脐部愈合不良的是弱雏。

问：询问种蛋来源，孵化情况以及马立克氏疫苗注射情况等。来源于高产健康适龄种鸡群的种蛋，孵化过程正常，出雏多且整齐的雏鸡一般质量较好。反之，雏鸡质量较差。

初生雏的分级标准见表5-1，以供选择雏鸡参考。

表5-1 初生雏的分级标准

级别	健雏	弱雏	残次雏
精神状态	活泼好动，眼亮有神	眼小细长，呆立嗜睡	不睁眼或单眼、瞎眼
体重	符合本品种要求	过小或符合本品种要求	过小干瘪
腹部	大小适中，平坦柔软	过大或较小，肛门粘污	过大或软或硬、青色
脐部	收缩良好	收缩不良，大肚脐潮湿等	蛋黄吸收不完全、血脐、疔脐

续表 5-1

级别	健雏	弱雏	残次雏
绒毛	长短适中，毛色光亮，符合品种标准	长或短、脆、色深或浅、粘污	火烧毛、卷毛无毛
下肢	两肢健壮、行动稳健	站立不稳、喜卧、行走蹒跚	弯趾跛腿、站不起来
畸形	无	无	有
脱水	无	有	严重
活力	挣脱有力	软绵无力似棉花状	无

二、雏鸡的运输

小鸡出壳后，经过一段时间绒毛干燥、进行挑选、雌雄鉴别、查数鸡数、注射马立克氏疫苗等处理后就可以接运了。接运的时间越早越好，即使是长途运输也不要超过 48 h，最好在 24 h 内将雏鸡送入育雏舍内。雏鸡在孵化厅内，存放的室内温度应为 22℃。运雏时盒之间温度应保持在 20～22℃，每摞盒子不要超过 5 个，这时盒内的温度应在 30℃以上。时间过长对鸡的生长发育都有较大的影响。雏鸡的运输也是一项重要的技术工作，稍不留心就会造成较大的经济损失。实践证明，要安全和符合卫生条件地运输雏鸡，必须做好以下几方面的工作：

①选择好运雏人员。运雏人员必须具备一定的专业知识和运雏经验，还要有较强的责任心。最好是饲养者亲自押运雏鸡。

②准备好运雏工具。运雏用的工具包括交通工具、装雏箱及防雨保温用品等。交通工具（车、船、飞机等）视路途远近、天气情况和雏鸡数量灵活选择。但不论采用何种交通工具，运输过程都要求做到稳而快。装雏用具要使用专用雏鸡箱，现多采用的是长 50～60 cm、宽 40～50 cm、高 18 cm 的箱子，箱子四周有直径 2 cm 左右的通气孔若干；箱内分 4 个小格，每个小格放 25 只雏鸡，每箱

放雏100只。冬季和早春运雏要带棉被、毛毯用品。夏季要带遮阳、防雨用品。所有运雏用具和物品都要经过严格消毒之后方可使用。

③适宜的运雏时间。初生雏鸡体内还有少量未被利用的蛋黄，可以作为初生阶段的营养来源，所以雏鸡在48 h内可以不饲喂。这是一段适宜运雏的时间。此外还应根据季节和天气确定启运时间。夏季运雏宜在日出前或傍晚凉快的时间进行，冬天和早春则宜在中午前后气温相对较高的时间启运。

④保温与通气的调剂。运输雏鸡时保温与通气是一对矛盾。只注重保温，不注重通风换气，会使雏鸡受闷缺氧，严重的还会导致窒息死亡；只注重通气，忽视了保温，雏鸡会受风着凉患感冒，诱发雏鸡拉稀下痢，影响成活率。因此，装车时要将雏鸡箱错开摆放。箱周围要留有通风空隙，重叠高度不要过高。气温低时要加盖保温用品，但注意不要盖得太严。装车后要立即启运，运输过程中应尽量避免长时间停车。运输人员要经常检查雏鸡的情况，通常每隔0.5～1 h观察1次。如见雏鸡张嘴抬头，绒毛潮湿，说明温度太高，要掀盖通风，降低温度。如见雏鸡挤在一起，吱吱鸣叫，说明温度偏低，要加盖保温。当因温度低或是车子震动而使雏鸡出现扎堆挤压的时候，还需要将上下层雏鸡箱互相调换位置，以防中间、下层雏鸡受闷而死。

⑤进舍后雏鸡的合理放置。先将雏鸡数盒一摞放在地上，最下层要垫1个空盒或是其他东西，静置30 min，让雏鸡从运输的应激状态中缓解过来，同时适应一下鸡舍的温度环境。然后再分群装笼。

分群装笼时，按计划容量分笼安放雏鸡。最好能根据雏鸡的强弱大小，分开安放。弱的雏鸡要安置在离热源最近、温度较高的笼层中。少数俯卧不起的弱雏，放在35℃的温热环境中特别饲养。这样，弱雏会较快的缓过劲来，经过三五天单独饲养护理，康复后再置入大群内。笼养时首先可以将雏鸡放在较明亮、温度较高的中间两层，便于管理，以后再逐步分群到其他层去。

第五节 雏鸡的饮水与开食

一、雏鸡的饮水

雏鸡第一次饮水为初饮。初饮一般越早越好。近距离运输一般在毛干后 3 h 即可接到育雏舍给予饮水，远距离运输也应尽量在 48 h 内饮上水。因雏鸡出壳后体内的水分大量消耗，据研究报道，出雏 24 h 后体内的水分消耗 8%，48 h 后消耗 15%，所以雏鸡进入鸡舍后应及时先给饮水再开食。这样有利于促进肠道蠕动、吸收残留卵黄、排除粪便、增进食欲和饲料的消化吸收。初饮后无论如何都不能断水。在第一周内应给雏鸡饮用降至室温的开水，1 周后可直接饮用自来水。

初饮时要注意的是，仅仅提供充足的饮水还不够，必须要让每只雏鸡迅速饮到水，所以在初饮后要仔细观察鸡群，若发现有些鸡没有靠上饮水器，就要增加饮水器的数量，并适当增大光照强度。初饮时的饮水，需要添加糖分、抗菌药物、多种维生素。可在水中加 5%的葡萄糖，也可在水中加 8%的蔗糖。加糖能起到速效性的补充能源作用，以利于体力恢复，消除应激反应，并使开饲顺利进行。此外，通过同时投给吸收利用良好的水溶性维生素，还能增强其抗病力。饮水加糖、抗菌药物能提高雏鸡成活率和促进生长，但要注意不影响饮水的适口性为好。鸡（如来航鸡）的引水量如表 5-2 所示。

表 5-2　来航鸡的耗料量和饮水量(常温下)　g/(d·只)

周龄	采食量		饮水量	
	公鸡	母鸡	公鸡	母鸡
1	10	13	23	24
2	15	17	37	39
3	23	26	50	56
4	30	33	75	80
5	40	43	80	85
6	42	45	92	96

(一)饮水的调教

让雏鸡尽快学会喝水是必须的。调教的方法是:轻握雏鸡,手心对着鸡背部,拇指和中指轻轻扣住颈部,食指轻按头部,将其喙部按入水盘,注意别让水没及鼻孔,然后迅速让鸡头抬起,雏鸡就会吞咽进入嘴内的水。如此做三四次,雏鸡就知道自己喝水了。一个笼内有几只雏鸡喝水后,其余的就会跟着迅速学会喝水。引导早饮水的方法最好是结合雏鸡进舍放入笼中时,把每只雏鸡的嘴都放在水中蘸一下。雏鸡就能很快学会饮水。

(二)饮水的温度

供雏鸡饮用的水应是25～30℃的温开水。切莫用低温凉水。因为低温水会诱发雏鸡拉稀。

(三)饮水器的摆放

100只雏鸡应有2～3个饮水器。饮水器要放在光线明亮之处,要和料盘交错安放,如图5-1所示。饮水器每天要刷洗2～3次,消毒1次。水槽每天要擦洗1次,每周至少要消毒2次。

饮水每天应更换2～3次。平面育雏时水盘和料盘距离不要超过1 m。

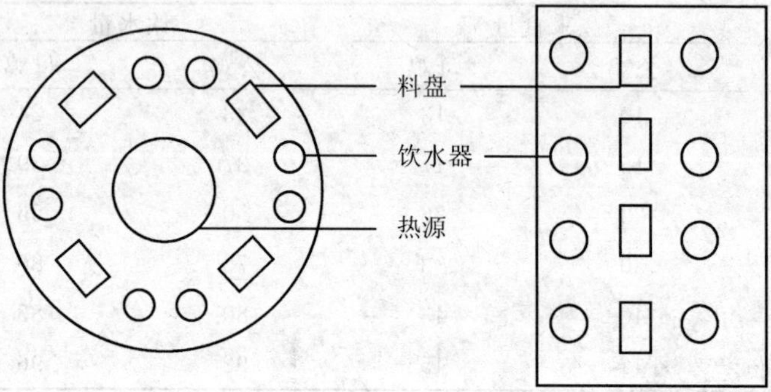

图 5-1 喂料盘和饮水设备摆放

二、雏鸡的开食

第一次给初生雏鸡投喂料即雏鸡的第一次吃食称为“开食”。

(一)开食的时间

在雏鸡初饮之后 3 h 左右即可第一次投料饲喂。“开食”不宜过早,因为此时雏鸡体内还有部分卵黄尚未被吸收,饲喂太早不利于卵黄的完全吸收。有人试验,雏鸡毛干后 24 h 开食的死亡率最低,但开食也不能太晚,超过 48 h 开食,则明显消耗雏鸡的体力,从而影响雏鸡的增重。

(二)开食的饲料形态

开食用的饲料要新鲜,颗粒大小适中,最好用破碎的颗粒料,易于啄食且营养丰富、易消化。如果用全价粉料,最好是湿拌料。为防止饲料黏嘴和因蛋白质过高使尿酸盐存积而造成糊肛,可在饲料的上面撒一层碎粒或小米(用温开水浸泡过更好)。

(三)开食的方法

用浅平料盘、塑料布或报纸放在光线明亮的地方,将料反复抛撒几次，雏鸡见到抛撒过来的饲料便会好奇地去啄食。只要有很少的几只初生雏啄食饲料，其余的雏鸡很快就跟着采食了。头 3 d 喂料次数要多些，一般为 6～8 次，以后逐渐减少，第六周时喂 4 次即可。食槽分布应均匀，和水槽间隔放开，平面育雏开头几天放到离热源近些，这样便于雏鸡取暖采食和饮水。料盘、水盘数量根据鸡数而定。笼养除笼内放料盘和料外，1 周后笼外的料槽中也要定时加料，便于雏鸡及早到笼外食槽中正规采食，每 2 h 匀 1 次料，以防止料不均。喂料盘和饮水设备摆放见图 5-1。

育雏的头 3 d 采用每天 24 h 或 23 h 光照时，每天喂料次数不应低于 6 次。当光照时数减少到每天 12～10 h 时，喂料次数可降至 4 次。

(四)喂料量

每次喂料量是将计划每天喂料量除以喂料次数确定。在每次喂料间隔中要匀料，并根据采食情况调整给料量，尽量做到每次喂料时盘内或槽内饲料基本上采食干净。这样可以减少饲料的浪费。鸡(如来航鸡)的耗料量如表 5-2 所示。

用湿拌料喂雏鸡时，每天最后一次喂料要用干粉料，特别是夏季，以免残存料过夜而引起饲料发酸变质，引起雏鸡腹泻。

用料盘喂料时，在下班最后一次喂料前要把料盘里剩余的饲料(往往带有较多的粪便)清除干净。

第六节　育雏期的环境控制

环境主要是指舍内环境。环境控制包括温度、湿度、通风、光照、饲养密度等的控制，这些是小鸡生长发育好坏的直接影响因素。如何控制好这些因素是育雏的关键。

一、温度的控制

适宜的温度是保证雏鸡成活的首要条件，必须认真做好。温度包括雏鸡舍的温度和育雏器内的温度。

刚出壳的鸡，体温调节机能还不健全，体温比成鸡低 3℃，到 4 日龄时才开始升高，10 日龄时才达到成鸡的体温，加之雏鸡的绒毛短，御寒能力差，进食量少，所产生的热量也少，不能维持生理的需要，故在育雏期间，必须通过供温来达到雏鸡所需的适宜温度。供温的原则是：初期要高，后期要低；小群要高，大群要低；弱雏要高，强雏要低；夜间要高，白天要低。以上高低温度之差为 2℃。同时，雏鸡舍的温度比育雏器内的温度低 5～8℃，育雏器内的温度是靠近热源处的温度高，远离热源的温度低，这样既有利于雏鸡选择适宜的地方，也有利于空气的流动。育雏期的适宜温度及高低极限值见表 5-3。

表 5-3 育雏期不同周龄的适宜温度及高低极限值 ℃

项目	周龄						
	0	1	2	3	4	5	6
适宜温度	35～33	33～30	30～29	28～27	26～24	23～21	20～18
极限高温	38.5	37	34.5	33	31	30	29.5
极限低温	27.5	21	17	14.5	12	10	8.5

通过观察鸡群的反应来调节温度(图 5-2)。如果温度适宜则小鸡活泼，食欲良好，饮水适度，羽毛光滑整齐，睡眠安静，睡姿伸头缩腿，均匀地分布在热源的周围；若温度过高则小鸡远离热源，嘴和翅膀张开，张嘴喘息，呼吸加快，频频喝水；若温度过低则小鸡靠拢在热源的附近，或挤成一团，羽毛竖起，行动迟缓，缩颈弓背，闭眼尖叫，睡眠不安；有贼风时，在避开贼风处挤成一团。育雏器的温度计应挂在育雏器的边缘，室温温度计挂在远离育雏器的墙

上,距地面 1 m 处。育雏的供温方法有伞育法、温室法(锅炉暖气供温)、火炕法、红外线和远红外线法等。不同地区可以根据实际条件选择适当的方法。

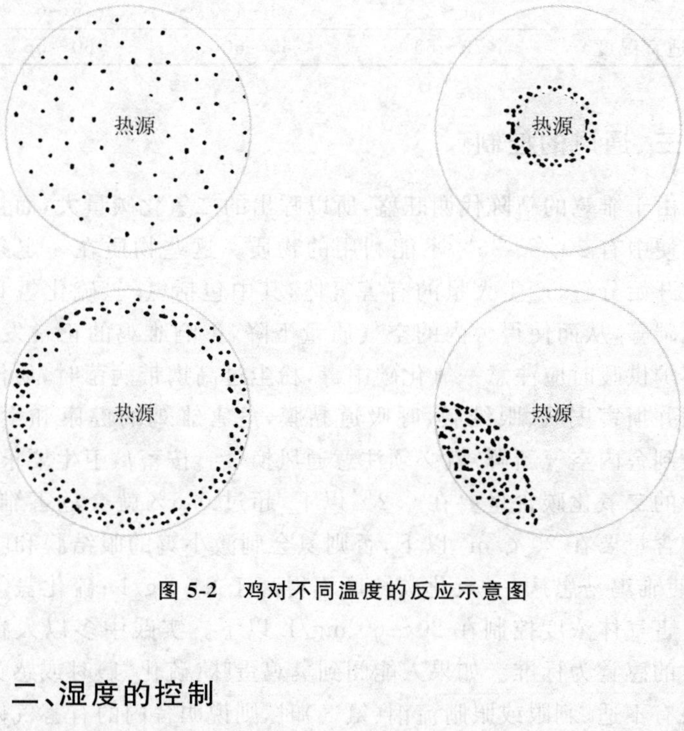

图 5-2　鸡对不同温度的反应示意图

二、湿度的控制

育雏舍的相对湿度应保持在 60%～70%为宜。湿度的要求虽然不像温度那么严格,但在特殊条件下也可能对雏鸡造成很大危害。如果出雏的时间太长,雏鸡不能及时喝上水,加之育雏舍内的湿度又不够,这种情况下雏鸡很容易脱水死亡。脱水症状为绒毛脱落,频频饮水,消化不良。但湿度最好不要超过 75%,否则会出现高温、高湿情况。超过 75%时,夏季会高温、高湿,冬季低温、高湿,都会造成雏鸡死亡增加。一般育雏前期湿度高一些,后期要低，达到50%～60%即可。

表 5-4　不同周龄雏鸡的适宜相对湿度　%

项目	周龄		
	1～2	3～4	5～6
适宜湿度	70～65	65～60	60～55

三、通风的控制

由于雏鸡的新陈代谢旺盛，所以呼出的二氧化碳量大，而且鸡的粪便中有20%～25%不能利用的物质。这些物质在一定条件下就开始分解，产生大量的有害气体，其中包括氨气、硫化氢和二氧化碳等，从而使得舍内的空气质量下降，影响雏鸡的正常发育。用煤炉供暖时应注意一氧化碳中毒，粉尘过高携带病菌时，易传播疾病并损害皮肤、眼结膜、呼吸道黏膜，危害雏鸡的健康和生长。要做到舍内空气新鲜，就必须注意通风换气。按畜禽卫生要求，育雏舍的二氧化碳含量要在0.2%以下，超过0.5%就会危害雏鸡；氨的含量要在20 g/m^3以下，否则氨会刺激小鸡的眼结膜和呼吸道，使雏鸡易患病；一氧化碳浓度不得高于24 mg/L；硫化氢等其他有害气体浓度控制在20～60 mg/L以下。实践中多以人在正常时的感觉为标准。如果人能闻到臭鸡蛋味（硫化氢）时或感觉鼻和眼有不适、刺眼或眼睛流泪（氨气）时，则说明舍内的有害气体的浓度已超标，应立即打开风机。要解决好通风换气必须做到保持合理的饲养密度，室内的湿度适中，室内的垫纸或垫草要保持清洁，若是封闭或半封闭饲养，舍内必须安装通风设备。

通风有自然通风和机械通风。自然通风是指通过门和窗自然交换空气。机械通风是通过设备使空气产生流动，从而达到空气交换的目的。

通风换气的原则是：按不同季节要求的风速调节；按不同品系

要求的通风量组织通风；舍内没有死角。雏鸡的通风量见表 5-5。鸡舍的通风量按夏季的鸡的最大周龄所需的最大通风量设计。

表 5-5　密闭鸡舍不同日龄鸡的换气量

（以 1 000 只/h 的换气量计）　m^3

日龄/d	体重/g	换气量	
		最大	最小
0～20	230	1 800	456
21～30	305	2 400	600
31～50	600	4 680	1 200
51～70	810	6 300	1 620

四、光照的控制

科学正确地实行光照，能促进雏鸡的骨骼发育，适时达到性成熟。对于初生雏，光照主要是影响其对食物的摄取和休息。初生雏的视力弱，光照强度要大一些，20～30 lx 的光照强度。幼雏的消化道容积较小，食物在其中停留的时间短（3 h 左右），需要多次采食才能满足其营养需要，所以要有较长的光照时间来保证幼雏足够的采食量。通常 0～2 日龄，每天要维持 24 h 的光照时数；3 日龄以后，逐日减少光照时数。

育雏光照的原则：光照时间只能减少，不能增加，以免性成熟过早，影响以后生产性能的发挥；人工补充光照不能时长时短，以免造成刺激紊乱，失去光照的作用；黑暗时间避免漏光。

五、密度的控制

每平方米容纳的鸡数为饲养密度。密度小，不利于保温，而且也不经济。密度过大，鸡群拥挤，容易引起啄癖，采食不均匀，造成鸡群发育不齐、均匀度差等问题的发生。不同饲养方式的饲养密度见表 5-6。

表 5-6 不同饲养方式的饲养密度 只

周龄	笼养	地面饲养
1～2	60～75	25～30
3～4	40～50	25～30
5～6	27～38	12～20

第七节 雏鸡的管理技术

一、雏鸡的断喙

(一)断喙的目的

断喙是防止各种啄癖的发生和减少饲料浪费的有效措施之一。在育雏过程中,由于光线过强、密度较大、饲料营养不全或通风不良等都可以造成啄癖。啄癖包括啄羽、啄肛、啄翅、啄趾等,轻者致伤残,重者可死亡。鸡采食时总是喜欢用喙啄食饲料。喙将不喜欢吃的东西剔除一旁,啄食喜爱的食物。在采食粉状饲料时更是这样,以致一部分饲料被弄洒到地上,造成饲料的浪费。

放养鸡的断喙,首先应该是防止育雏期间啄癖的发生,减少饲料浪费,同时保证到鸡放养时,喙能完全恢复,鸡能正常啄食,以及销售时不影响其售价。因此,断喙的方法与笼养鸡不同。

(二)断喙的时间

放养鸡的雏鸡断喙一般在 9～12 日龄进行。此时对鸡的应激小,可节省人力,还可以预防早期啄癖的发生。

(三)断喙的方法

用 150～200 W 电烙铁。右手握住电烙铁,左手拿鸡,左手的拇指放在鸡头顶上,食指放在咽下,略施压力,使鸡缩舌,通过高温将上喙距喙尖 2 mm 处烙断或使喙尖颜色发黑或焦黄。

(四)断喙时的注意事项

第一,断喙的鸡群应是健康无病的鸡群。

第二,断喙前 1～2 d 及断喙后 1～2 d,应在每千克饲料中添加维生素 K 2～4 mg。这有利于切口血液凝固,防止术后出血。按每千克料添加维生素 C 150 mg,可以起到良好的抗应激作用。

第三,要组织好人力,保证断喙工作能在最短时间内进行完毕。断喙的速度以每分钟 15 只左右为宜。

第四,断喙后 3 d 内,料槽与水槽要加得满些,以利于雏鸡采食,并避免采食时术口碰撞槽底而致切口流血。

第五,雏鸡免疫接种前后 2 d 或鸡群健康状况不良时暂不进行断喙。

二、雏鸡的日常管理

育雏期管理的重点应放在前 10 d 内,因为小鸡刚出壳,一切都是新鲜的,一些功能不健全,一些习惯和本领需要饲养人员去调教,所以每天要按照操作规程去做,使小鸡开始就有一个好习惯。

(一)环境控制

保持合适的温度、湿度,一天之内要查看 5～8 次温度计、湿度计,并将温度、湿度记录在表格中。保持良好通风,舍内空气新鲜。合理光照,防止忽长忽短,忽亮忽暗。适时调整和疏散鸡群,防止密度过大。

(二)供水

每天供给充足清洁的饮水。

(三)给料

每天给料的时间固定,使鸡群形成自我的条件反射,从而增加采食量。给料的原则是少喂勤添。在换料时,要注意逐渐进行,不要突然全换,以免产生不适。

(四)清粪

笼育和网上育雏时,每 2～3 d 清 1 次粪,以保持育雏舍清洁卫生。厚垫料育雏时,及时清除粘污粪便的垫料,更换新垫料。

(五)卫生消毒

搞好环境卫生及环境和用具的消毒,定期用百毒杀、新洁尔灭等带鸡消毒。

(六)调教

喂鸡时给固定信号,如吹哨、敲盆等(声音一定要轻,以防炸群),久而久之,鸡就建立起条件反射,每当鸡听到信号就会过来,为以后放养做准备。

(七)整群

随时调出和淘汰有严重缺陷的鸡,注意护理弱雏,提高育雏质量。

(八)观察鸡群

每隔 1～2 h 观察 1 次鸡群。若鸡群挤在一堆则可轻轻拍打育雏器,使小鸡分散,以免压死小鸡。通过喂料的机会观察雏鸡对给料的反应、采食的速度、争抢程度,采食量等,以了解雏鸡的健康状况;每天观察粪便的形状和颜色,以判断饲料的质量和发病的情况;留心观察雏鸡的羽毛状况、眼神、对声音的反应等,通过多方面判断来确定采取何种措施。

(九)疾病预防

严格执行免疫接种程序,预防传染病的发生。每天早上要通过观察粪便了解雏鸡健康状况,主要看粪便的稀稠、形状及颜色等。2～7 日龄,为防止肠道细菌性感染进行预防投药。20 日龄后,要预防球虫病的发生,尤其是地面散养的鸡群,投喂抗球虫药物。

(十)记录

认真做好各项记录。每天检查记录的项目有:健康状况、光照、雏鸡分布情况、粪便情况、温度、湿度、死亡、通风、饲料变化、采食量、饮水情况及投药等。

提问：

1. 雏鸡的生长特点有哪些？
2. 柴雏鸡是否断喙？与笼养鸡有何区别？
3. 生态放养鸡与笼养鸡在育雏方面有哪些不同？
4. 怎样提高育雏成活率和发育整齐度？

第六章　鸡的生态放养技术

导读

本章介绍了放养场地的选择、鸡的放养技术要点、产蛋期的放养技术、不同场地的放养技术特点和不同季节的放养技术要点。生态放养不同于一般的放养，要求经济效益与生态效益的统一；放养与笼养不同，要针对生态放养的环境条件、营养摄取、疾病发生规律和生产性能等情况，有针对性地强化饲养管理，以提高规模化生态放养鸡的成功率和效益。

鸡的规模化生态放养，不同于小规模家庭粗放的散养，也不同于种鸡在有限的小运动场条件下的开放式平养。它是利用天然草地优质的自然资源(包括场地、饲草饲料、空气、阳光等)，有效地组织鸡的生产，涉及众多的技术环节。例如，放养场地的选择、一般放养技术、不同生理阶段的放养技术、不同草地类型的放养技术、不同季节的放养技术等。

第一节　放养场地的选择

放养地是规模化生态放养鸡的生活环境，选择是否适宜，在很大程度上决定养殖的效率和效益的高低，甚至养殖的成败。

一、地势

地势指放养场地的海拔高度情况，或高低起伏状况。地势选择应根据具体情况而定。在平原的草地、农田、林地或果园，应选择地势高燥、平坦、开阔的地方，避免在低洼潮湿及排水不好的地方放养。地下水位要低，因为地势低洼排水不良，很多污染物在雨后被冲击沉淀在这里，尤其是一些病原微生物、有毒有害的化学物质等。此外，地面潮湿污浊，鸡容易发生消化道疾病和体内外寄生虫病。在丘陵和山区，应选择地势较高、背风向阳的地方；山坡要缓，不宜过大。主要放牧地的坡度应在40°以下，陡坡不适宜放牧。山地放牧场地应注意地质构造情况，避开滑坡和塌方的地段，也应避开坡底和谷口地以及风口，以免受到山洪和暴雨的袭击。

二、地质和土壤

只要有丰富的饲草资源和非低洼潮湿地块，任何地质和土壤的地块都可放养。考虑放养鸡长期在一个地块生活，地质和土壤对鸡的健康状况产生较大的影响，除了有坡度的山区和丘陵以外，最好是沙质壤土，以防止雨后场地积水而造成泥泞，给鸡体健康形成威胁。

三、水源和水质

放牧期间需要保证充足优质的饮水，尤其是在野外植被稀疏的地块和阳光充足、风吹频繁及干燥的气候条件下，鸡的饮水量大于室内笼养鸡。水源最好是地下水，以自来水管道输送。为了保证鸡体健康和产品质量达到无公害乃至绿色食品的标准，应该注重水的质量，包括感官指标、细菌学指标、毒理学指标等。水的质量标准应符合无公害畜禽饮用水标准，如表6-1所示。

表 6-1 畜禽饮用水水质标准 mg/L

	项 目	畜	禽
感官性状及一般化学指标	色度/°	≤30°	
	浑浊度/°	≤20°	
	臭和味	不得有异臭、异味	
	肉眼可见物	不得含有	
	总硬度(以 $CaCO_3$ 计)	≤1 500	
	pH 值	5.5～9	6.4～8.0
	溶解性总固体	≤4 000	≤2 000
	氯化物(以 Cl^- 计)	≤1 000	≤250
	硫酸盐(以 SO_4^{2-} 计)	≤500	≤250
细菌学指标	总大肠菌群,个/dL	成年畜 10,幼畜和禽 1	
毒理学指标	氟化物(以 F^- 计)	≤2.0	≤2.0
	氰化物	≤0.2	≤0.05
	总砷	≤0.2	≤0.2
	总汞	≤0.01	≤0.001
	铅	≤0.1	≤0.1
	铬	≤0.1	≤0.05
	镉	≤0.05	≤0.01
	硝酸盐(以 N 计)	≤30	≤30

当畜禽饮用水中含有农药时,农药含量不得超过表 6-2 中的规定。

表 6-2 畜禽饮用水中农药限量指标 mg/L

项目	限值	项目	限值
马拉硫磷	0.25	林丹	0.004
内吸磷	0.03	百菌清	0.01
甲基对硫磷	0.02	甲萘威	0.05
对硫磷	0.003	2,4-D	0.1
乐果	0.08		

注:摘自无公害食品 畜禽饮用水水质(NY 5027—2001)。

四、地形和面积

地形指放养地的形状、范围和地物的相对平面位置的状况。面积是指放养地地块的大小。由于实行规模化养殖，放牧地块面积尽量大而宽阔，不要过于狭长或边角过多的多边形地块，以方正规范的地块最佳。如果在面积很大的地块放养，可根据饲养数量将其分割成若干小块。但一般而言，每个小块放牧地的面积应在 7 850 m^2（11 亩）以上。

五、植被

植被状况是决定放养鸡效益高低、效果好坏乃至成功与否的最关键的要素之一。考察植被需要注意两个方面的问题。第一是植被多少，即野生或人工牧草的生长密度或牧草的覆盖率。当然，单位面积的牧草越多越好。第二是植被的结构。鸡对于牧草是有选择性的，有些草喜欢采食，而有些草根本就不吃。如果鸡喜欢采食的牧草占据主导位置，这样的放牧地是优良的。否则，如果野生杂草的覆盖率较高，都是鸡不采食的劣质草类，这样的退化草场地是不适合直接养鸡的，应经过草种改良后再放养。根据观察，鸡喜欢采食幼嫩多汁、无异味的牧草，特别是一些野菜类；而那些粗硬、含水率较低、带有臭味或其他异味的草，鸡不喜欢吃或根本就不吃。一般来说，人工草场放养鸡没有问题，果园、农田、林地的野草质量也较好。但退化的天然草场和土地条件较差的山地和丘陵，生长的抗逆性较强的野草，其可食性差，多数不能被利用。这样的地方不适于牧鸡。

六、周边环境

所谓周边环境，主要指放养场地与周边其他环境的关系。比如放养场地周边的建筑物、居民点、交通、厂矿、饲养场等。

放养的周边环境如何对于养鸡成败关系重大。因为鸡是对环境非常敏感的动物，同时又是群体规模化养殖，一旦出现问题，损失将是很大的。

由于鸡胆小怕惊，放养地周围环境应保持幽静，远离噪声源（如石子加工厂、交通要道旁、飞机场等）。

由于鸡属于规模放养，防疫压力巨大。放养场地要远离污染源（如屠宰场、化工厂、牲口交易市场和大型养殖场）。由于近年来禽流感的流行和蔓延，为了防止候鸟对该病毒的传播，放养场地要尽量避开候鸟的迁徙带。

尽管属于生态放养，但鸡的排泄物对环境还是有一定的影响，同时，应该尽量避免与人类活动场所的近距离接触。因此，要与居民点有 2 000 m 以上的距离。但为了运输和工作的方便，交通应相对便利。

第二节　鸡的放养技术要点

鸡的规模化放养是一新生事物，尽管在全国不少地方都有不同规模和形式的放养实例，也积累了一定的经验，但是都处在探索阶段，没有完整和完善的技术规程。根据我们近几年的试验和实践，现提出放养的几个技术要点。

一、生态放养条件下鸡的活动规律

放养与笼养差异很大。环境改变了，鸡的活动规律和活动方式将发生一定变化。摸清这些规律对于养好鸡至关重要。为此，我们选择条件相近（山场坡度、草场植被、地理类型等）的中等山场 5 个，分别饲养产蛋期的本地柴鸡，其密度分别为每 667 m^2（即 1 亩）20 只、30 只、40 只、50 只、80 只。采取试验观察和生产调查相结合，观察在不同饲养密度条件下的活动规律。

以鸡舍为圆心，分别以 50 m、100 m、150 m 为半径画圆（设置明显标志），观察不同鸡群在不同区域内活动的数量及所占比例；在不同方向或坡度的活动规律；不同时间段的活动规律。活动半径采取直接观察法和粪便及活动痕迹（如爪印、扒痕、采食植物等）追踪法。

试验观察结果如表 6-3 所示。

通过 3 个月的观察和记录，得出如下规律：

第一，一般活动半径。一般活动半径指 80%以上鸡的活动半径。研究观察发现，不同饲养密度条件下，鸡的活动半径不同。随着饲养密度的增加，鸡的活动半径逐渐增加，但 80%以上的鸡活动半径在 100 m 以内。

第二，最大活动半径。最大活动半径指群体中少数生命力较强的鸡超出一般活动范围，达到离鸡舍最远的活动距离。随着饲养密度的增加，最大活动半径增加。低密度条件下，最大活动半径在 500 m 以内。但高密度饲养，最大半径可达到 1 000 m。

表 6-3　山场放养蛋鸡鸡群活动规律统计表

密度/（只/667 m^2）	一般活动半径/m			最大半径/m
	50 m 观察区	100 m 观察区	150 m 观察区	
20	75.25	92.00	99.00	300～450
30	73.50	90.50	98.00	400～500
40	70.25	85.00	97.25	500～700
50	68.50	82.00	95.25	700～800
80	65.50	79.25	92.00	800～1 000

第三，活动半径的个体差异、群体差异和品种差异。活动半径有明显的个体差异。约 5%的个体远远超出一般活动半径的范围，最大活动半径是它们创造的。这样的鸡体质健壮、抗病力强，活动范围广，产蛋性能高。而这种特性应该属于遗传因素造成的。

观察发现，活动半径有群体差异。其一般规律：如果群体活动半径较大的个体数量较多，其对同群其他鸡有一定的影响和带动作用；在一个多群体的山场上，离饲养员活动场地最近的群体的活动半径最小，离饲养人员较远的群体活动半径增加。这与饲养人员的频繁活动使鸡产生等靠要的依赖性有关。生产调查发现，活动半径具有品种差异。本地柴鸡的活动半径大于现代配套系，其一般活动半径相差10%左右，最大活动半径相差30%左右。本地柴鸡较大的活动半径是长期自然选择和人工选择的结果。

第四，活动半径的其他相关因素。通过定点观察和生产调查发现，鸡的一般活动半径和最大活动半径与草场植被和地势有关。较好较多的植被山场，鸡的活动半径较小，而退化山场，可食牧草较少，植被覆盖率较低，鸡的活动半径增大；在平坦的地块，鸡的活动半径最大；高低不平的地块，无论下行还是往上爬行，鸡的活动半径均缩小。活动半径还与鸡舍门口位置、朝向、补料和管理有关。一般往鸡舍门口方向前行的半径大，背离门口方向的半径小。大量补充饲料会使鸡产生依赖性，其活动半径缩小；经过调教后，一般活动半径增大，对最大活动半径没有明显影响。

第五，散养鸡一天中的活动规律。早出晚归是散养条件下鸡的一般生活习性。鸡的外出和归牧与太阳活动有密切关系。一般在日出前0.5～1 h离开鸡舍，日落后0.5～1 h归舍。一般季节，其采食的主动性以日落前后的食欲最强，早晨次之，中午多有休息的习惯。但冬季的中午活动比较活跃。

第六，散养鸡产蛋的时间分布。80%左右集中在中午以前，以9点钟至11点钟为产蛋高峰期。但其产蛋时间持续到全天，不如笼养鸡集中。这可能与放养条件下其营养获取不足有关。

以上活动规律的探明，为鸡群放养密度、饲养规模和管理模式的确定提供了依据。

二、放养前的准备

由育雏室突然转移到放牧地，环境发生了很大变化。小鸡能否适应这种变化，在很大程度上取决于放养前的适应性锻炼，包括饲料和胃肠的锻炼、温度的锻炼、活动量的锻炼、管理和防疫等。

(一)饲料和胃肠的锻炼

育雏期根据室外气温和青草生长情况而定，一般为 4～8 周。为了适应放养期大量采食青饲料的特点，以及采食一定的虫体饲料，应在育雏期进行饲料和胃肠的适应性锻炼，即在放牧前 1～3 周，有意识地在育雏料中添加一定的青草和青菜，有条件的鸡场还可加入一定的动物性饲料，特别是虫体饲料(如蝇蛆、蚯蚓、黄粉虫等)，使之胃肠得到应有的锻炼。对于青绿饲料的添加量，要由少到多逐渐添加，防止一次性增加过多而造成消化不良性或腹泻。在放牧前，青饲料的添加量应占到雏鸡饲喂量的 50% 以上。

(二)温度的锻炼

放牧对于雏鸡而言，环境发生了很大的变化。特别是由室内转移到室外，由温度相对稳定的育雏舍转移到气温多变的野外。放养最初 2 周是否适应放养环境的温度条件，在很大程度上都取决于放牧前温度的适应性锻炼。在育雏后期，应逐渐降低育雏室的温度，使其逐渐适应室外气候条件，适当进行较低温度和小范围变温的锻炼。这样对于提高放养初期的成活率作用很大。

(三)活动量的锻炼

育雏期小鸡的活动量很小，仅仅在育雏室内有限的地面上活动，而放入田间后，活动范围突然扩大，活动量成数倍增加，很容易造成短期内的不适应而出现因活动量过大造成的疲劳和诱发疾病。因此，在育雏后期，应逐渐扩大雏鸡的运动量和活动范围，增强其体质，以适应放养环境。

(四)管理

在育雏后期,饲养管理为了适应野外生活的条件,逐渐由精细管理过渡到粗放管理。所谓粗放管理,并不是不管,或越粗越好,而是在饲喂次数、饮水方式、管理形式等方面接近放养下的管理模式,特别是注意调教,形成条件反射。

(五)抗应激

放牧前和放牧的最初几天,由于转群、脱温、环境变化等影响,出现一定的应激,免疫力下降。为避免放养后出现应激性疾病,可在补饲饲料或饮水中加入适量维生素 C 或复合维生素,以预防应激。

(六)防疫

应根据鸡的防疫程序,特别是免疫程序,有条不紊地搞好防疫,为放养期提供良好的健康保证。具体的防疫参看疾病防治的有关章节。

(七)围栏筑网

生态放养鸡,是在野外进行。通常在放养场地围栏筑网。有人要问:这么大的场地,让鸡随便跑吧,何必围栏筑网?不仅花钱,而且费力,还限制鸡的活动。

生产中采取围栏筑网的目的:

第一,雏鸡在刚刚放牧的时候,通过围网,限制其活动范围,以防止丢失;以后逐渐放宽活动范围,直至自由活动。

第二,当一个群体数量很大的时候,鸡有一定的群集性。由于鸡的活动半径较小(一般 100 m 以内),众多的鸡生活在较小的范围内,容易形成在鸡经常活动的区域出现过牧现象,形成“近处光秃秃,远处绿油油”。通过围栏筑网,将较大的鸡群隔离成若干小的鸡群,防止出现这种现象。

第三,果园或农田,病虫害是难免发生的。如果在这样的场地养鸡,在喷施农药的时候,尽管目前推广的均为高效低毒农药,但为了保证安全，需要在喷农药期间停止放牧1周以上。若在果园或农田围栏筑网，喷施农药有计划地进行，使鸡放牧经常位于没有喷施农药或喷施一周以上的地块。

第四，在农区或山区，农田、果园、山场或林地由家庭承包。在多数情况下，农民承包的面积有限。在有限的地块养鸡，如果不限制鸡的活动，往往鸡的活动范围超出自家。为了安全，同时为了防止鸡群对周围作物的破坏，减少邻里摩擦，往往采取围网的方式。

第五，生态养鸡，让鸡充分采食自然饲料，包括青草、昆虫和腐殖质等。但是，多数情况下，青草的生长速度往往低于鸡的采食速度，很容易出现过牧现象。为了防止过牧现象的发生，将一个地块用围网分成若干小区（一般3个左右），使鸡轮流在3个区域内采食，即分区轮牧，每个小区放牧1～2周，使土地生息结合，资源开发和保护并举。

二、分群

规模化放养，每批的数量很大。如何管理才能提高成活率、提高生长速度和饲料效率，既充分地利用自然资源，又最大限度地提高劳动效率，是值得重视的问题。分群管理是最重要的一个环节。

分群是根据放牧条件和鸡的具体情况，将不同品种、不同性别、不同年龄和不同体重的小鸡分开饲养，以便于因鸡制宜，有针对性地管理。

（一）分群的基本原则

分群首先要考虑群体的大小。确定群体大小的依据是品种、月龄、性别和放牧地可食植被状况。一般而言，本地土鸡，活泼爱动，体质健康，适应性强，活动面积大，群体可适当大些；小鸡阶段采食量小，饲养密度和群体适当大些；而大鸡的采食量较大，在有限的活动场地放养的数量适当小些；植被状况良好，群体适当大些;植被较差,饲养密度和群体都不应过大,否则容易产生过牧现象;公、母鸡混养,公鸡的活动量大,生长速度快,可提前作为肉鸡出栏,群体可适当大些;若饲养鉴别母雏,一直饲养到整个生产周期结束,群体不宜过大。

(二)分群的具体操作

放养鸡的分群应与育雏鸡分群相一致,即育雏室内每个小区内的雏鸡最好分在1个鸡舍内。分群是从育雏室到田间的转群时进行。最好在晚上进行。根据田间每个简易鸡舍容纳鸡的数量,一次性放进足量的小鸡。如果田间简易鸡舍的面积较大,安排的鸡数量较多,应将鸡舍分割成若干单元,每个单元容纳鸡数最好小于500只。

(三)分群注意的问题

1.切忌大小混养

不同日龄、不同体重和不同生理阶段的鸡,其营养需要、饲料类型、管理方式和疾病发生的种类和特点都不一样。如果将它们混养在一起,无法有针对性地饲养和管理。例如,产蛋鸡和大雏鸡混养,饲料无法配制和提供。如果按照产蛋鸡补料,其含钙、磷过高,大雏鸡采食过多会造成疾病。否则,按照大雏鸡的营养需要补料,产蛋鸡明显钙、磷不足而严重影响产蛋率和鸡蛋品质。特别是疾病预防,难以按照防疫程序执行,相互传染,导致疾病不断而无法控制。

2.切忌群体过大

群体大小划分的依据是:植被状况、鸡的日龄和活动范围、鸡舍之间的距离和鸡舍的大小。根据笔者的研究发现,一般平原地区的草场、农田和果园等,以鸡舍为圆心,70%以上的鸡在半径50 m以内活动,90%以上在半径100 m以内活动。因此,群体大小应以50~100 m为半径的圆面积为1个活动单元,根据牧草的载鸡量,确定单位面积所承受的鸡数量。据我们研究,一般草地每

667 m^2 容纳鸡的数量 20～30 只，好的草场可达到 40～50 只，最高不宜超过 80 只。以这样计算，1 个饲养单元的面积应控制在 7 000～30 000 m^2，这样，一般群体应控制在 300～500 只。

生产中发现有些鸡场的群体过大，效果不良。首先，群体大，在较小的放牧面积内饲养过多的鸡，容易造成草地的过牧现象而使草地退化。其次，由于过牧，草生长受到严重影响，鸡在野外获得的营养较少，主要依靠人工饲喂。因此，更多的鸡在鸡舍附近活动，形成了采食依赖性，不仅增加了饲养成本，而且鸡的生长发育和产品品质都受到影响。第三，在较小的范围内有较多的鸡活动，即密度过大，疾病的发生率较高。第四，密度大，营养供应不足或营养单调，容易发生恶癖，如啄肛、啄羽和打斗等。

三、放牧过渡期的管理

由育雏室转移到野外放牧的最初 1～2 周是放养成功与否的关键时期。如果前期准备工作做得较好，过渡期管理得当，小鸡很快适应放牧环境，不因为环境的巨大变化而影响生长发育。

转群日的选择非常关键。应选择天气暖和的晴天。在晚上转群。当将灯关闭后，打开手电筒，手电筒头部蒙上红色布，使之放出黯淡的红色光，以使小鸡安静，降低应激。轻轻将小鸡转移放到运输笼，然后装车。按照原分群计划，一次性放入鸡舍，使之在放牧地的鸡舍过夜，第二天早晨不要马上放鸡，要让鸡在鸡舍内停留较长的时间，以便熟悉其新居。待到 9 点钟至 10 点钟以后放出喂料，饲槽放在离鸡舍 1～5 m 远，让鸡自由觅食，切忌惊吓鸡群。饲料与育雏期的饲料相同，不要突然改变。开始几天，每天放养较短的时间，以后逐日增加放养时间。为了防止个别小鸡乱跑而不会自行返回，可设围栏限制，并不断扩大放养面积。1～5 d 内仍按舍饲喂量给料，日喂 3 次。5 d 后要限制饲料喂量，分两步递减饲料：首先是 5～10 d 内饲料喂平常舍饲日粮的 70%；其次是 10 d

后直到出栏，饲料喂量减少 1/2，只喂平常各生长阶段舍饲日粮的 30%～50%，日喂 1～2 次（天气不好的时候喂 2 次，饲喂的次数越多效果越差，因为鸡有懒惰和依赖性）。

四、调教

调教是草地放养鸡饲养管理工作不可缺少的技术环节。因为规模化养殖，野外大面积放养，必须有统一的管理程序，如饲料、饮水、宿窝等，应使群体在规定的时间内集体行动。特别是遇到不良天气和野生动物侵入时，如刮风、下雨、冰雹、老鹰或黄鼠狼侵害等，应在统一的指挥下进行规避。同时，也可避免相邻鸡场间的混群现象。

调教是指在特定环境下给予特殊信号或指令，使之逐渐形成条件反射或产生习惯性行为。尽管鸡具有顽固性，但其也具有可塑性。因此，对其实行调教应该从小进行。青年鸡调教包括喂食饮水的调节、远牧的调教、归巢的调教、上栖架的调教和紧急避险的调教等。

（一）喂食和饮水的调教

放养鸡每天的补料量是有限的，因此，保证每只鸡都获得应获数量的饲料，应在补充饲料时同一个时间段共同采食。在野外饮水条件有限时，为了保证饮水的卫生，尽量减少开放式饮水器暴露在外的时间，需要定时饮水，也需要统一同时进行。

喂食和饮水的调教应在育雏时开始，在放养时强化，并形成条件反射。一般以一种特殊的声音作为信号。这种声音应该柔和而响亮，不可使用爆破声和模仿野兽的叫声，持续时间可长可短。生产中多用吹口哨和敲击金属物品。

以喂食为例，调教前应使其有一定的饥饿时间，然后，一边给予信号（如吹口哨），一边喂料，喂料的动作尽量使鸡看得到，以便听觉和视觉双重感应，加速条件反射的形成。每天反复如此动作，一般 3 d 以后即可建立条件反射。

(二)远牧的调教

很多鸡的活动范围很窄，远处尽管有丰富的饲草资源，它宁可饥饿，也不远行一步。为使牧草得到有效利用，应对这样的鸡进行调教。一般由两人操作：一人在前面引导，即一边慢步前行，一边按照一定的节奏给予一定的语言口令(如不停地叫：走……)，一边撒扬少量的食物(作为诱饵)；后面一人手拿一定的驱赶工具，一边发出驱赶的语言口令，一边缓慢舞动驱赶工具前行，直至到达牧草丰富的草地。这样连续几日后，这群鸡即可逐渐习惯往远处采食。

(三)归巢的调教

鸡具有晨出暮归的特性。每天日出前便离巢采食，出走越早、越远的鸡，采食越多，生长越快，抗病力越强。而日落前多数鸡从远处向鸡舍集中。但是个别鸡不能按时归巢，有的是由于外出过远，有的是由于迷失了方向，也有的个别鸡在外面找到了适于自己夜宿的场所。当然，少数鸡被别人捕捉。如果这样的鸡不及时返回，以后不归的鸡可能越来越多，遭遇不测而造成损失。因此，应于傍晚前，在放牧地的远处查看，是否有仍在采食的鸡，并用信号引导其往鸡舍方向返回。如果发现个别鸡在舍外的远处夜宿，应将其抓回鸡舍圈起来，将其营造的窝破坏。第二天早晨晚些时间将其放出采食，傍晚再检查其是否在外宿窝。如此几次后，便可按时归巢。

(四)上栖架的调教

鸡具有栖居的特性，善于在高处过夜。但在野外放养条件下，有时由于鸡舍面积小，比较拥挤，有些鸡抢不到有利位置而不在栖架上过夜。野外鸡舍地面比较潮湿，加之粪便的堆积，长期卧地容易诱发疾病。因此，在开始转群时，每天晚上打开手电筒，查看是否有卧地的鸡,有卧地的应及时将其抓到栖架上。经过几次调教之后,形成固定的位次关系,也就按时按次序上栖架。

五、酌情断喙

蛋鸡在笼养条件下多进行断喙。为什么要断喙?断喙是为了防止啄癖(啄羽、啄趾、啄肛),减少饲料浪费和提高雏鸡成活率。因为笼养方式属于高密度养殖,鸡与鸡之间的活动范围较小,甚至整日在拥挤的状态下生活。在这种应激的条件下,由于饲料营养、空气质量、光照、管理等方面稍有疏忽,很容易诱发鸡的烦躁和恶癖的产生。一旦出现恶癖,由于鸡的模仿性,其损失很大。再之,喙是觅食和搏斗的工具,其灵敏性和啄力很强,如果饲料不适,很容易将饲料啄出槽外而造成浪费。因此,在笼养蛋鸡采取断喙的措施来预防。

但是,放养鸡的环境发生了很大变化,鸡不局限于狭小的环境,活动空间相当大,是否也需要断喙?

根据我们的实践,是否断喙的依据有 3 条:第一,饲养密度;第二,鸡群表现;第三,是种公鸡还是商品蛋鸡。在放养密度较大的鸡场,可采取适当断喙的措施。在饲养密度较小的鸡场或地块,可不断喙。如果放养的产蛋鸡群有相互啄食的现象,可适当断喙。如果饲养的是种鸡,母鸡可以酌情断喙,而种公鸡则不可断喙。放养鸡断喙的程度不应像笼养鸡那样严重,适当浅断喙即可,以免影响鸡的啄食。

断喙对小鸡来说是较大的应激,而且日龄越大,应激程度越严重。因此,断喙时间应严格掌握,一般在 6～9 日龄断喙。

断喙时,将雏鸡的头部向前稍倾斜,在喙尖于鼻孔 1/3 处前端断掉(与笼养鸡断喙略轻),并烧烙 2～3 s 止血,防止感染。若使用手提式断喙器,可左手拿焰铁,右手抓鸡,拇指和食指固定鸡喙并同烙铁倾斜至 60°角烙断。断后上喙稍短于下喙即合乎标准。

断喙时必须小心操作，为了避免因操作不当，或因气温炎热，而致雏鸡意外死亡，在进行切喙时要注意下列事项：

第一，鸡群健康状况。断喙时要求鸡群健康状况良好，在鸡群发病前后，或接种疫苗前后，不宜断喙，以免因应激而致雏鸡发病或死亡。

第二，断喙应在气候凉爽时进行，不宜在炎热高温时操作，因为高温可造成严重应激。

第三，为了避免或减少因断喙而致出血，可在断喙前后各 2 d，在雏鸡饲粮或饮水中加入维生素 K。

第四，热刀片的温度。断喙器的热刀片要有足够的热度，一般达 815℃，刀片呈暗樱桃色，这样断喙时止血快、效果好。

第五，刀不能接触鸡舌。断喙时，用拇指按住雏鸡头的上部或侧面，食指轻压雏鸡咽部使其缩舌，可避免舌与热刀接触。

第六，掌握断喙时间。断喙时热刀接触喙的时间为 3 s，可使切面完全止血，切面角端圆滑。注意热刀接触喙时间如果过短，不利于止血；接触喙的时间过长，不利于雏鸡今后生长。

第七，供饮清水，增加喂料深度。断喙后可供饮清水，断喙后 1 周内增加饲槽中饲料的深度，以便采食。

第八，要注意检查断喙效果。断喙后要细致观察，因为有部分鸡在喙部切除时没有出血现象，但在切除后半小时，可能会出现流血不止，因此，在断喙后要加强检查，如有出血应立即用热刀烙切面可止血。

六、补料

补料是指野外放养条件下人工补充精饲料。生态放养鸡，仅仅靠野外自由觅食天然饲料是不能满足其生长发育需要的。无论是大雏鸡(生长期)、后备期,还是产蛋期,都必须补充饲料。但应根据鸡的日龄、生长发育、草地类型和天气情况,决定补料次数、时间、类型、营养浓度和补料数量。

(一)补料次数

补料次数多少为宜?尽管没有统一的说法,但对于养好鸡很重要。根据我们研究观察发现,补料次数越多,效果越差。有的鸡场每天补料3次,甚至更多,这样使鸡养成了等、靠、要的懒惰恶习,不到远处采食,每天在鸡舍周围,等主人喂料。我们观察发现,越是在鸡舍周围的鸡,尽管它获得的补充饲料数量较多,但生长发育最慢,疾病发生率也高。凡是不依赖喂食的鸡,生长反而更快,抗病力更强。对此,我们做了简单的试验。在相似地块不同的鸡群(均为同批孵化的80日龄生长鸡),补料次数分别为1次(下午5时左右)、2次(中午和傍晚)和3次(早、中、晚各1次)。喂料数量每只每日分别为27 g、30 g和33 g。试验1个月后发现,无论是生长速度,还是成活率,喂料3次的不如喂料2次的,喂料2次的不如喂料1次的。因此,补充饲料的次数以每天1次为宜,特殊情况下(如下雨、刮风、冰雹等不良天气难以保证鸡在外面的采食量)可临时增加补料次数。但一旦天气好转,立即恢复每天1次。

(二)补料时间

何时补料好?似乎意见比较统一:傍晚补料效果好。第一,早晨和傍晚是鸡食欲最旺盛的时候。如果早晨补料,鸡采食后就不愿意到远处采食,影响全天的野外采食量。鸡的食欲中午最低。中午是鸡的休息时间,应让其得到充分的休息。第二,傍晚鸡的食欲旺盛,可在较短的时间内将补充的饲料采食干净,防止撒落在地面的饲料被污染或浪费。第三,鸡在傍晚补料,可根据一天的采食情况(看嗉囊的鼓胀程度和鸡的食欲)便于确定补料量。如果在其他时间补料,难以准确判断补料数量是否合理。第四,鸡在傍晚补料后便上栖架休息，经过一夜的静卧歇息，肠道对饲料的利用率高。第五，傍晚补料可配合信号的调教，诱导鸡回巢，减少窝外鸡。

(三)补料形态

饲料形态可大体分为粒料(原粮)、粉料和颗粒料。粒料即未经加工破碎的谷物，如玉米、小麦、高粱、谷子、稻子等；粉料即经过加工粉碎的(单一、配合的或混合)原粮；颗粒料是将配合的粉料经颗粒饲料机压制后形成的颗粒饲料。从鸡采食的习性来看，粒状是理想的饲料形态。

粒料容易饲喂，鸡喜欢采食，消化慢，故耐饥饿，适于傍晚投喂。其最大缺点是营养不完善，不宜单独饲喂。

粉料的优点是加工费用较低，经过配合后营养较全面，鸡采食的速度慢，所有的鸡都能均匀采食。其适于各种日龄的鸡。但其缺点更为突出：第一，鸡不喜欢粉状饲料，采食速度慢，不利于促进其消化液的分泌。尤其是放牧条件下，每天傍晚补料1次，如果在较长时间内不能将饲料吃完，日落后不方便采食。如果在傍晚前提前补料，将影响鸡在野外的采食。第二，粉料容易造成鸡的挑食，使鸡的营养不平衡。第三，投喂粉料必须增加料槽或垫布等饲具。大面积野外养鸡，饲具有时难以解决。第四，野外投喂粉料容易被风吹飞扬散失，也容易采食不净而造成一定浪费。如果投喂粉料，细度应在1～2.5 mm。如果太细，鸡不容易下咽，适口性更差。

颗粒饲料的适口性好，鸡采食快，不易剩料和浪费，可避免挑食，保证了饲料的全价性。在制作颗粒饲料过程中，短期的高温使部分抗营养因子灭活，破坏了部分有毒成分，杀死了一些病原微生物，饲料比较卫生。但其也有一些缺点，如加工成本高，一部分营养(如维生素)受到一定程度的破坏等。但从总体来说，颗粒饲料的优点是主要的，尤其是对于肉用公鸡的后期育肥，效果更好。

（四）饲料营养浓度

关于放养土鸡的营养水平，没有统一标准。不同资料的推荐量也不相同，如表 6-4 至表 6-7 所示。

表 6-4 中国台湾土鸡的营养需要量

项目	育雏期(0～4 周龄)		生长期(5～8 周龄)			9 周龄至上市	
	A	B	A1	A2	B	A	B
代谢能/(MJ/kg)	13.39	12.97	12.56	11.72	12.97	2.56	12.97
粗蛋白/%	23	22	19	17	20	17	18
钙/%	0.79	0.85	0.79	0.75	0.70	0.75	0.80
有效磷/%	0.46	0.40	0.32	0.30	0.40	0.20	0.25
含硫氨基酸/%	0.94	0.91	0.72	0.66	0.72	0.56	0.55
赖氨酸/%	1.08						
色氨酸/%	0.21						

注：A 中国台湾省畜产试验所的资料；B 中国台湾省中兴大学的资料。资料来源：徐阿里. 土鸡的营养需要量. 禽业科技，1997，13(7)

表 6-5 中国台湾省畜牧学会(1993)建议的土鸡营养需要

营养成分	0～4 周龄	5～10 周龄	10～14 周龄
粗蛋白/%	20	18	16
代谢能/(MJ/kg)	12.55	12.55	12.55
赖氨酸/%	1.0	0.9	0.85
(蛋氨酸＋胱氨酸)/%	0.84	0.74	0.68
色氨酸/%	0.2	0.18	0.16
钙/%	1.0	0.8	0.8
有效磷/%	0.45	0.35	0.30

资料来源：王长康. 优质鸡半放养技术. 福州：福建科学技术出版社，2003

表 6-6　土鸡生长期的饲养标准

项目	0～6 周龄	6～14 周龄	14 周龄以上
代谢能/(MJ/kg)	11.93	11.92	11.72
粗蛋白/%	19.00	16.00	12.00
蛋白能量比/(g/MJ)	1.59	1.34	1.02
亚油酸/%	1.00	1.00	0.80

资料来源：施泽荣. 土鸡饲养与防病. 北京：中国林业出版社，2002

表 6-7　肉用土鸡雏鸡的营养标准　%

项目	0～4 周龄	4 周龄以上
代谢能/(MJ/kg)	12.14	12.56
粗蛋白/%	21	19
蛋白能量比/(g/MJ)	1.73	1.51

资料来源：施泽荣. 土鸡饲养与防病. 北京：中国林业出版社，2002

结合前人的经验及有关资料，根据河北柴鸡放养特点和我们的试验数据，我们制定了营养推荐量，如表 6-8 所示。经过几年的实践，效果较好。

表 6-8　河北柴鸡的放养期营养推荐量

项目	育雏期（0～6 周龄）	生长期（7～12 周龄）	育成期（13～20 周龄）
代谢能/(MJ/kg)	11.92	12.35	12.35
粗蛋白/%	18.0	15.0	12.0
钙/%	0.9	0.7	0.7
有效磷/%	0.42	0.38	0.38
赖氨酸/%	1.05	0.71	0.56
(蛋氨酸＋胱氨酸)/%	0.77	0.65	0.52
色氨酸/%	1.67	1.40	1.12

(五)补料数量

育雏期采取自由采食的方法，与笼养鸡基本相同，仅仅是在饲料的配合上增加青饲料。放养期根据草地情况酌情掌握补料量。根据我们的实践，补料量应随着日龄和体重的变化逐渐增加。在一般草地放牧，补料参考表 6-9。

表 6-9 河北柴鸡的日补料量和体重参考表 g

周龄	每只每日补料量	周末平均体重
0～5	自由采食	228
6～7	20～25	410
8～11	30～35	675
12～16	40～45	1 100
17～20	45～50	1 500

(六)参考配方

1. 育雏期饲料配方

(1)配方之一

玉米 63.0%，小麦麸 7.0%，大豆饼 24.70%，石粉 1.50%，磷酸氢钙 1.00%，蛋氨酸 0.05%，赖氨酸 0.01%，预混料 0.50%，食盐 0.30%，鱼粉(进口)2.0%。

主要营养：禽代谢能 11.87 MJ/kg，粗蛋白 18.02%，钙 0.94%，有效磷 0.388%，赖氨酸 0.89%，蛋氨酸＋胱氨酸 0.66%。

(2)配方之二

玉米 44.00%，大豆饼 15.0%，石粉 1.50%，磷酸氢钙 1.10%，蛋氨酸 0.05%，赖氨酸 0.05%，预混料 0.50%，鱼粉(进口)1.50%，高粱 10.0%，次粉 10.0%，花生仁饼 8.0%，小麦麸 8.0%。

主要营养：禽代谢能 11.72 MJ/kg，粗蛋白 18.16%，钙 0.95%，有效磷 0.40%，赖氨酸 0.81%，蛋氨酸＋胱氨酸 0.61%。

2. 育成期饲料配方

(1)配方之一

玉米 70.0%，小麦麸 9.70%，大豆饼 12.0%，磷酸氢钙 1.2%，石粉 1.20%，预混料 0.50%，食盐 0.30%，次粉 2.6%，花生仁饼 2.5%。

主要营养：禽代谢能 12.05 MJ/kg，粗蛋白 14.03%，钙 0.78%，有效磷 0.36%，赖氨酸 0.56%，蛋氨酸＋胱氨酸 0.48%。

(2)配方之二

玉米 57.3%，大豆饼 8.80%，石粉 1.30%，磷酸氢钙 1.00%，预混料 0.50%，食盐 0.3%，鱼粉(进口)1.50%，高粱 9.0%，次粉 6.0%，花生仁饼 3.5%。

主要营养：禽代谢能 11.89 MJ/kg，粗蛋白 14.43%，钙 0.83%，有效磷 0.37%，赖氨酸 0.58%，蛋氨酸＋胱氨酸 0.23%。

(七)补料注意的问题

1. 补料工具

为了防止饲料的浪费和饲料的污染，有条件的地方可在特定的地方搭建敞篷作为补料场所，内置饲料槽。尤其是在补充粉料的情况下必须有饲料槽。对于粒料和颗粒饲料，其容易采食，采食速度也快，可不设饲料槽，但必须有较宽敞而平整的补料场地。否则，到处乱撒料，浪费非常严重。

2. 信号

每次补料应与信号相结合，尤其是在放养前期更应强化信号。一般是先给予明确的信号(吹哨或敲击金属)，使在较远地方采食的鸡能听到声音，促使其回返吃料。

3. 补料数量

每次补料量应根据鸡采食情况而定。在每次撒料时，不要一次撒完，要分几次撒，看多数鸡已经满足，采食不急时，记录补料量，作为下次补料量的参考数据。一般是次日较前日稍微增加补料量。也可以定期测定鸡的生长速度，即每周的周末，随机抽测一定数量的鸡的体重，看与标准体重的符合度。如果体重严重低于标准，应该逐渐增加补料量，否则，体重超标，可适当减少补料量。

4. 采食均匀度

补料时应观察整个鸡群的采食情况，防止胆子小的鸡不敢靠近采食。据此，可将部分饲料撒向补料场的外围，也可以延长补料时间，使每只鸡都能采食足够的饲料，以便发育整齐。

七、补草

一般情况下，在放牧期间让鸡自由采食野草野菜。但是，当经常放牧的场地青草或青菜生长低于鸡的采食时，也就是出现供不应求现象，为了减少对放牧地块生态的破坏，同时也为了降低饲养成本，提高养殖效益（通过投喂青草减少精饲料的喂量）和效果（经常采食野草野菜的鸡，其产品无论是鸡蛋，还是鸡肉，质量高于精料喂养的同类产品），往往在其他地方采集青草喂鸡。

人工采集青草喂鸡有 3 种方法。第一种，直接投喂法，即将采集到的野草野菜直接投放在鸡的放牧场地或集中采食场地，让其自由采食。这种方法简便，省工省力，但有一定浪费。第二种，剁碎投喂法，即将青草或青菜用菜刀剁碎后饲喂。这种方法一般投放在饲料槽里，其虽然花费了一定劳动，但浪费较少。第三种，打浆饲喂法，即将青草青菜用打浆机打成浆，然后与一定的精饲料搅拌均匀饲喂。这种方式适合规模较大的鸡场，同时配备一定的人工牧草种植。虽然这种方式投入较大，但可有效利用青草，减少饲料浪费，增加鸡的采食量，饲养效果最好。

八、供水

尽管鸡在野外放养可以采食大量的青绿饲料，但是水的供应也是必不可少的。没有充足的饮水，就不能保证鸡快速地生长和具有健康的体质以及饲料的有效利用，尤其是在植被状况不好、风吹日晒严重的牧地更应重视水的供应。

饮水以自动饮水器最佳，以减少饮水污染，保证水的随时供应。

自动饮水应设置完整的供水系统，包括水源、水塔、输水管道、终端（饮水器）等。输水管道最好在地下埋置，而终端饮水器应设在放牧地块，根据面积大小设置一定的饮水区域，最好与补料区域结合，以便鸡采食后饮水。饮水器的数量应根据鸡的多少设置足够的数量。

但更多的鸡场不具备饮水系统，特别是水源（水井）的问题难以解决，一般采取异地拉水。对于这种情况，可制作土饮水器，即利用铁桶作为水罐，利用负压原理，将水输送到开放的饮水管或饮水槽。

九、诱虫

诱虫是生态放养鸡的重要内容之一。诱虫的目的有两个：一是消灭虫害，降低作物和果园的农药使用量，实现生态种植与养殖的有机结合；二是通过诱虫，为鸡提供一定的动物蛋白，降低养殖成本，提高养殖效果。昆虫虫体不仅富含蛋白质和各种必需氨基酸，还含有抗菌肽及多种未知生长因子。实践表明，若是鸡采食一定量的昆虫饲料，则生长发育速度快，发病率降低，成活率提高。笔者在实践中发现，经常采食昆虫的鸡，对于一些特殊的疾病（如病毒性的马立克病）有一定的抵抗力，发病率较低。此现象的出现，笔者认为与昆虫体内的特殊抗菌物质有关，具体机理有待进一步研究。诱虫一般采用3种方法,即黑光灯诱虫、高压电弧灭虫灯诱虫和性激素诱虫。

(一)黑光灯诱虫

一般使用两种光源诱虫。一种是高压自镇汞灯泡,一种是黑光灯泡,黑光灯诱虫是生产中最常见的。夏季既是生态放养鸡的最佳季节,也是昆虫大量滋生的季节。利用昆虫的趋光性,使用黑光灯可大量诱虫。黑光灯发出的光波波长为3 800 nm,大多数昆虫如飞蛾、蝗虫、螳螂、蚊蝇等,对波长为3 000~4 000 nm的光波极为敏感。黑光灯诱虫需要有220 V交流电源(50 Hz),规格,有20 W、30 W、40 W及高功率灯具等多种。安装时应在其上设1个防雨的塑料罩,或3块挡虫玻璃板,尺寸为690 mm×140 mm×3 mm(长×宽×厚)。可将黑光灯安装在果园一定高度的杆子上,或吊在离地面1.5~2 m高的地方。安装要牢固,不要左右摇摆。一般每隔200~300 m安装1个。黑光灯诱虫采取傍晚开灯,昆虫飞向黑光灯,碰到灯即撞昏落入地面,被鸡直接采食,或落入安装在灯管下面的虫体袋内。次日将收集在袋内的虫体喂鸡。黑光灯诱虫效果受天气影响较大,高温、无风的夜间虫子较多,而大风、雨天和降温的天气昆虫较少。因此,遇有不良天气时不必开灯。雨后1 h也不要开灯。灯具的周围不要使用其他强光灯具,以免影响应用效果。使用黑光灯一定要注意用电安全,灯具工作时不要用手触摸。

据报道,天津郊区在渔场使用9YH-20型渔用黑光灯,1盏20 W的灯在7~9月份,平均每夜诱捕昆虫量在20 kg左右。

内蒙古根河林业局森林病虫害防治站1995年对于诱虫进行了较系统的研究,该站的经验可以借鉴。该站在林场使用两种灯泡(450 W高压自镇汞灯和150 W黑光灯),按林地、地势划分为33.3 km^2、66.7 km^2、150 km^2,根据试验林地大小分别设单灯、灯组、灯群3种布灯方式。将灯设在林缘、山坳、路边开阔地带,距林地 3 000 m、2 000 m、1 500 m 不等，用木杆搭架将灯支起，距地面 1.5 m，自开灯之日起，设专人观察诱杀害虫（以舞毒蛾为主）。

试验表明，不论采取何种布灯方式，均可诱杀到大量森林害虫。3 个区共设灯 6 台，开灯 18 h，诱杀昆虫种类 20 余种，数量达 1 098 390 头。不同布灯方式，诱杀效果有所差异，反映出的规律是多灯组诱蛾量大于少灯组。不同布灯方式诱蛾结果如表 6-10 所示。

表 6-10 不同布灯方式诱蛾数量比较

时间	布灯方式	灯泡类型	试验面积 /km^2	虫口密度 /（头/株）	开灯时间 /h	诱虫数量 /头
8 月 2 日	单灯	400 W 汞灯	33.33	230	6	186 960
	2 组灯	400 W 汞灯	33.33	230	6	373 920
	3 组灯	400 W 汞灯	33.33	230	6	537 510

试验表明，不同灯具诱蛾的效果也不同。450 W 汞灯虽然诱蛾的数量比 150 W 的黑光灯多了一点，但如果两种灯具的瓦数相同，黑光灯诱蛾数量可能会超出汞灯的诱蛾数量，因此，在使用灯具上最好采用黑光灯源（试验时没有相同瓦数的两种灯具）。不同灯具诱蛾结果如表 6-11 所示。

从不同时间诱虫效果看，从当日 20 点钟至翌日 2 点钟均可诱杀一定的成虫，但出现的高峰在当日 21～22 点钟，从 20～0 点钟诱虫的效率均较高。因此，利用高压电网黑光灯诱杀成虫，其时间在 20～0 点钟为佳。不同时间诱蛾结果如表 6-12 所示。

表 6-11 不同灯具诱蛾效果

时间	布灯方式	灯泡类型	试验面积 /km^2	虫口密度 /（头/株）	开灯时间 /h	诱虫数量 /头
8 月	单灯	450 W 汞灯泡	33.33	230	6	186 960
8 月	单灯	150 W 黑光灯	33.33	230	6	175 275

表 6-12 不同时间诱蛾数量 头

时间	20～21 点钟		21～22 点钟		22～23 点钟		23～0 点钟	
	数量	百分率	数量	百分率	数量	百分率	数量	百分率
初期(7 月 30 日)	19 475	17.9	35 055	32.0	27 265	25.0	16 359	15.0
中期(8 月 15 日)	23 370	12.5	70 110	37.5	46 740	25.0	28 044	15.0
末期(9 月 15 日)	1 558	23.0	2 337	35.0	1 558	23.0	779	11.0

时间	0～1 点钟		1～2 点钟		总计	
	数量	百分率	数量	百分率	数量	百分率
初期(7 月 30 日)	7 790	7.2	3 116	3.0	109 060	100
中期(8 月 15 日)	11 685	6.25	7 011	3.75	186 960	100
末期(9 月 15 日)	389	5.7	155	2.3	6 776	100

通过不同天气诱虫数量的观察发现，晴朗无风天气诱蛾效果最好。雨后阴天仅为晴天的 12%。而且雨后地面和空气潮湿易导电，因此，雨后不宜开灯。不同天气诱蛾结果如表 6-13 所示。

表 6-13 不同天气诱蛾数量

时间	开灯时间/h	天气情况	诱蛾数量/头	灯数/盏	平均每灯诱蛾/头
8 月 3 日	6	晴，无风	379 396	2	189 698
8 月 4 日	6	阴，二级风	350 550	2	175 275
8 月 5 日	6	晴，无风	385 605	2	192 802
8 月 6 日	6	雨后，晴	280 440	2	140 220
8 月 7 日	6	雨后，阴	46 740	2	23 370

此外，该站对两个地块的卵期调查结果表明，设灯区卵块密度下降 48%～72.3%，达到了把害虫消灭在卵期的目的。

(二)高压电弧灭虫灯诱虫

高压电弧灭虫灯诱虫是利用昆虫趋光性的原理，以高压电弧灯发出的强光，诱导昆虫集中于灯下，然后被鸡捕捉采食。高压电弧灯一般为 500 W(220 V，50 Hz)，将其悬吊于宽敞的放牧地上方，高度可调整。每天傍晚开灯。由于此灯的光线极强，可将周围

2 000 m 的昆虫吸引过来。据我们在献县基地的试验观察，每盏灯每天晚上开启 4 h，可使 1 500 只鸡每天的补料量减少 30%。

(三)性激素诱虫

利用性激素诱虫也是农田和果园诱杀虫子的一种方法。不过相对于光线诱虫而言，其主要应用于作物或果树的虫情测报和降低虫害发生率(多数是捕杀雄性成虫，使雌性成虫失去交配机会而降低虫害的发生率)。性激素与传统杀虫剂的区别如表 6-14 所示。

表 6-14　性激素与传统杀虫剂的区别

项目	性激素	传统杀虫剂
毒性	对哺乳动物和鱼无毒	一般有毒
对天敌的影响	天敌能生存	常引起次生害虫发生
环境污染	易被微生物降解	污染比较严重，不可忽视
抗药性	至今未见报道	一般引起抗药性
施用次数	每年 1～2 次	每年多次
种群密度	高密度时无效	高密度时有效
处理区面积	较大的处理面积更有效	小面积亦有效
处理时间	前世代蛾的整个飞翔期	仅在损失上升之前有效
气候	无风和较大的风速受到影响	雨中无效
选择性	仅对靶子虫种有效	一种药能控制多种害虫

生产中使用的性激素是人工合成的。利用现代分析化学的方法，将不同虫子的性激素成分进行解密，然后人工合成，其诱虫效果较自然激素还要高。

我国科学工作者经过研究，用人工方法制成了多种害虫的雌性激素信息剂，每逢害虫成虫盛发期，在放牧地块里扎上高约 1 m 的三角架，架上搁 1 个盛大半盆水的诱杀盆，中央悬挂 1 个由性激素剂制成的信息球，此球发出的雌性信息比真雌虫还强，影响距离更远。当雄性成虫嗅到雌性信息后便从四面八方飞来，在狂欢中撞入水盆被淹死。尔后将它们作为鸡的美味佳肴。

性激素诱虫的效果受到多种因素的制约。例如,性激素的专一性、种群密度、靶子害虫的飞行距离(即搜寻面积的大小)、性诱器周围的环境及气象条件,尤其是温度和风速。性诱器周围的植被也影响诱捕效率。

十、保持环境的稳定

鸡对外界环境十分敏感,保持环境稳定是放养鸡应时刻注意的问题。生产中的环境变化或对鸡的应激因素主要有以下几方面:

①动物的闯入。在放牧期间,家养动物的闯入(以狗和猫为甚),对鸡群有较大的影响。特别是在植被覆盖较差的地块放牧,鸡和其他闯入动物均充分暴露,动物的奔跑、吠叫,对鸡群造成较强的应激。应避免其他动物进入放牧区。有条件的鸡场,可将放牧区用网围住。

②饲养人员的更换。在长期的接触中,鸡对饲养人员形成了认可的关系。如果饲养人员突然被更换,对鸡群是一种无形的应激。因此,应尽量避免人员的更换。如果更换饲养人员,应该在更换之前让两个人共同饲养一段时间,使鸡对新的主人产生感情,确认其主人地位。

③饲喂制度的变更。饲喂制度的改变对鸡也会造成一定的应激。无论是饲喂时间、饮水时间、放牧时间或归牧时间,都不应轻易改变。

④位置的改变。在长期的放牧环境中,鸡群对其生活周围的环境产生适应,无论是鸡舍(鸡棚),还是饲具和饮具位置的变更,对其都有一定的影响。比如说,将鸡舍拆掉,在其他地方建筑1个非常漂亮的鸡舍,但这群鸡宁可在原来鸡舍的位置上暴露过夜,承受恶劣的环境条件,也决不到新建的鸡舍里过舒适生活。

⑤气候的突变。在环境对鸡群的影响中，气候的变化影响最大。包括突然降温、突然升温、大雨、大风、雷电和冰雹。突然降温造成的危害是鸡在鸡舍内容易扎堆，相互挤压在一起，发现不及时容易造成底部的鸡被压死和窒息。高温造成的危害是容易中暑。风雨交加或冰雹的出现，往往造成大批死亡。在几年生态放养鸡的实践中，我们对不同鸡场的鸡放养期死亡情况进行分析，因疾病死亡占据非常小的比例，而气候条件的变化所造成的死亡占据50%左右。在放牧期间，突遇大雨和大风，鸡来不及躲避，被雨水淋透。大雨必然伴随降温，受到雨水侵袭的鸡饥寒交迫，抗病力减退，如不及时发现，很容易继发感冒和其他疾病而死亡。若及时发现，应将其放入温暖的环境下，使其羽毛快速干燥，可避免死亡。放牧期间，雷电对鸡群的影响也很大。尽管很少有发生雷击现象，打雷的剧烈响声和闪电的强烈光亮的刺激，往往出现惊群现象，大批的鸡拥挤在一起，造成底部被压的鸡窒息而死。没有被挤压的鸡，由于受到强烈的刺激，几天才能逐渐恢复。因此，若遇到这样的情况，必须观察鸡群，发现炸群，及时将挤压的鸡群拨开。

对于规模化生态放养鸡而言，必须注意当地的天气预报。遇有不良天气，提前采取措施。

十一、防治兽害

放牧期间鸡群的主要兽害是老鼠、老鹰、黄鼠狼和蛇。

（一）老鼠

老鼠对放牧初期的小鸡有较大的危害性。因为此时的小鸡防御能力差，躲避能力低，很容易受到老鼠的侵袭，即便大一些的鸡，夜间受到老鼠的干扰也会造成惊群。预防老鼠可采用鼠夹法、毒饵法、灌水法及养鹅驱鼠。

1. 鼠夹法

在放牧前7 d，在放牧地块里投放鼠夹等捕鼠工具。每一定面积(一般每 667 m^2 投放 2～3 个)按照一定的规律投放一定的工具,每天傍晚投放,次日早晨观察。凡是捕捉到老鼠的鼠夹,应经过处理(如清洗)后再重新投放(曾经夹住老鼠的鼠夹,带有老鼠的气味,使其他老鼠产生躲避行为)。但在放牧期间不可投放鼠夹。

2.毒饵法

在放牧前 2 周,在放牧地投放一定的毒饵。一般每 667 m^2 地块投放 2～3 处,记住投放位置,设置明显的标志。每天在放牧地块检查被毒死的老鼠,及时捡出并深埋。连续投放 1 周后,将剩余的毒饵全部取走,一个不剩。然后继续观察 1 周,将死掉的老鼠全部清除。

3.灌水法

在放牧前,将经过训练的猫或狗牵到放牧地,让其寻找鼠洞,然后往洞内灌水,迫使其从洞内逃出,然后捕捉。注意防备部分老鼠一洞多口而从其他洞口逃出。

4.养鹅驱鼠

以生物方法驱鼠、避鼠是值得提倡的。实践中,我们提出了鸡鹅结合、生态相克,防治天敌的生物防范兽害技术,取得了良好效果。

鹅是由灰雁驯化而来,脚上有蹼,具有在水中游泳的本领,喜在水中觅食水草、水藻,在水中嬉戏、求偶、交配。鹅经人类长期驯化,大部分时间在陆地上活动、觅食。因此,其不但具有水陆两栖性。还具有群居性和可调教性,很容易与饲养人员建立友好关系。

利用鹅的警觉性、攻击性、合群性、草食性、节律性等特点,进行以鹅护鸡,可收到较好的效果。

我们的试验设计是这样的,将鹅圈养在鸡舍周围,平时同样放牧,单独补饲,以吃饱为度。试验设置 4 组,鸡、鹅比例分别为 100∶1、100∶2、100∶3 和 100∶0(对照组)。

从表 6-15 可看出,试验组兽害伤亡率分别为 1.00％、0.30％

和 0，对照组（Ⅳ）兽害伤亡率为 2.45%。3 个试验组的兽害伤亡率分别比对照组低 1.45、2.15 和 2.45 个百分点。可见，养鹅对防范放养柴鸡的兽害伤亡效果明显。鸡、鹅比以 100∶(2～3)为宜，大群饲养也可为 100∶1。

表 6-15　不同鸡鹅配比对放养柴鸡兽害伤亡的影响　只

组别	柴鸡饲养量	鹅饲养量	兽害				兽害伤亡总数	兽害伤亡率/%
			老鼠	黄鼠狼	老鹰	狗		
Ⅰ	900	9	3	3	1	2	9	1.00
Ⅱ	1 000	20	2	—	—	1	3	0.30
Ⅲ	1 200	36	—	—	—	—	0	0
Ⅳ	2 000	0	23	11	5	10	49	2.45

（二）鹰类

鹰类是益鸟，是人类的朋友，具有灭鼠、捕兔的本领。它们具有敏锐的双眼、飞翔的翅膀和锋利强壮的双爪。在高空中俯视大地上的目标，一旦发现猎物，直冲而下，速度之快、声音之小、攻击目标之准确，非其他动物能比。因此，人们将老鹰称为草原的保护神，其对于农作物和草场的鼠害和兔害的控制，维护生态平衡起到非常重要的作用。但是，它们对于草场生态放养鸡具有一定的威胁。

鹰类总的活动规律基本上与鼠类活动规律相同，即初春和秋季多，盛夏和冬季相对较少；早晨（9 点钟至 11 点钟）、下午（16 点钟至 18 点钟）多，中午少；晴天多，大风天少。鼠类活动盛期，也是鹰类捕鼠高峰期。鼠密度大的地方，鹰类出现的次数和频率也高。鹰类在山区和草原出现较多，平原较少。但是，近年来我们观察，无论在山区，还是平原，无论是春夏，还是秋冬，均有一定数量的老鹰活动，对鸡群造成一定伤害。

由于鹰类是益鸟，是人类的朋友，因此，在生态放养鸡的过程中，对它们只能采取驱避的措施，而不能捕杀。

1. 鸣枪放炮法

放牧过程中有专人看管，注意观察老鹰的行踪。发现老鹰袭来，立即向老鹰方向的空中鸣枪，或向空中放两响鞭炮，使老鹰受到惊吓而逃跑。连续几次之后，老鹰不敢再接近放牧地。

2. 稻草人法

在放牧地里，布置几个稻草人，尽量将稻草人扎得高一些，上部捆一些彩色布条，最上面安装 1 个可以旋转、带有声音的风向标，其声音和颜色及风吹的晃动，对老鹰产生威慑作用而不敢凑近。

3. 人工驱赶法

放牧时有专人看管，手持长柄扫帚或其他工具，发现老鹰接近，立即边跑、边挥舞工具、边高声驱赶。如果配备牧羊犬效果更好。

4. 罩网法

在放牧地，架起一个大网，离地面 3 m 左右，并将鸡围起来，在特定的范围放牧。老鹰发现目标后直冲而下，接触网后，其爪被网线缠绕，此时饲养人员舞动工具，高声驱赶，老鹰夺路而逃。

一般而言，老鹰有相对固定的领域，即在一定的范围内只有特定几个老鹰活动，其他老鹰不能侵入这一区域，否则将被驱赶。只要老鹰经过几次驱赶惊吓之后，以后就不敢轻易闯入。

(三)黄鼠狼

黄鼠狼又名黄狼、黄鼬，身体细长，四肢短，尾毛蓬松，全身棕黄色，鼻尖周围、下唇有时连到颊部有白色，雄体体重平均在 0.5 kg 以上。是我国分布较广的野生动物之一。

黄鼠狼生性狡猾，一般昼伏夜出，黄昏前后活动最为频繁。除繁殖季节外，多独栖生活；喜欢在道路旁的隐蔽处行窜捕食，行动线路一经习惯则很少改变。黄鼠狼性情凶悍，生活力强，警觉性很高;夏天常在田野里活动,冬季迁居村庄内;洞穴常设在岩石下、树洞中、沟岸边和废墟堆里;习惯穴居,定居后习惯从一条路出入;主食野兔、鸟类、蛙、鱼、泥鳅、家鼠及地老虎等。其在野生食物采食不足时,对家养鸡形成威胁,尤其是在野外放养鸡,经常会遭到黄鼠狼的侵袭,因此,应引起高度重视。

黄鼠狼喜欢穴居,特别喜居干燥的土洞、石洞或树洞,亦经常出入并借住鼠洞。其洞口较光滑,周围多有刮落的绒毛和粪便。黄鼠狼有固定的越冬巢穴,巢穴有多个洞口。为了抗寒防雪,巢穴多设在向阳、背风、静僻处,如闲屋、墟堆、仓库、草垛等地。洞口常因黄鼠狼呼吸而形成一触即落的块状霜。巢穴附近及通向觅食场所和水源的途径,就是捕捉黄鼠狼的最佳位置。

对于黄鼠狼,可采取多种方法进行捕捉或驱赶。

1. 竹筒捕捉法

选择较黄鼠狼稍长的竹筒(60～70 cm),里口直径 7 cm,筒内光滑无节。把竹筒斜埋于土中,上口与地面平齐或稍低于地面。筒底放诱饵如小鼠、青蛙、小鱼、泥鳅等,也可放昆虫等活动物(用网罩住)或火烤过的鸡骨。黄鼠狼觅食钻进竹筒后,无法退出而被活捉。

2. 木箱捕捉法

制作长 100 cm、高 16 cm、宽 20 cm 的木箱,两头为活闸门。闸门背面中间各钻 1 个小浅眼,箱体上盖中间钻 1 个小孔。闸门升起,浅眼与上盖面平齐。用与箱体等长细绳,两头各拴 1 根小钉插入闸门眼中,将闸门定住。细绳中间拴 1 条 7～10 cm 短绳,穿入箱内;底端拴 1 个小钩,挂上诱饵。黄鼠狼拉食饵料,即带动小钉脱离闸门,闸门降下将其关住,遂被活捉。

3. 夹猎法

将踩板夹置于黄鼠狼的洞口或经常活动的地方,黄鼠狼一触即被夹获。还可在夹子旁放上鼠、蛙、鱼、家禽或其内脏等诱饵,待黄鼠狼觅食时夹住。

4.猎狗追踪捕捉法

猎狗追踪黄鼠狼到洞口，如黄鼠狼在洞内，狗会不断摇尾巴或吠叫，这时在洞口设置网具，然后用猎杆从洞的另一端将其赶出洞，将其活捉。

5.灌水、烟熏捕捉法

利用狗寻找黄鼠狼洞口，随后用网封住洞口，然后往洞内灌水，或往洞内吹烟，迫使其出洞而被活捉。采取这种办法时应注意黄鼠狼的多个洞口，防止其从其他洞口逃窜。

此外，养鹅护鸡对黄鼠狼也有较好的驱避效果。

（四）蛇

蛇隶属于爬行纲，蛇目。按照其毒性有无分为有毒蛇（如眼镜蛇、金环蛇、银环蛇、眼镜王蛇、蝮蛇、尖吻蝮、竹叶青、烙铁头等）和无毒蛇（各种游蛇）。蛇主要特性有以下几点：

①昼夜性。有的蛇昼伏夜行，如金环蛇、银环蛇；有的蛇与之相反，如眼镜蛇；也有的蛇早晚活动，如尖吻蝮、蝮蛇；还有的蛇昼夜活动，如竹叶青、烙铁头等。但遇大风和大雨天，蛇基本不出来。

②变温性。蛇属于变温动物，对环境温度变化非常敏感，其生存活动呈现季节性。每年3月中旬（惊蛰至清明），气温回升到15℃以上，蛇冬眠初醒；4～5月份（清明至小满），气温20℃左右，蛇四处觅食、蜕皮、交配，在小范围活动。6月份（小满）以后，气温20～30℃时，蛇多数离开冬眠之地，迁至隐蔽的水边，饮水洗澡、觅食，活动频繁。若温度过高，蛇躲在较阴凉的地方夏眠，以度过干热的天气；9～10月份（白露至霜降）蛇又在四处觅食，积累养分，准备冬眠越冬；11月份（降霜）以后，气温降至15℃以下，蛇类陆续冬眠。

冬眠的先后顺序与蛇的种类、性别、年龄等有关。一般是无毒蛇比毒蛇、雌蛇比雄蛇、成年蛇比幼年蛇先冬眠。常见多数蛇群居冬眠于 1 m 以下的干燥洞穴中，这样能保持体温恒定甚至升高 1～2℃，减少水的蒸发，有利于越冬。也有少数独居越冬。

③脱皮性。当蛇长到一定程度，要把已角质化的皮肤蜕掉、重新长出新皮肤，同时更换鳞片。蛇每年脱皮 3～4 次。蜕皮先从嘴唇开始，头部皮肤松开反转向外，借助粗糙的地面或岩石、树口等脱掉旧皮。通常幼蛇生长速度快，蜕皮次数多于成年蛇。食物丰富的蛇，蜕皮次数较多。

④食性。蛇类的食性很广，主要以活体小型动物为主，如黄鳝、泥鳅、蛙类、鸟类、鼠类、蚯蚓等。不同蛇种对食物喜食程度不同。如银环蛇喜食黄鳝、泥鳅；眼镜蛇喜食青蛙和其他小蛇；蝮蛇喜食青蛙、蟾蜍、鸟类和鼠类。蛇不食死的、腐败的动物。蛇类的食量较大，一次可吞食比其身体重 2～3 倍的食物。蛇的耐饥性很强，一次饱餐后，十天半月可以不吃食物。蛇的消化能力也很强，除羽毛、兽毛不能消化外，连动物的骨头都能消化。

在草原，蛇是捕鼠的能手，对于保护草场生态起到重要作用。但是野外放养鸡，蛇也是天敌之一。尤其是在我国南部的省份为甚。其主要对育雏期和放养初期的小鸡危害大。

对付蛇害，我国劳动人民积累了丰富的经验，一般采取两种途径，一是捕捉法，二是驱避法。

1. 捕捉法

(1)徒手捕捉法

发现蛇后，要胆大心细，做到眼尖、脚轻、手快，切忌用力过猛或临阵畏缩。民间流传捕蛇的口诀：一顿二叉三踏尾，扬手七寸莫迟疑，顺手松动脊椎骨，捆成缆把挑着回。这就是说，当发现蛇时，先悄悄地接近它，然后脚一顿造成震动，使蛇突然受惊不动，然后趁势下蹲迅速抓住蛇颈，立即踏住蛇尾用力拉直蛇身，松动其脊椎骨，使蛇暂时失去缠绕能力并处于半瘫痪状态，再将蛇体卷好，用绳扎牢蛇颈和蛇体，然后放入容器中或用棍棒挑起来。这种方法是捕蛇老手的经验总结。

(2)引蛇出洞麻醉捕捉法

诱饵配制:咖啡 50 g,胡椒 25 g,鸡蛋清 1.5 kg,面粉 50 g。混合搅成糊团,放在有蛇的地方,能引诱到大量蛇群出洞。或在蛇经常出入的地方,将狗血洒在地上,人即远离。约过 30 min 后,方圆 200 m 内大、小蛇类,不论毒蛇还是无毒蛇,凡闻到腥味都向狗血处聚集。捕蛇前先用云香精配雄黄擦手,然后用云香精、雄黄水向蛇身上喷洒,蛇立即浑身发软乏力、不能行动,软瘫在地任人捕捉。切记:捕蛇时,人接近蛇群既要隐蔽又要迅速。

(3)捕蛇工具捕捉法

1)圈套法 一条打通的竹竿,用一根绳穿过其中,一边套成圈。看到蛇时,把圈套迅速套入蛇颈,立即拉紧绳子,这样蛇即被套住。

2)钩压法 工具是一头装有较尖锐的铁制蛇钩,用蛇钩把毒蛇的头部钩住压在地面上,再用另一只手去抓蛇的颈部。

2. 驱避法

(1)凤仙花驱避法

凤仙花又称花梗,凤仙花科,是观赏、药用和食用多用途植物。据药理学研究,凤仙对藓菌、金黄色葡萄球菌、溶血性链球菌、伤寒、痢疾杆菌等有不同程度的抑制作用。其茎和种子可入药。茎在中药中称为凤仙透骨草,有祛风湿、活血、止痛的功效,用于治疗风湿性关节痛、屈伸不利等症。种子称为急性子,有软坚、消积的作用,用于治疗噎膈、骨鲠咽喉、腹部肿块、闭经等。在民间,凤仙花常被用来治疗风湿疼痛、四肢麻木、月经不调、风湿性关节炎、跌打损伤、恶疮毒痈、毒蛇咬伤等。蛇对此花有忌讳,不愿靠近。在放养的地边种植一些凤仙花,可有效地预防蛇的进入和对鸡的伤害。

(2)其他植物驱避法

据资料介绍,七叶一支花、一点红、万年青、半边莲、八角莲、观音竹等，均对蛇有驱避作用；还可在鸡场隔离区种些芋艿，不仅能遮阴，而且，芋艿汁碰到蛇身上就会让它蜕一层皮，所以蛇也不敢靠近芋艿地。另据报道，用亚胺硫磷（果树农药）0.5 kg 加水拌匀喷洒在鸡场放牧地周围，蛇类嗅到药味便会全部逃之夭夭，唯恐避之不及，以后则极少在此间出没活动，效果非常显著。

养鹅是预防蛇害非常有效的手段。无论是大蛇，还是小蛇、毒蛇，还是菜蛇，鹅均不惧怕，或将其吃掉，或将其驱出境。

十二、提高育成期成活率的技术措施

几年的生态放养鸡实践中，我们发现，不同的鸡场成活率差异明显。总结成功者的经验和失败者的教训，应注意从多方面提高育成期的成活率。

（一）培育健雏是基础

放养初期（3 周内）死亡率占据整个育成期死亡率的 30％以上。除了一些人为伤亡以外，多数死亡的是弱雏或病雏。因此，欲提高育成期的成活率，必须在育雏期奠定基础，包括饲养健康雏鸡，淘汰弱雏、病雏和残雏；按照程序免疫；进行放养前的适应性锻炼等。

（二）搞好免疫

生产中发现，很多饲养者认为土鸡的抗病力强，不注射疫苗也没有问题。但是在规模化养殖条件下，很多传染性疾病，无论是笼养的现代鸡种，还是本地土鸡种，不免疫注射是绝对不安全的。尤其是马立克病，一些土孵化房不注射疫苗，多数在 2～3 月龄暴发，造成大批鸡死亡。生产中发现，放养鸡在育成期的主要传染性疾病是马立克、新城疫、法氏囊炎和鸡痘，应重视疫苗的注射。

（三）注重药物预防

除了一些烈性病毒性传染病以外，造成育成期死亡的其他疾病是球虫病、沙门氏菌病和体内寄生虫病，而这些疾病往往被忽视。野外放养如果遇到连续的阴雨天气,很容易诱发球虫病,应根据气候条件和粪便中球虫卵囊检测情况酌情投药。白痢是土鸡常发生的疾病。我国绝大多数地方鸡种没有进行白痢的净化,在育雏期未得到有效控制,在放养初期很容易发生。放养鸡场,特别是长年放养鸡的地块,鸡体内寄生虫发生很普遍。应根据粪便寄生虫卵的监测进行有针对性的预防。

(四)减少放养丢失

一些鸡场在放牧过程中鸡只数量越来越少,但没有发现死亡和兽害。说明放牧过程中不断丢失。这是由于没有进行有效地信号调教,也没有采取先近后远、逐步扩大放养范围的放养方法。

(五)预防兽害

正如上面所提出的,兽害主要是老鼠、老鹰、狐狸和蛇害。伤害主要发生在夜间,应采取有效措施降低兽害伤亡。

鸡的活动很有规律,日出而动,日落而宿。每天在傍晚,鸡的食欲旺盛,极力采食,以备夜间休息期间进行营养的消化和吸收。同时,夜间也是多种野生动物活动的频繁时间。搞好夜间防范成为鸡场最为重要的问题之一。

总结生产经验,做好夜间防范有以下几种方法:

①养鹅报警。鹅是禽类中特殊的动物,警觉性很强,胆子很大,不仅具有报警和防护性,而且具有一定的攻击性。在鸡舍周围饲养适量的鹅,可发挥其应有的作用。

②安装音响报警器。在不同鸡舍的一定位置(高度与鸡群相近,以便于使鸡受到威胁时发出的声音的搜集)安装音响报警器,总控制面板设在值班室。任何一个鸡舍发生异常,控制面板的信号灯就会发出指令,随后值班人员前去处理。

③安装摄像头。在鸡舍的一定位置安装摄像头,与设置在值班室的电脑形成一体。当发生动物侵入时,值班人员就会通过监控屏幕发现,并及时处理。

(六)避免药害

草地、农田、果园等放养鸡,农药中毒造成的伤亡屡见不鲜。一方面,除了极个别人为破坏以外,多数情况是在放牧地直接喷药而没有实行分区轮牧和分区喷药;另一方面,邻近农田喷药,放牧地与邻近农田没有用网隔开。这些细节问题应引起高度重视。

(七)减少应激

详见本节保持环境的稳定部分。

(八)避免群体过大

群体过大时,遇到应激因素或寒冷天气,鸡群扎堆,造成底部鸡只窒息死亡。这是生产中经常发生的事情,在一些鸡场的伤亡中占据较大的比例。

(九)注意群体的均匀性

鸡群的整齐度如何对于开产日龄的集中度和产蛋率的高低有很大的影响,也是体现饲养品种优劣和饲养技术高低的重要标准之一。没有高的群体均匀度或整齐度,难有好的饲养效果。

影响鸡群均匀度的因素很多,如雏鸡质量、不同批次群体混养、群体过大、放养密度高、投料不足等。应有针对性地采取相应措施。

首先,建立良好的基础群。对于雏鸡的选择和培育是关键。要按照品种标准选择雏鸡,对于体质较弱、明显发育不良、有病或有残疾的雏鸡,坚决淘汰。淘汰体重过大或过小的雏鸡。如果所孵化的雏鸡群体差异较大,可遵循大小分群的原则。按照技术规范育雏,培育健康的雏鸡。

第二,严禁混群饲养。有些鸡场,多批次引进雏鸡,而每一批次数量都不大。为了管理的方便,将不同批次的鸡混合在一起饲养,这是绝对不允许的。日龄不同,营养要求不同,免疫不同,管理也不同。如果将它们混杂在一起,将造成管理的无章可循,带来不可弥补的后果。

第三，群体规模适中。过大的群体规模是造成群体参差不齐的原因之一。由于规模较大，使那些本来处于劣势的小鸡越来越处于劣势地位，使群体的差距越来越大。一般来说，群体规模控制在500只左右，最多也不应超过1 000只。对于数万只的鸡场，可以分成若干个小区隔离饲养。

第四，密度控制。放养密度是影响群体整齐度的另一个重要因素。与群体规模过大的原理相似，过大的密度严重影响鸡的采食和活动，特别是阻碍一些身体或体重处于劣势的个体发育，使它们与群体之间的差距越来越大。

第五，投料控制。饲料的补充量不足，或者投料工具的实际有效采食面积小，会严重影响鸡的采食，使那些体小、体弱、胆小的鸡永远处于竞争的不利地位而影响生长发育。根据鸡在野外获得的饲料情况，满足其营养要求，合理补充饲料，并集中补料，增加采食面积，是保证群体均匀一致的重要措施。

第六，定时抽测，及时淘汰"拉腿鸡"。作为规范化的养鸡场，应该每周抽检一次，计算群体的整齐度。发现均匀度不好，应及时分析原因并采取措施。如果群体比较均匀，而个别鸡发育不良，应该采取果断措施，坚决淘汰那些没有发展前途的"拉腿鸡"。根据笔者观察，群体中的个别拉腿鸡，开产期非常晚，有的达200 d以上还不开产，有的甚至是一生可能不产蛋。饲养这样的鸡毫无疑义。

体重抽测是鸡场的日常管理工作之一。从育雏期开始至育成末期基本结束，体重抽测每周一次，并绘制成完整的鸡群生长发育曲线。

抽测体重要在夜间进行。晚上8点钟以后，将鸡舍灯具关闭，手持手电筒，蒙上红色布料，使之发出较弱的红色光线，以减少对鸡群的应激。随机轻轻抓取鸡，使用电子秤逐只称重，并记录。设计固定记录表格，每次将测定数据记录在同一表格内，并长期保存。

取样应具有代表性，做到随机取样。在鸡舍的不同区域、栖架的不同层次，均要取样，防止取样偏差。

每次抽测的数量依据群体大小而定。一般为群体数量的5%，大规模养鸡不低于群体数量的1%，小规模养鸡每次测定数量不低于50只。

(十)全价营养，精心照料

生产中鸡在育成期发育缓慢，没有达到标准体重，分析发现，主要原因是营养不足。一些人认为，育成期靠鸡自由野外找食即可满足营养需要，不需另外补料。这种观点是错误的。育成期阶段，是生长发育最快的时期，在野外采食的自然饲料，不能满足能量和蛋白质总量的需求，必须另外补充。特别是在大规模、高密度饲养条件下，仅靠采食一些植物性青饲料，很难满足鸡自身快速生长的需要。忽视补料是得不偿失的。因此，应根据体重的变化与标准的比较，酌情补料。只要营养得到满足，生长才能快速，抗病力和成活率才能提高。

十三、柴鸡(土鸡)放养管理规程

我们根据试验研究结果和生产实践经验，整理出了柴鸡(土鸡)放养管理规程，以供生产中参照应用。

(一)环境条件和要求

1. 棚舍环境

鸡棚舍环境应符合NY/T 388的标准。

2. 鸡场污染物防治

鸡场污染物防治应符合GB 18596和HJ/T 81的要求。

(二)引种

第一，种鸡应符合本品种要求。

第二，种鸡来自有种鸡生产许可证的专业孵化场。

第三，不得从疫区引进种鸡。

(三)雏鸡的饲养管理

1. 准备工作

(1)育雏时间

以自然条件为主的放养柴鸡春季育雏较好，河北中南部地区以3～5月份、北部地区以4月下旬至5月下旬为宜。

(2)育雏舍

1)面积　育雏间所需面积包括育雏室面积和附属设施所用面积，后者包括饲料和工具存放以及饲养人员休息场所等。一般育雏面积占70%，其他占30%。参见表6-15计算出合理的育雏舍面积。

2)检修　育雏前1周对育雏舍进行全面检修，严防穿堂风和漏雨。笼具、食槽、水槽等用具也要维修妥当，安装照明、供暖设备。

3)卫生消毒　消毒剂：消毒剂应符合NY 5040的要求。

消毒方法：进鸡或转群前1周将鸡舍彻底清扫、清洗干净，再用消毒液全面喷洒，然后封闭门窗熏蒸消毒，2～3 d后打开门窗通风换气。消毒完毕后人员进出必须经过门口的消毒池，避免再次污染。

4)预温　育雏舍在进雏前2～3 d要进行试加温。检查供热系统是否完好，要求舍内温度均衡，并能达到32～35℃。主要供温设备有育雏伞、红外线灯、火炉、烟道等。

(3)育雏方式。

1)地面平养　在育雏舍地面上铺设5 cm厚的垫料，把雏鸡自由分散在上面饲养；保持垫料松软干燥，并于育雏期结束后一次性清除。垫料应选择吸水性良好、没有霉变的原料，如锯木屑、稻草、麦秸等，使用前1周在阳光下暴晒，进行自然消毒。

2)网上平养　在舍内用角铁、木棍、竹竿等搭起高50～60 cm

的架子，上面铺上 1.2 cm 见方的金属网或硬塑料网，并隔成若干个小栏。

3)立体笼养　育雏笼一般为 3～4 层重叠立体式，每层高度 33 cm。两层笼间设置承粪板，间隙 5～7 cm。

2. 育雏的环境条件

(1)温度

供温的原则：初期要高，后期要低；小群要高，大群要低；弱雏要高，健雏要低；夜间要高，白天要低。以上高低温度之差以 2℃为宜。

育雏开始时育雏舍温度应达到 32～35℃，以后每周下降 2～3℃直至室温，并保持平稳，防止温度忽高忽低。

(2)湿度

育雏相对湿度要求控制在 50%～70%。

(3)通风

用开闭门窗或排气扇来完成通风。在保证舍内温度的条件下，尽量保持空气新鲜。

(4)光照

1～3 日龄 24 h 连续光照；4～7 日龄每天光照 18～20 h；光照强度 20～30 lx。8～14 日龄每天光照 16 h，光照强度 10～15 lx。14 日龄后逐渐过渡到自然光照。

(5)饲养密度

雏鸡的饲养密度应符合表 6-16 的规定。

表 6-16　雏鸡的饲养密度　　只/m^2

周龄	立体笼养	平面育雏
1～2	60～75	25～30
3～4	40～50	25～30
5～6	27～38	12～20

(6)水槽及料槽

每只雏鸡需要的水槽及料槽的长度见表6-17。

表6-17 雏鸡需要的水槽及料槽的长度 cm/只

周龄	饲槽长度	水槽长度
1～2	3	1
3～4	4	1.5
5～8	5	2

3.选雏与雏鸡的运输

(1)选雏

选用符合品种特征、无病、无畸的健康雏鸡。其特征:活泼好动,站立稳健,眼亮有神,反应敏感,羽毛整洁、光亮;握在手中感到饱满而有弹性、挣扎有力,叫声清脆响亮;腹部平坦柔软,肚脐收缩良好,肛门附近干净;喙、眼、腿、爪等正常;个体大小均匀,体重符合品种要求。

(2)雏鸡的运输

雏鸡应在24 h内送入育雏舍。运雏可用塑料箱或纸箱,箱壁上有通气孔,把箱隔成小格。每箱装雏80～100只。运输时间要尽量缩短,避免途中长时间停车,并注意通风换气。

4.雏鸡的饮水和开食

(1)开饮

饮水质量应符合NY 5027的标准。

雏鸡进入鸡舍后要及时给以充足的饮水,做好开饮。饮水器和料桶交替摆放。

(2)开食

雏鸡初饮3 h后开始喂料。开食料颗粒大小要适中。

5. 断喙

(1)时间

断喙一般在 10～12 日龄进行。

(2)长度

切除上喙尖。

(3)注意事项

断喙的鸡群应健康无病;雏鸡免疫接种前后 2 d 及鸡群健康状况不良时暂不断喙。

断喙前后 2 d 在饲料中添加维生素 K_3(2～4 mg/kg)和维生素 C (150 mg/kg)。

6. 雏鸡的日常管理

(1)观察鸡群

随时观察鸡群的反应、争抢程度、采食速度和采食量;每天清晨观察粪便的形状和颜色;留心雏鸡的羽毛光洁度、眼神和对声音的反应,掌握雏鸡的健康状况。

(2)喂料喂水

每天给料的时间要固定,原则是少喂勤添;防止剩料霉变;变更饲料要有过渡期。

自由饮水,保持饮水清洁。

(3)整群

随时挑出和淘汰有严重缺陷的雏鸡,将发育迟缓、体弱的雏鸡单独饲养;根据日龄和体重适时分群。

(4)记录

主要做好以下记录:健康状况、体重、采食量、饲料变化、温度、湿度、光照、粪便状况、死淘数以及免疫、用药情况等。

7. 饲料配制

饲料配制应符合 NY 5042 的要求。

8. 卫生消毒

(1)鸡群消毒

可采用带鸡喷雾消毒法，高度超过鸡背20～30 cm，每周1～2次；疫期要求每天喷雾消毒1次。

(2)环境消毒

鸡舍周围每2～3周消毒1次；鸡场及鸡舍门口设消毒池，定期更换消毒药品。

(3)用具消毒

定期对常用器具进行消毒，如饮水器、料桶、运料车、清粪车、铲等，可先用清水冲洗，再用消毒液消毒，然后在密闭的室内熏蒸消毒30 min以上。

9. 疾病防治

(1)药物预防

兽药使用应符合NY/5040的要求。

2～7日龄添加药物预防大肠杆菌病、沙门氏菌病、脐炎等，20～30日龄添加抗球虫药物。以后根据情况合理用药。

(2)免疫

鸡群免疫应符合NY/5041的要求。

养鸡场要根据本场和当地疫病流行情况，制定适合于本场的免疫程序并严格执行。

(四)柴鸡的放养

1. 放养前的准备工作

(1)放养场地的选择

放养场地应符合产地环境质量标准NY/T 391的要求。

有柴鸡可食的饲料资源(如昆虫、饲草、野菜等)，可选用山地、林地、果园、农田、荒地、草场及草山草坡等。

地势平坦或缓坡，背风向阳。

一般每公顷放养100～400只。

(2)搭建棚舍

根据放养规模和放养场地的面积搭建棚舍的数量。多棚舍要布列均匀,坐北朝南,间隔 150～200 m。

棚舍内设置栖架,每只鸡所占栖架的位置不低于 17～20 cm;每个棚舍能容纳 300～500 只的青年鸡或 200～300 只的产蛋鸡。

棚舍材料可用砖瓦、竹竿、木棍、角铁、钢管、油毡、石棉瓦以及篷布、塑编布等搭建;棚舍四周要留通风口;对简易棚舍的主要支架用铁丝分 4 个方向拉牢。

产蛋鸡棚舍要求环境安静,防暑保温;棚舍跨度 4～5 m,高 2～2.5 m;每 5～6 只母鸡设 1 个产蛋窝,安静避光,窝内放入少许麦秸或稻草。

(3)围网筑栏

选择尼龙网或铁丝网将放养场地围栏封闭。

2.放养日龄和季节选择

雏鸡达 40～50 日龄、于 5～6 月份及白天气温不低于 15℃时开始放养;成鸡一般春末至秋后散养,其他季节圈养。

3.调教

(1)时间

雏鸡在育雏期即进行调教训练,放养开始时强化调教训练。

(2)方法

育雏期在投料时以口哨声或敲击声进行适应性训练。放养期早晨放牧时,一饲养员拿料桶,边走边抛撒颗粒料(如玉米),并敲料桶或吹口哨,避开浓密草丛,朝放养场地引领雏鸡;另一饲养员在后面用竹竿驱赶留在棚舍及后面的雏鸡,直到鸡群全部进入放养场地;中午在放养区内设置补料槽和水槽,加入少量配合饲料和清洁饮水,用同一信号引导鸡群采食 1 次;同时,驱赶提前归舍的雏鸡;傍晚时用同样的方法进行归舍驯导。由近到远,如此反复训练 5～7 d。

4. 日常管理

(1)饮水

饮水质量应符合 NY 5027 的标准。

在鸡群活动范围内,每 80～100 只鸡配置 1 个饮水盆,内放清洁充足的饮水,放于固定的地方。

(2)补料

傍晚鸡群回归棚舍后补料 1 次,料量、食槽充足。饲料配制应符合 NY 5042 的要求。

(3)观察鸡群

经常观察鸡群的精神、呼吸是否正常,察看粪便颜色和形状,记录鸡的采食量、体重和产蛋量。

(4)鸡蛋的收集

在产蛋窝内预先放入 1 个鸡蛋或空壳蛋,引导产蛋鸡在预置的产蛋窝产蛋;定时将产蛋窝内的鸡蛋放入经消毒的蛋托中,并及时捡回窝外鸡蛋。

捡蛋时将破蛋、沙皮蛋、软蛋、特大特小蛋单独存放。

(5)疾病防治

按疫病防疫程序,定期接种疫苗和预防性投药、驱虫和环境消毒。所用药品和使用方法应符合 NY/5040 和 NY/5041 的要求。

(6)预防兽害

加强管理,防止黄鼠狼、老鼠、蛇、鹰、野狗等对鸡群的伤害;可采用生物防范法,即每 500 只鸡配养 3～5 只鹅,夜间将鹅栖于舍外。

(7)防止农药中毒

喷洒农药后 7～10 d 内圈养;或划区喷药、轮牧相结合;不能在喷农药后的区域内采集青绿饲料喂鸡。

(8)预防风雨冰雹的伤害

在风雨冰雹来临前及时将鸡群召回棚舍,风雨冰雹过后及时到放养场地查看和寻找有无受伤鸡只并及时处理。

5.诱虫

(1)灯光诱虫

有虫季节在傍晚后于棚舍前活动场内，用支架将黑光灯或高压灭蛾灯悬挂于离地 3 m 高的位置，每天照射 2～3 h。

(2)激素诱虫

每公顷放置 15～30 个性激素诱虫盒或以橡胶为载体的昆虫性外激素诱芯片，30～40 d 更换 1 次。

(五)冬季管理

1.饲养方式

冬季以舍饲为主。

2.饲料配制

尽量保证与放养时所采食的营养成分一致，产出与放养时味道、营养一致的肉、蛋产品。

3.光照

每天保持 16 h 光照。

4.温度

在注意鸡舍通风的同时应加强保温。

(六)病、死鸡处理

传染病致死的鸡或因病扑杀的死尸应按 GB 16548 的要求进行无害化处理。

第三节　产蛋期的放养技术要点

一、开产日龄的控制

本地柴鸡开产日龄参差不齐。有的 100 多日龄见蛋，有的 200 d 以上还不开产。这除了与该鸡种缺乏系统选育外，与饲养环境恶劣和长期营养不足有很大关系。因此，在搞好选种育种的同时，加强饲养管理和营养供应，是提高放养蛋鸡产蛋性能的关键措施。

开产日龄影响蛋重和终生产蛋量。开产过早，使蛋重不能达到柴鸡蛋标准，也很难有较高的产蛋率。相反，开产日龄过晚，会影响产蛋量和经济效益，也不会有明显的产蛋高峰和持久、稳定、较高的产蛋率。因此，对其开产日龄应适当控制。一般是通过补料量、营养水平、光照的管理和异性刺激等手段，控制体重增长和卵巢发育，实现控制开产日龄的目的。对于河北柴鸡而言，母鸡140日龄左右、体重达1.4～1.5 kg时开始产蛋比较合适。为促使其性腺发育，在母鸡群里投放一定比例(1：(25～30))的公鸡较好。这样，母鸡与公鸡在一起生长，可刺激母鸡生殖系统发育成熟的速度，提前开产和增加产蛋量。定期抽测鸡群的体重，如果体重符合设定标准，按照正常饲养，即白天让鸡在放养区内自由采食，傍晚补饲1次，日补饲量以50～55 g为宜。如果体重达不到标准体重，应增加补料量，每天补料次数可达到2次(早、晚各1次)，或仅在晚上延长补料时间，增加补料的数量，但一般在开产前日补料量控制在70 g以内。

二、开产前的准备

放养鸡能否有一个高而稳定的产蛋率，在很大程度上取决于饲养管理，而开产前和产蛋高峰期的饲养管理尤为重要。重视这2个阶段的饲养管理，可获得较好的饲养效果。

首先，调整开产前体重。开产前3周(18～19周龄)，务必对鸡群进行体重的抽测，看其是否达到标准体重。此时平均体重应达1 300 g以上，最低体重1 250 g，群体较整齐，发育一致。如果体重低于此数，应采取果断措施，或加大补料数量，或提高饲料的营养含量，或二者兼而有之。

第一，备好产蛋箱。开始产蛋的前一周，将产蛋箱准备好，让其适应环境。

第二，改换日粮。改换日粮是指由生长日粮换为产蛋日粮，开产时增加光照时间要与改换日粮相配合，如只增加光照，不改换饲料，易造成生殖系统与整个鸡体发育的不协调。如只改换日粮不增加光照，又会使鸡体积聚脂肪，故一般在增加光照1周后改换饲粮。

第三，调整饲料中的钙水平。产蛋鸡对钙的需要量比生长鸡多3～4倍。笼养条件下，产蛋鸡饲料中一般含钙3%～3.5%，不超过4%。而放养鸡的产蛋率低于笼养鸡，此外，在放养场地鸡可以获得较多的矿物质。因此，放养鸡的钙补充量低于笼养鸡。根据我们的经验，19周龄以后，饲料中钙的水平提高到1.75%，20～21周龄提高到3%。

对产蛋鸡适当补钙应注意的是：如对产蛋鸡喂过多的钙，不但抑制其食欲，也会影响磷、铁、铜、钴、镁、锌等矿物质的吸收。同时也不能过早补钙，补早了反而不利于钙在骨骼中的沉积。这是因为生长后期如饲料中含钙量少时，小母鸡体内保留钙的能力就较高，此时需要的钙量不多。在实践中可以采用的补钙方法是：当鸡群见第一枚蛋时，或开产前两周在饲料中加一贝壳或碳酸钙颗粒，也可成一些矿物质于料槽中，任开产鸡自由采食，直到鸡群产蛋率达5%，再将生长饲料改为产蛋饲料。

第四，增加光照。21周龄开始逐渐增加光照。正如上面所述，增加光照与改换饲料相配合。

三、产蛋料的配制

1. 产蛋期营养浓度

产蛋期精料补充料的营养浓度，可参考表6-18的标准。

表 6-18 河北柴鸡放养产蛋期精料补充料营养浓度

项目	开产期	产蛋高峰期	其他产蛋期
代谢能/(MJ/kg)	12.08	12.30	12.30
粗蛋白/%	16	17	16
钙/%	2.4	3.0	2.8
有效磷/%	0.44	0.46	0.44
赖氨酸/%	0.73	0.75	0.73
(蛋氨酸+胱氨酸)/%	0.59	0.62	0.59

该营养推荐量与笼养蛋鸡相同阶段的营养标准比较，能量提高了约5%，蛋白质降低了约1个百分点。钙有所降低，有效磷保持相对一致的水平，必需氨基酸稍有下降。这是根据放养柴鸡活动量较大，能量消耗多；采食的优质牧草较多，氨基酸比例较好；产蛋率较低，从野外获得的矿物质较笼养多的缘故。根据我们的实践，实行这样的营养浓度配制的饲料，可满足放养柴鸡产蛋的需求，可获得较理想的饲养效果。

2.产蛋期饲料配方推荐

为了便于读者参考，现将我们设计的产蛋期河北柴鸡的饲料配方推荐给大家。

(1)开产期饲料配方

玉米72.00%，大豆粕10.0%，花生仁饼8.0%，鱼粉(国产)2.20%，磷酸氢钙1.30%，石粉5.52%，蛋氨酸0.10%，赖氨酸0.11%，植物油1.0%，添加剂0.50%，食盐0.30%。

主要营养含量：禽代谢能12.05 MJ/kg，粗蛋白16.00%，钙2.4%，有效磷0.43%，赖氨酸0.74%，蛋氨酸0.35%，蛋氨酸+胱氨酸0.62%。

(2)产蛋高峰期饲料配方

玉米63.7%，大豆粕11.5%，花生仁饼8.0%，鱼粉(国产)4.0%，磷酸氢钙1.20%，石粉7.7%，蛋氨酸0.10%，植物油3.0%，添加剂 0.50%，食盐 0.30%。

主要营养含量：禽代谢能 12.18 MJ/kg，粗蛋白 17.00%，钙 3.2%，有效磷 0.45%，赖氨酸 0.75%，蛋氨酸 0.38%，蛋氨酸+胱氨酸 0.65%。

(3)其他产蛋期饲料配方

玉米 67.70%，大豆粕 8.0%，棉籽饼 2.0%，花生仁饼 8.0%，鱼粉(国产) 3.0%，磷酸氢钙 1.20%，石粉 7.2%，蛋氨酸 0.10%，赖氨酸 0.05%，植物油 2.0%，添加剂 0.50%，食盐 0.30%。

主要营养含量：禽代谢能 12.20 MJ/kg，粗蛋白 16.10%，钙 3.0%，有效磷 0.43%，赖氨酸 0.71%，蛋氨酸 0.36%，蛋氨酸+胱氨酸 0.62%。

(4)冬季产蛋期饲料配方

玉米 67.7%，大豆粕 8.0%，苜蓿粉 5.0%；花生仁饼 5.0%，鱼粉(国产) 3.0%，磷酸氢钙 1.20%，石粉 7.2%，蛋氨酸 0.10%，赖氨酸 0.05%，植物油 2.0%，添加剂 0.50%，食盐 0.30%。

主要营养含量：禽代谢能 12.20 MJ/kg，粗蛋白 15.80%，钙 3.0%，有效磷 0.43%，赖氨酸 0.70%，蛋氨酸 0.35%，蛋氨酸+胱氨酸 0.60%。

四、补料量的确定

柴鸡产蛋期精料补充量的多少，受很多因素的影响，主要是鸡种、产蛋阶段和产蛋率、草地状况和饲养密度。

1.品种

土鸡的觅食力较强，觅食的范围较广，产蛋性能较低，一般补料量较少。现代配套系在优越的环境下培育而成，习惯于笼内饲养，对野外生存环境的适应性较差，自我寻找食物的能力远不如本地柴(土)鸡，因此，饲料补充量应该多些。

2. 产蛋阶段和产蛋率

产蛋高峰期需要的营养多，饲料的补充量自然增加多。非产蛋高峰期补充饲料量少些。生产中发现，同样的鸡种、同一产蛋日龄，但产蛋率差异很大。有的高峰期产蛋率 80%左右，而有的仅仅 40%。因此，对于不同的鸡群饲料的补充量不能千篇一律。应根据鸡群的具体情况而灵活掌握。

3. 草地状况和饲养密度

生态放养鸡主要依靠其自身在草地采食自然饲料，精料、补充料仅是营养的补充，而采食自然饲料的多少，主要受到草地状况和饲养密度的影响。当草地的可食牧草很多，虫体很多，饲养密度较低，基本可以满足鸡的营养要求时，每天仅少量补充饲料即可。否则，饲养密度较大，草地可供采食的植物性饲料和虫体饲料较少，那么主要营养的提供需人工补料。在这种情况下，必须增加补料量。

在生产中，具体的补充饲料数量可根据以下情况灵活掌握：

一看蛋重增加趋势。初产蛋很小，河北柴鸡的蛋一般只有 35 g 左右，2 个月后蛋增重达到 42～44 g，基本达到柴鸡蛋标准。开产后蛋重在不断增加，每千克鸡蛋平均 23～24 个，说明鸡营养适当。营养不足时鸡蛋的重量小，每个鸡蛋不足 40 g，这说明鸡养得不好，管理不当，营养不平衡，补料不足。

二看蛋形。柴鸡蛋蛋形圆满，大小端分明。若蛋大端偏小，大小两头没有明显差异，说明营养不良。这样的鸡蛋往往重量小，与补料不足有关。

三看产蛋时间分布。大多数鸡产蛋在中午以前，上午 10 点钟左右产蛋比较集中，12 点钟之前产蛋占全天产蛋率的 75% 以上。如果产蛋率不集中，下午产蛋的较多，说明饲料补充不足。

四看产蛋率上升趋势。开产后产蛋上升很快，在 2 个多月、最迟 3 个月达到产蛋高峰期（柴鸡 60%以上，现代鸡 65%以上)，说明营养和饲料补充得当。如果产蛋率上升较慢、波动较大，甚至出现下降，可能在饲料的补充和饲养管理上出现了问题。

五看鸡体重变化。开产时应在夜间抽测鸡的体重。产蛋一段时间后，如鸡体重不变或变化不大，说明管理恰当，补料适宜。如鸡体过肥，是能量饲料过多的表征，说明能量、蛋白质的比例不当，应当减少能量饲料比例。但是，根据笔者几年的观察，在草地放养条件下，除了停产以外，很少出现鸡体过肥现象。如鸡体重下降，说明营养不足，应提高补料质量和增加补料数量，以保持良好的体况。

六看食欲。每天傍晚喂鸡时，鸡很快围聚争食，说明食欲旺盛，鸡对营养的需求量大，可以适当多喂些。若来得慢，不聚拢、争食、抢食，说明食欲差或已觅食吃饱，应少喂些。

七看行为。如果鸡群正常，没有发现相互啄食现象，说明饲料配合合理，营养补充满足。如果出现啄羽、啄肛等异常情况，说明饲料搭配不合理，必需氨基酸比例不合适，或饲料的补充不足，应查明原因，及时治疗。

为了探讨产蛋期河北柴鸡的适宜补料量，我们进行了有关试验，对产蛋性能和鸡蛋品质进行了较系统的研究。在人工草场(苜蓿地＋果园)产蛋末期(478 日龄)的河北柴鸡中选择健康状况良好、产蛋正常的鸡 300 只，随机分为 3 组(Ⅰ组、Ⅱ组和Ⅲ组)，每组 100 只。3 个组补饲饲料的营养水平一致(粗蛋白 14.97%，粗脂肪 2.97%，粗纤维 3.57%，钙 2.39%，磷 0.61%，代谢能 11.30 MJ/kg)，补料量不同。其中Ⅰ组每只鸡每天 50 g，Ⅱ组每只鸡每天 70 g，Ⅲ组每只鸡每天 90 g。试鸡进行围栏放养，每 667 m^2 放养 40 只，草场类型一致。试验期 1 个月。试验结果如表 6-19 所示。

表 6-19 不同补饲量对放养蛋鸡产蛋性能的影响

组别	产蛋率/%	每只每日产蛋量/g	每只每日耗料量/g	料蛋比	软蛋、破蛋、异形蛋率/%
Ⅰ组	30.092^{A}	12.678^{A}	50^{A}	3.944^{A}	0.613
Ⅱ组	43.654^{B}	18.189^{B}	70^{B}	3.848^{A}	0.546
Ⅲ组	44.607^{B}	18.913^{B}	90^{C}	4.759^{B}	0.560

注：同一列上标大写字母不同表示差异极显著（$P<0.01$）。同列上标相同小写字母差异不显著（$P>0.05$），下同。

由表 6-19 可以看出，Ⅰ组的产蛋率最低，极显著的低于Ⅱ组和Ⅲ组（$P<0.01$），Ⅱ组和Ⅲ组产蛋率相近（$P>0.05$）。每只每日产蛋量Ⅱ组和Ⅲ组分别比Ⅰ组提高 43.47%和 49.18%，差异极显著（$P<0.01$），Ⅱ组和Ⅲ组差异不显著（$P>0.05$）。Ⅰ组和Ⅱ组在料蛋比上不存在显著差异（$P>0.05$），Ⅲ组的料蛋比分别比Ⅰ组和Ⅱ组提高 20.66%和 23.69%，差异达到极显著水平（$P<0.01$）。Ⅰ组、Ⅱ组和Ⅲ组在软蛋、破蛋、异形蛋率上不存在显著性差异（$P>0.05$）。

由表 6-20 和表 6-21 可以看出，Ⅰ组、Ⅱ组和Ⅲ组在蛋黄相对重、蛋清中蛋白质含量、蛋黄中蛋白质含量、蛋黄中脂肪/鲜蛋重、蛋黄中胆固醇含量和蛋黄中磷脂质含量等没有显著性差异（$P>0.05$），即这 3 组的鸡蛋品质并没有明显区别。

表 6-20 不同补饲量对放养蛋鸡鸡蛋品质的影响(一) %

组别	蛋重/g	蛋形指数	蛋黄颜色	蛋黄系数
Ⅰ组	40.08±1.42	73.24±6.30	10.40±1.20	38.67±1.86
Ⅱ组	41.06±0.87	75.24±1.68	11.87±0.94	36.70±0.69
Ⅲ组	42.41±1.25	74.34±0.92	11.65±0.55	38.21±1.41

组别	哈夫单位	蛋黄含水量	蛋清含水量
Ⅰ组	70.21±4.23	46.65±1.24	87.45±0.69
Ⅱ组	72.35±1.58	43.98±0.33	86.32±1.02
Ⅲ组	71.52±1.08	45.36±1.34	87.60±0.88

表 6-21 不同补饲量对放养鸡鸡蛋品质的影响(二) %

组别	蛋黄相对重	蛋清中蛋白质含量	蛋黄中蛋白质含量
Ⅰ组	35.20±0.84	12.05±1.21	15.43±0.90
Ⅱ组	35.81±1.86	11.64±1.05	17.08±0.88
Ⅲ组	35.52±0.67	11.46±0.54	16.62±0.49
组别	蛋黄中脂肪/鲜蛋重	蛋黄中胆固醇含量/(g/kg)	蛋黄中磷脂质含量
Ⅰ组	10.90±0.89	12.71±1.07	13.18±0.18
Ⅱ组	11.13±0.43	11.31±0.23	13.17±0.27
Ⅲ组	11.08±1.12	12.55±1.33	13.20±0.54

由表 6-22 可知，Ⅰ组在饲喂 50 g/(只·d)的前提下，总产蛋重和鸡蛋收入均低于Ⅱ组和Ⅲ组，但饲料支出也最少；Ⅱ组在饲喂 70 g/(只·d)的前提下，35 d 的时间里取得的总收益是最高的；Ⅲ组虽然总产蛋重和鸡蛋收入均为最高，但饲料支出也最高，总收益是最低的。

表 6-22 不同补饲量对放养蛋鸡经济效益的影响

组别	总产蛋重/g	蛋价/(元/kg)	鸡蛋收入/元	耗料/kg	料价/(元/kg)	饲料支出/元	毛利/元
Ⅰ组	44 372.403	10.40	461.472	175.00	1.7	297.5	163.972
Ⅱ组	63 681.564	10.40	662.288	244.92	1.7	416.364	245.924
Ⅲ组	66 197.000	10.40	688.448	315.00	1.7	535.5	152.948

综合以上各项指标，本试验表明，在草场状况较好的情况下，产蛋鸡每天每只精料的补充量以 70 g 为宜。由于本试验是在产蛋后期进行，尽管每天 70 g 的补料量获得较好效果，但总体产蛋水平较低(试验之前其产蛋率始终较低，在 30% 左右徘徊)，如果鸡群状况较好和非产蛋末期，其效果会更好。

五、光照的控制

蛋鸡在野外放养,人们很容易忽视光照的控制。其实,正如蛋鸡笼养一样,光照对放养鸡是同等重要的。

蛋鸡每日的光照时数和光照强度对其生产性能有决定性的作用,即对蛋鸡的性成熟、排卵和产蛋等均有影响。其作用机理:一般认为,禽类有两个光感受器,一个为视网膜感受器即眼睛,另一个位于下丘脑。光线的刺激经视神经叶的神经到达下丘脑。另外,光线也可以直接通过颅骨作用于松果体及下丘脑。下丘脑接受刺激后分泌促性腺素释放激素。这种激素通过垂体门脉系统到达垂体前叶,引起卵泡刺激素和排卵激素的分泌,促使卵泡的发育和排卵。发育的卵泡产生雌激素,促使母鸡输卵管发育和第二性征显现。排卵激素则引起母鸡的排卵。

以往小规模家庭蛋鸡散养,任其在自然环境中生长,不另外补光,即只采用自然光照。这样,产蛋随季节而剧烈变化。一般为春季开产,夏季歇窝(抱窝),秋季换毛,冬季停产。因而,产蛋量很低。规模化蛋鸡生态放养,要改变传统的养殖模式,人工控制环境,以便获得较高的生产效果。

规模化生态放养蛋鸡光照控制应做好以下工作:

①熟悉当地自然光照情况。我国大部分地区自然光照情况是冬至到夏至期间日照时间由短逐渐变长,称为渐长期。从夏至到冬至期间由长逐渐缩短,称为渐短期。应从当地气象部门获取当地每日光照时间资料,以便制定每日的光照计划。

②光照原则。在生产实践中,日自然光照时间不足需人工光照补足。光照时间的基本原则是育成期光照时间不能延长,产蛋期光照时间不能缩短。一般产蛋高峰期光照时间控制在 16 h 即可,再增加光照时间的意义不大。

③补光方法。一般多采取晚上补光，配合补料和光照诱虫一举多得。也可以采取两头补光，即早晨和傍晚两次将光照时间达到设计程序规定时数。

④注意的问题。人工补充光照，应尽量使光照基本稳定，促使产蛋性能相应提高。增加光照时间不要突然增加，应逐渐完成。补光程序一经固定下来，就不要轻易改变。

针对产蛋鸡的光照要求，可参考种鸡的光照程序，如表 6-23 和表 6-24 所示。

程序举例：3 月份出雏的小鸡，在中国中部北纬 30°～39°地区饲养，可按照表 6-23 中 3 月份出雏的程序表中执行，即自然光照到 17 周末，然后每天光照 15 h 直至 21 周末，22 周开始每天光照时间为 16 h 直至淘汰。

表 6-23 北纬 30°～39°地区建议光照程序 h

出雏月份	1～13 周龄	14 周龄	16 周龄	18 周龄	20 周龄	22 周龄	24 周龄	26 周龄	28 周龄	30～68 周龄
1月	自然光照					16				
2月	自然光照			16						
3月	自然光照			15		16				
4月	自然光照			15		16				
5月	自然光照		14	15		16				
6月	自然光照		14	15		16				
7月	自然光照	12		13	14	15	16			
8月	自然光照	12		13	14	15	16			
9月	自然光照	12		13	14	15	16			
10月	自然光照									16
11月	自然光照								16	
12月	自然光照							16		

表 6-24 北纬 40°～45°地区建议光照程序 h

出雏月份	1～13周龄	14周龄	16周龄	18周龄	20周龄	22周龄	24周龄	26周龄	28周龄	30～68周龄
1月	自然光照				16					
2月	自然光照		16							
3月	自然光照		15	16						
4月	自然光照		15	16						
5月	自然光照		15	16						
6月	自然光照	13		14	15			16		
7月	自然光照	12		13	14	15		16		
8月	自然光照	12		13	14	15		16		
9月	自然光照	12		13	14	15		16		
10月	自然光照		12	13	14	15	16			
11月	自然光照									16
12月	自然光照							16		

六、淘汰低产鸡

鸡群中产蛋性能和健康状况有很大差别，特别是本地土鸡，缺乏系统选育，无论是体型外貌，还是生产性能，相差悬殊。如果将低产鸡、停产鸡、僵鸡以及软脚、有病的鸡及早淘汰，将高产健康的鸡选留后继续饲养，不仅生产性能进一步提高，而且可以消耗较少的饲料，承受更小的风险，获得更大的效益。

（一）产蛋高低的鉴别

淘汰低产鸡首要的问题是怎样鉴别高产和低产或停产鸡、健康与患病鸡。我国养鸡工作者在生产实践中积累了丰富的经验，可根据表型与生产性能的相关性，鉴别高产与低产、优与劣。

其一，产蛋鸡眼睛明亮有神，鸡冠、肉髯大而红润、富有弹力，用手触之有温暖的感觉，开产后鸡冠倒向一侧（现代培育品种）。低产鸡一般眼神迟钝，鸡冠小而萎缩，苍白无光泽，以手触之有凉的感觉。

其二,产蛋鸡的肛门宽大,湿润、扩张。停产鸡的肛门干燥而收小,无弹性。

其三,高产鸡腹部容积大,触摸皮肤细致、柔软有弹性,两耻骨末端柔软、有弹性。低产鸡或停产鸡腹部容积小,触摸皮肤粗糙、发硬、无弹性,两耻骨末端坚硬。

其四,产蛋鸡耻骨之间分开有伸缩性,可放入 3 个手指。停产鸡耻骨固定紧贴,难以放入 2 个手指。

其五,产蛋鸡羽毛蓬松稀疏,比较粗糙、干燥;不产蛋鸡羽毛光滑,覆盖较严密,富有光泽、丰满。高产鸡换羽晚,但换羽速度快,而低产鸡换羽早但换羽速度慢。

其六,高产的现代白色鸡种开产以后皮肤的黄色素从肛门、眼睑、耳朵、喙、脚(从脚前到脚后)、膝关节依次褪色,而低产鸡或停产鸡褪色较慢或仍为黄色。停产约 3 周的鸡喙呈黄色,停产约 10 d 的鸡喙的基部是黄色。

其七,种鸡在产蛋配种季节看不到背部有与公鸡交配时踩踏的痕迹,而外表又很肥胖的多为低产鸡或停产鸡。

其八,低产鸡活动异常灵活、快捷而不易捕捉;而高产鸡却较温驯,活动不多,易捕捉。

其九,产蛋鸡出窝早,归窝晚,采食勤奋;不产蛋鸡相反,饮食位置不固定,常来回走动,随意性较大。

其十,每天早晨看粪便,粪便干成细条状的为低产鸡(不产蛋鸡消化慢,消化道变形)。粪便松软成堆、量多的为高产鸡。

其十一,常趴窝不下蛋,也不抱窝,用手探摸,腹部无蛋,尤其是下午 4 点钟以后仍在蛋箱中,不愿采食的鸡为寡产鸡或停产鸡。

其十二,卵巢退化,功能紊乱,出现性变异而公性化、同时啼鸣者为低产鸡或停产鸡。

(二)低产、停产鸡形成的原因

因种蛋品质或其他原因形成的弱雏,在育雏、育成期未能跟上其他鸡，体重小、瘦弱，卵巢和输卵管发育不充分；育成期群体太大，管理不细，强弱未分群，使部分鸡生长发育受阻；在自然光照长的季节培育后备鸡，往往使鸡性成熟过早，提前开产，引起产蛋疲劳和早衰；部分鸡因卵黄性腹膜炎、马立克氏病、传染性支气管炎、血液原虫病及其他寄生虫病等的侵害，造成停产或低产；因难产脱肛或被其他鸡啄肛，失去正常产蛋能力。

（三）淘汰低产鸡的时间

一般来说，发现低产鸡可及时淘汰。但对于规模化鸡场而言，集中淘汰可安排 2～3 次。

第一次淘汰时间可安排在产蛋高峰初期（即 28 周龄左右）。此时可将一些因生理缺陷或发育差未开产的鸡进行淘汰，特别是在青年鸡阶段一些鸡因患某些疾病（如支气管炎），其生殖器官严重受损而发育不良，其终生将不能产蛋。

第二次淘汰时间可安排在产蛋高峰过后（43 周龄左右）。高产鸡经过产蛋高峰之后产蛋率逐渐下降，但其产蛋曲线并非陡降，而是稳中有降。而低产鸡产蛋率下降严重，也有一些鸡已经停产。

第三次淘汰可在第二个产蛋年，即产蛋 1 周年左右进行（72～73 周龄）。此期结合人工强制换羽，将没有饲养价值的鸡淘汰，选留部分优良鸡经过强制换羽后，继续饲养一段时间，挖掘其遗传潜力。

（四）淘汰方法

准确选择低产鸡是淘汰的关键。很多有经验的农民采用费工但非常有效的手段。夜间手持手电筒，连续 3 d 触摸鸡的子宫，凡是子宫内有蛋的鸡在其腿部系 1 根布条。经过 3 d 的检测，凡是有 2～3 根布条的鸡全部保留，没有布条的鸡全部淘汰，只有 1 根布条的酌情处理。这种方法尽管笨了些，但是非常可靠。

淘汰作业必须在夜间进行。一般由 2 个人同时操作。其中一个人熟悉淘汰技术，另一个人持手电筒并进行捉鸡。鸡一看到灯光就会抬起头来，通过观察其鸡冠、羽毛、触摸其耻骨等，或根据腿部标记的布条，将被淘汰的鸡轻轻捕捉，放在专用鸡笼内，集中运走。

淘汰鸡的工作一定要细致，操作动作要轻，小心谨慎，防止惊群。在淘汰鸡的前 2 d 和后 2 d，在饮水中添加抗应激剂(一般用电解多维素)，以降低淘汰过程对鸡群的影响。一般来说，淘汰鸡后的 1～2 d，鸡群的产蛋率略有下降，但很快恢复，并且产蛋率有个新的高峰(淘汰低产鸡和停产鸡的缘故)。

七、抱性催醒

抱性即就巢性，俗称抱窝，属禽类繁殖后代的一种正常生理现象。就巢性的强弱与品种类型有直接关系。一般来讲，我国本地鸡的就巢率很高，如河北柴鸡和乌鸡的就巢率高达 60%以上，严重影响鸡群体的产蛋水平。

就巢的发生与鸡体内激素变化有关，是下丘脑 5-羟色胺活性增强和腺垂体催乳素分泌增加的结果。

一般来说，母鸡就巢与季节和气温有关。也就是说，有利于鸡孵化即繁衍后代的气候条件，就容易发生抱窝现象。抱窝多发生在春末夏秋。同时，环境因素也会诱发就巢性。幽暗环境和产蛋窝内积蛋不取，可诱发母鸡就巢性。一旦一只鸡出现抱窝，其声音和行为对其他鸡有诱导作用。

我国科技工作者和养鸡生产者，在长期的试验和实践中，探索了很多治疗鸡抱窝的方法，积累了丰富的经验。下面列举一些方法，供生产中参考：

①丙酸睾丸素法。每只鸡肌肉注射丙酸睾丸素 5～10 mg，用药后 2～3 d 就醒抱，1～2 周后即可恢复产蛋。丙酸睾丸素可抑制和中和催乳素，使体内激素趋于平衡而醒抱。

②异烟肼法。按就巢母鸡每千克体重 0.08 g 异烟肼口服，一般 1 次投药可醒抱 55%左右；对没有醒抱的母鸡次日按每千克体

重 0.05 g 再投药 1 次。第二次投药后醒抱可达到 90%,剩下的就巢母鸡第三天再投药 1 次,药量也为每千克体重 0.05 g,可完全消除就巢现象。

异烟肼醒抱就巢母鸡,实际上是利用大剂量异烟肼所产生的中枢兴奋作用。其作用机理是异烟肼可与鸡体内的维生素 B_6 结合,造成维生素 B_6 缺乏,导致谷氨酸生成 γ-氨基丁酸受阻,使中枢抑制性递质 γ-氨基丁酸减少,产生中枢兴奋作用。当出现异烟肼急性中毒时,可内服大剂量维生素 B_6 以解毒,并配合其他对症治疗。

③三合激素法。三合激素(即丙酸睾丸素、黄体酮和苯甲酸雌二醇的油溶液),对抱窝母鸡进行处理,按 1 mL/只肌肉注射,一般 1～2 d 即可醒抱。

④水浸法。将抱窝母鸡用竹笼装好或用竹栏围好,放入冷水中,以水浸过脚高度。如此 2～3 d,母鸡便可醒抱。其原理在于鸡在水中加速降温和增加环境应激,抑制催乳素的分泌。

⑤悬挂法。将抱窝母鸡放入笼中,悬吊在树上,并使鸡笼不断地左右摇摆,很快促使其醒抱。

⑥易地法。将抱窝母鸡放入另一鸡群中,改变生活环境。由于环境陌生,并受到其他鸡的追逐,可促使母鸡醒抱。

⑦电感应刺激法。以 12 V 低电压刺激抱窝母鸡,即将电极一端放入鸡口腔内,另一端接触鸡冠叉。触电前在鸡冠上涂些盐水,然后通电 10 s,间歇 10 s 后,再通电 10 s。经数次刺激后母鸡便可醒抱,并一般在醒抱后 7～10 d 便可恢复产蛋。

⑧解热镇痛法。服用安乃近或 APC(复方阿司匹林),取 0.5 g 安乃近或 0.42 g APC,每只鸡 1 片喂服,同时喂给 3～5 mL 水,10 h 内不醒抱者再增喂 1 次,一般 15 d 后即可恢复产蛋。

⑨硫酸铜法。每只鸡注射 20%硫酸铜水溶液 1 mL,促使其脑垂体前叶分泌激素,增强卵巢活动而离巢。

⑩针刺法。用缝衣针在其冠点穴，脚底深刺 2 cm，一般轻抱鸡 3 d 后可下窝觅食，很快恢复产蛋，若第三天仍没有醒抱，按上法继续进行 3 次就可见效。

⑪酒醉法。每只抱窝鸡灌服 40°～50°白酒 3 汤匙，促其醉眠，醒酒后即可醒抱。

⑫灌醋法。趁早晨空肚时喂抱窝鸡 1 汤匙醋，到晚上再喂 1 次，连续 3～4 d 即可。

⑬清凉解热法。早晚各喂人丹 13 粒左右，连用 3～5 d。

⑭盐酸麻黄素法。每只抱窝鸡每次服用 0.025 g 盐酸麻黄素片，兴奋其中枢神经，若效果不明显，第三天再喂 1 次，效果很好。

⑮剪毛法。把抱窝鸡大腿、腹部、颈部、背部的长羽毛剪掉，翅膀及尾部羽毛不剪。这样，鸡很快停止抱性，且对鸡的行动没有影响，1 周内可恢复产蛋。

⑯复合药物法。将冰片 5 g、己烯雌酚 2 mg、咖啡因 1.8 g、大黄苏打片 10 g、氨基比林 2 g、麻黄素 0.05 g，共研细末，加面粉 5 g、白酒适量，搓成 20 粒丸，每日每只喂服 1 粒，连喂 3～5 d。

⑰感冒胶囊法。发现抱窝母鸡，立即分早、晚 2 次口服速效感冒胶囊，每次 1 粒，连服 2 d 便可醒抱。醒抱后的母鸡 5～7 d 就可产蛋。

⑱磷酸氯喹片法。每日 1 次，每次 0.5 片(每片 0.25 g)，连服 2 d，催醒效果在 95%以上。用 1～2 粒盐酸喹宁丸有同样效果。

⑲清凉降温法。用清凉油在母鸡脸上擦抹，注意不要抹入眼内；热天还可以将鸡用冷水喷淋或每天直接浸浴 3～4 次，以降低体温，促其醒抱。

八、产蛋窝和捡蛋

草地生态养殖，鸡蛋的内在品质优于笼养。这是我们在几年的试验中进行多次比较研究的结果，同时也被众多的试验所验证。

但是，不可否认的是，如果管理不善，处理不当，放养鸡所产鸡蛋的外在品质存在很多问题，特别是窝外蛋多，蛋壳较脏，被严重污染，极大地影响鸡蛋的外观和保存期，间接影响内在品质。提高放养蛋鸡鸡蛋外在品质，降低窝外蛋，首先应了解鸡的产蛋行为或产蛋习性。

(一)产蛋习性

1. 喜暗性

鸡喜欢在光线较暗的地方产蛋，产蛋箱应背光放置或遮掩，产蛋箱要避开光源直射。

2. 色敏性

禽类的视觉较发达，能迅速识别目标，但对颜色的区别能力较差，只对红、黄、绿光敏感。有研究认为，母鸡喜欢在深黄色或绿色的产蛋箱内产蛋，如果产蛋箱颜色能与此一致，则效果较好。

3. 定巢性

鸡的第一个蛋产在什么地方，以后仍到此产蛋。如果这个地方被别的鸡占用，宁可在巢门口等候也不愿进入旁边的空巢，在等不及时往往几只鸡同时挤在一个产蛋箱内，这样就发生等窝、争窝现象，相互争斗和踩破鸡蛋，斗败的鸡就另寻去处或将蛋产在箱外。另外，等待时间过长会抑制排卵，推迟下次排卵而减少产蛋量。

4. 隐蔽性

鸡喜欢到安静、隐蔽的地方产蛋，这样有安全感，产蛋也较顺利。因此，产蛋箱的设置要有一定的高度和深度，鸡进入其中隐蔽性较好，能免受其他鸡的骚扰。饲养员在操作中要轻、稳，以免弄出突然的响声惊吓正在产蛋的鸡，而产生双黄蛋等异常现象。

5. 探究性

母鸡在产第一个蛋之前，往往表现出不安，寻找合适的产蛋地点。在临产前爱在蛋箱前来回走动，伸颈凝视箱内。认好窝后，轻踏脚步试探入箱，卧下后左右铺开垫料成窝形。离窝回顾，发出产蛋后特有的鸣叫声。因此，种鸡蛋箱的踏步高度应不超过 40 cm。

(二)垫料

垫料包括垫料的颜色、垫料卫生和垫料厚度等。垫料对鸡的产蛋行为和蛋的外在质量有重大影响。

1. 垫料颜色

研究表明，垫料颜色会影响鸡的窝外蛋百分率。产蛋鸡对垫料的颜色有选择性。国外的有关科学家进行了较细致的研究。他们的调查表明，褐色的垫料比橘黄色、白色和黑色的同种垫料更受鸡的喜欢。于是他们以褐色垫料为标准对照组，以绿色、灰色和黑色垫料为对照，试验设计中采用交错排列，保证了所有产蛋箱位置的有均等的代表性。在整个 40 周的产蛋过程中，对每个产蛋箱中母鸡的产蛋数作为期 11 周的记录；至 49 周龄时将产蛋箱垫料的颜色排列顺序颠倒过来，记录停止 2 d 后继续进行，在记录 1 周后(50 周龄)，每隔 4 周记录 1 次每个产蛋箱中的产蛋总数。

研究结果表明，与标准褐色垫料相比，仅灰色垫料明显地受母鸡偏爱。在 49 周龄和 50 周龄之间进行垫料位置变换的前后，这种优势都明显存在。

在此试验的基础上，他们又专门比较了褐色和灰色两种垫料，以便比较各自窝外蛋的百分率。正如所预料到的，开产时在灰色垫料产蛋箱中下蛋的母鸡产较少的窝外蛋，而用于对照的褐色垫料组表现出较高的窝外蛋百分率。另外，奇怪的是，在灰色垫料产蛋箱中产蛋的母鸡产蛋总数增加(窝内蛋与窝外蛋总和)，并且表现出较好的饲料转化率(整个 40 周龄)。分析认为，这种增加可能有两个原因：一种是由于窝外蛋的减少，将所有的鸡蛋全部收集，没有遗漏损失；还有一种可能是母鸡找到了更适宜自己的产蛋环境而产较多的蛋。

2. 垫料卫生和垫料厚度

鸡产出的蛋首先接触的便是产蛋窝内的垫料，因而要保证产蛋箱内垫料干燥、清洁,无鸡粪。由于刚产出的蛋表面比较湿润,蛋自身湿度与室温温差较大,表面细菌极易侵入,因此必须及时清除窝内垫料中的异物、粪便或潮湿的垫料,经常更换新的、经消毒过的疏松垫料。垫料的厚度大约为产蛋窝深度的1/3,带鸡消毒时对产蛋箱一并喷雾消毒。防止舍内垫料潮湿和饮水器具的跑冒漏现象,降低舍内湿度。

(三)产蛋箱

产蛋箱的多少、位置、高度等,对鸡的产蛋行为和鸡蛋的外在质量有较大影响。

1. 产蛋箱的数量

产蛋箱数量少,容易造成争窝现象,久而久之使争斗的弱者离开而到窝外寻找产蛋处。因此,配备足够数量的产蛋窝很有必要。由于本地鸡或放养鸡的产蛋率较低,产蛋时间较分散,可每5只母鸡配备1个产蛋窝。

2. 产蛋箱摆放

产蛋箱分布要均匀,放置应与鸡舍纵向垂直,即产蛋箱的开口面向鸡舍中央。蛋箱应尽可能置于避光幽暗的地方。要遮盖好蛋箱的前上部和后上部。开产前将产蛋箱放在地面上,鸡很容易熟悉和适应产蛋环境,而且避免了部分母鸡在产蛋箱下较暗的地方做窝产蛋。产蛋高峰期再将蛋箱逐渐提高,此时鸡已经形成了就巢产蛋习惯,便不产地面蛋了。

3. 产蛋箱的结实度

产蛋是鸡繁衍后代的行为。它喜欢在最安全的地方产蛋或将蛋产在最安全的地方。如果产蛋箱不稳固,将影响其在窝内产蛋。应使产蛋箱具有吸引力,使它认为是产蛋最可靠的地方。产蛋箱应维护良好,底板结实,安置稳定,母鸡进出产蛋箱时不应摇晃或活动。进出产蛋箱的板条应有足够的强度,能同时承受几只鸡的重量。

4. 产蛋箱的诱导使用

训练母鸡使用产蛋箱是放养蛋鸡的一项基础性工作。为了诱导母鸡进入产蛋箱，可在里面提前放入鸡蛋或鸡蛋样物——引蛋(如空壳鸡蛋、乒乓球等)。鸡进入产蛋期后，饲养人员应经常在棚架区域内走动。早晨是母鸡寻找产蛋地点的关键时期，饲养员在舍内走动时密切关注母鸡的就巢情况。较暗的墙边、角落、台阶边、棚架边、钟形饮水器下方和产蛋箱下方比较容易吸引母鸡去就巢。饲养员应小心地将在这些地点筑窝的母鸡放到产蛋箱内，最好关闭产蛋箱，使其熟悉和适应这个产蛋环境，不再到其他地点筑窝。如果母鸡继续在其他地点筑窝，必要时可以用铁丝网进行隔开。通过几次干预，母鸡就会寻找比较安静的产箱内产蛋。发现地面或其他非产蛋箱处有蛋，应及时捡起。

(四)捡蛋和蛋的处理

能否及时捡蛋，对蛋的污染程度和破碎率的影响很大。最好是刚产下时即捡走，但生产中捡蛋不可能如此频繁，这就要求捡蛋时间、次数要制度化。大多数鸡在上午产蛋，第一次和第二次的捡蛋时间要调节好，尽量减少蛋在窝内的停留时间。一般要求每天捡蛋 3～4 次，捡蛋前用 0.1％的新洁尔灭洗手消毒，持经消毒的清洁蛋盘捡蛋。捡蛋时要净、污蛋分开，单独存放处理。在最后 1 次收集蛋后要将窝内鸡只抱出。

捡蛋时应将那些表面有垫料、鸡粪、血污的蛋和地面蛋单独放置。在鸡舍内完成第一次选蛋，将沙壳蛋、钢皮蛋、皱纹蛋、畸形蛋，以及过大、过小、过扁、过圆、双黄和碎蛋剔出。

有的人发现鸡蛋表面有污物，用湿毛巾擦洗。这样做破坏了鸡蛋的表面保护膜，使鸡蛋更难以保存。这是鸡蛋处理最忌讳的事情，千万注意！对有一定污染的鸡蛋，可先用细纱布将污物轻轻拭去，并对污染处用 0.1％百毒杀进行消毒处理。

（五）鸡蛋新鲜度的判断

目前我国的鸡蛋主要是销售鲜蛋，尤其是生态养鸡生产的高品质鸡蛋，基本全部是现产现销。因此，检验鸡蛋的新鲜度非常重要。可通过以下几种方法检验鸡蛋的新鲜度：

第一，感官鉴别。用眼睛观察蛋的外观形状、色泽、清洁程度。新鲜鸡蛋，蛋壳干净、无光泽，壳上有一层白霜，色泽鲜明。陈旧蛋，蛋壳表面的粉霜脱落；壳色油亮，呈乌灰色或暗黑色，有油样浸出；可有较多的霉斑。

第二，手摸鉴别。把蛋放在手掌心上翻转。新鲜蛋蛋壳粗糙，重量适当；陈旧蛋，手掂重量轻，手摸有光滑感。

第三，耳听鉴别。新鲜蛋相互碰击声音清脆，手握蛋摇动无声。陈旧蛋蛋与蛋相互碰击发出嘎嘎声（孵化蛋）、空空声（水花蛋），手握蛋摇动时是晃荡声。

第四，鼻嗅鉴别。用嘴向蛋壳上轻轻哈一口热气，然后用鼻子嗅其气味。新鲜蛋有轻微的生石灰味。

第五，照蛋鉴别。用专门的照蛋器，或用一箱子，上面挖一个小洞，箱子里放一盏灯泡，将需要检验的鸡蛋放在小洞上，通过从下射出的灯光观察鸡蛋内的结构和轮廓。

新鲜鸡蛋一般里面是实的，没有气室形成，而陈旧鸡蛋气室已经形成，放的时间越长，气室越大。新鲜的鸡蛋呈微红色、半透明、蛋黄轮廓清晰，而陈旧的鸡蛋发污，较浑浊，蛋黄轮廓模糊。

九、产蛋鸡的其他管理

（一）认真观察，掌握鸡群状况

一般来说，放养鸡体质健壮，疾病较少，但也不可掉以轻心。平时要认真观察鸡群的状况，发现个别鸡出现异常，及时分析和处理，防止传染性疾病的发生和流行。

观察鸡群可分几个阶段：首先，每天早晨放鸡时观察鸡群活动情况。健康鸡总是争先恐后向外飞跑，弱者常常落在后边，病鸡不愿离舍或留在栖架上。通过观察可及时发现病鸡，及时治疗和隔离，以免疫情传播。第二，放鸡后清扫鸡舍时观察鸡粪状况。正常的鸡粪便是软硬适中的堆状或条状物，上面覆有少量的白色尿酸盐沉积物。若粪过稀，则为摄入水分过多或消化不良。如为浅黄色泡沫粪便，大部分是由肠炎引起的。白色稀便则多为白痢病。而排泄深红色血便，则为鸡球虫病。第三，每天补料时观察鸡的精神状态。健康鸡特别敏感，往往显示迫不及待感。病弱鸡不吃食或被挤到一边，或吃食动作迟缓，反应迟钝或无反应。病重鸡表现精神沉郁、两眼闭合、低头缩颈、翅膀下垂、呆立不动等。第四，每天晚上观察鸡群的呼吸状况。晚上关灯后倾听鸡的呼吸是否正常，若带有咯咯声，则说明呼吸道有疾病。

（二）鸡舍消毒

草地放养鸡，由于阳光充足、微生物分解，环境的自净作用强，除非发生传染性疾病，一般放养草地不进行消毒。但是，鸡舍内的消毒必须加强。鸡舍地面、补料的场所每天打扫，定期消毒。水槽、料槽每天刷洗，清除槽内的鸡粪和其他杂物，让水槽、料槽保持清洁卫生，放养场进出口设消毒带或消毒池。栖架定期清理和消毒。鸡场谢绝参观。放养地应实行全进全出制。每批鸡放养完后，应对鸡棚彻底清扫、消毒，对所用器具、盆槽等熏蒸 1 次。同时，放养场地要安排 1～2 周的净化期。

十、强制换羽

强制换羽是现代养鸡业为提高蛋鸡产蛋量和实现循环产蛋而采取的一项技术措施，在蛋鸡生产中具有重要意义。经过强制换羽，可以缩短自然换羽的时间，延长蛋鸡的利用年限，降低引种和培育成本，可以尽快提高产蛋率，改进蛋壳质量。

强制换羽是笼养商品蛋鸡或种鸡的一项常规技术。但是，放养鸡，特别是放养土鸡，目前还少有人采用这项技术。笔者认为，对土鸡采用这项技术是可行的，尤其是对土种鸡实行强制换羽可缩短种鸡培育时间，抓住商机，获取更大的效益。

(一)强制换羽的时间

商品蛋鸡(土鸡)的强制换羽一般依照产蛋时间和产蛋率而定，可在产蛋8～10个月后进行或在产蛋率下降至30%时实施。按照强制换羽时间，可实施1次换羽或2次换羽。1次换羽是在第一期产蛋12个月左右时，进行强制换羽，休息2个月后，进入第二个产蛋高峰期。2次换羽一般在第一期产蛋8个月时，进行第一次强制换羽，休息2个月，在第二个产蛋期6个月时，进行第二次强制换羽，再进入第3个产蛋期。

(二)强制换羽的方法

强制换羽分为常规法、高锌法和复合中草药法3种。

1.常规法

(1)控饲

控饲的方法有多种。一是用谷糠类饲料取代配合饲料进行限饲，并在日粮中添加1%～1.5%的生石膏代替矿物质。二是完全停止供料8～10 d；三是完全停料与供饲整粒禾谷类饲料(玉米粒、小麦粒、谷粒等)结合。同时，用停料与极度限饲结合的方法，让鸡只处于极度饥饿状态，也可迫使蛋鸡停产换羽。

(2)控光

任何一种换羽方法都需要对光照时间加以控制，否则效果不佳。控制光照通常从断料开始进行，将强光改为弱光，并把光照时间由产蛋期16 h骤然降至6～8 h。

(3)控水

控水即为停水。停水措施并非所有强制换羽方案所必须，停水必须控制在1～2 d内。在天气炎热或控饲较严时则不能停水，否则会加大死亡率。

常规强制换羽方案，目前根据现有资料（王春光等，2005），按照三控（控料、控水和控光）强度的不同分为 3 种。其具体方案如表 6-25 至表 6-27 所示。

表 6-25　全断料强制换羽方案

时间/d	实施内容		
	饲料	饮水	光照
1～7	断料	充足饮水	停止人工光照或每天降至 8 h
8～25	只供采食籽实饲料	充足饮水	
26 d 以后	只供采食蛋鸡饲料	充足饮水	当体重恢复时，光照时间逐渐增至 14～16 h

表 6-26　极度限饲强制换羽方案

时间/d	实施内容		
	饲料	饮水	光照
1	充足供料	供水	停止人工光照或每天降至 8 h
2～4	断料	连续断水 2 d	
5 d 以后	按照每 100 只鸡每天供料 2.7～3.5 kg，当产蛋率降至 1%时，逐渐恢复自由采食	供水	恢复自由采食后，光照时间逐渐增至 14～16 h

表 6-27　快速强制换羽不断水方案

时间/d	实施内容		
	饲料	饮水	光照
1～10	断料，补充贝壳粒	充足饮水	停止人工光照或降至每天 8 h，直到恢复产蛋时再增至每天 14～16 h
11 d 以后	只供采食蛋鸡料	充足饮水	

2. 高锌换羽法

提高日粮中锌的含量，可按每千克饲料中含锌 200 mg（0.

02%)饲喂。氧化锌、硫酸锌和碳酸锌均可作为锌的来源,其中以氧化锌效果最佳。可在日粮含钙为3.5%~4%时加2.5%的氧化锌,自由采食,连喂7 d,产蛋率可降至0~2%。此法在停药后20~25 d产蛋率即可达50%(配套系商品蛋鸡)。若按每千克饲料添加2 g硫酸锌,连喂8 d,即可全部停止产蛋,停产后21 d即恢复产蛋,33 d即可使产蛋率达50%(配套系商品蛋鸡)。

3.复方中草药强制换羽法

据资料介绍(罗国琦等,2003),在五草饮中适量地加入板蓝根、芦根、艾叶、薄荷、蒲公英、茅根等中草药,煎熬冷却后作为饮水剂或药物干燥粉碎、饲料添加剂,经在强制换羽的鸡、鸭群中试用,确有显著地促羽生长,固本祛邪,抗病及催产、醒抱作用。

(1)方药组成

益母草500 g,鱼腥草250 g,稗子草500 g,三叶草500 g,车前草250 g。以上药物加水煎熬、冷却后,供500~800只鸡1 d内饮用。冬、春季可加入适量板蓝根、芦根、艾叶、柳枝等;夏、秋季可重用鱼腥草、三叶草、茅根、蒲公英、野生地、蝉蜕等;用于醒抱时,可灵活地加入薄荷、生地、冰片等适量,注意重用益母草、薄荷,并以药液饮用配合洗浴为好。

(2)操作方法

首先淘汰病残、低产、过肥和过瘦的个体,将强制换羽的鸡封闭,按常规法停水禁食,并停止人工补充光照(如鸡群停水48 h,禁食72 h,每天光照8 h)。于48 h、60 h分别给以五草饮100~150 mL/只,72 h后饲喂添加有2.5%硫酸锌的粗饲料,首次以半饱为度,以后由少渐多,逐日加量,自由饮用五草饮7 d或饲喂添加有五草饮的饲料7~10 d;10 d后恢复正常蛋鸡饲料,并逐日增加光照(每天增加30 min,直至日光照16 h止);同时,每周补喂0.1%高锰酸钾溶液消毒过的沙粒1~2次,恢复自由饮用常水。

(3)应用效果

某鸡场3批商品代蛋鸡群4 500只，按上述方法强制换羽，一般从停水禁食开始3周左右就有母鸡重新产蛋，4～5周产蛋率达10%～25%，7～8周产蛋率达55%～65%，10～12周产蛋率达70%～80%，15周时可达85%左右。此法比单一饥饿法、断水法、化学法等同期产蛋率提高5%～10%。

(三)强制换羽的指标变化

实施强制换羽，必然导致鸡群发生一系列的变化。这些变化应控制在一定的范围内。

1. 停产

在强制换羽开始的5～7 d，必须使鸡群的产蛋率降到1%以下；停产期为6～8周，期间要控制所有的鸡不产蛋。

2. 换羽

强制换羽后的第七天左右，鸡的体羽开始脱落，15～20 d脱羽最多，35～45 d换羽结束；当产蛋率达到50%时，有1/2以上的主翼羽已经脱落。

3. 失重

强制换羽后的10 d左右，鸡的体重要减轻18%～21%；整个换羽期的失重应控制在25%～30%。

4. 死亡

鸡在换羽期间的死亡率增加，但应控制在3%以内，即第一周应低于1%，10 d内应低于1.5%，5周内应低于2.5%，8周内应低于3%。

(四)实行强制换羽应注意的问题

第一，强制换羽措施的实施，有主动实施和被动实施。当出现以下4种情况时，可考虑实行强制换羽。一是当鸡群产蛋率低于40%(现代商品蛋鸡)或30%(本地土鸡)或约有10%的鸡开始自然换羽，该鸡群已准备保留时，应考虑强制换羽。二是当地方性流行某些疾病，鸡群培育将要承担风险或困难，而又需要群体更换时，可进行强制换羽。三是鸡群由于某些原因（如饲料更换、发生疾病、光照不足或欠规律、各种应激等）造成群体产蛋量突然下降，数日不能回升时，可考虑强制换羽。四是根据当地市场行情和养禽情况，面临或预测近期蛋类供应过剩时，也可考虑进行人工强制换羽。

第二，在拟定鸡群强制换羽计划时，应首先人工选择健壮无病、生产性能好、躯体发育良好的鸡。淘汰老、弱、病、残等无培养和无利用价值的鸡。这样的鸡在强制换羽过程中多数死亡，即便没有死亡，强制换羽后也没有多大的生产潜力。

第三，强制换羽开始前 10～15 d，要给予免疫注射，并进行驱虫、除虱，以保证鸡只适应强制换羽所造成的刺激，也可避免在下一个产蛋周期期间进行免疫注射和驱虫等而造成对鸡群的应激。

第四，在高度饥饿和紧张状态时，鸡群的适应能力和消化机能降低。故在强制换羽后开始恢复喂料时，要注意由少到多，先粗后精，少量多次，均匀供给，以保证鸡消化系统逐渐适应饲料更换和药液的刺激，避免因暴食暴饮而造成消化不良或死亡。

第五，夏天实行强制换羽，要注意降温，加强通风遮阴，防止中暑；冬天采用强制换羽，要增加能量饲料，注意防寒保温，以减少无谓损失。

第六，在强制换羽期间，鸡只体重明显下降，体质减弱，抗病能力降低，故易发生疾病。因此，要保护鸡群安全，除注意保持圈舍清洁干燥、温度适宜外，在强制换羽后期可在饮水中增加免疫增效剂（如电解多维素）或添加某些中草药等，以增强其扶正去邪、抗毒抗病功用，减少鸡只因应激而造成过多死亡。

第七，为确保强制换羽效果，迅速恢复产蛋性能，强制换羽后期，可在日粮中加大微量元素的添加，添加量为正常标准的 1～2 倍，连用 5～7 d；同时，还应注意钙质和复合维生素的补充。通过上述综合保护性措施，鸡群死亡率可控制在3%以内，产蛋性能恢复更快。

第八，强制换羽期间需注意鸡只互啄的问题。其主要防止措施是鸡舍遮黑，减少光照时间，待鸡群基本恢复正常后，再除去遮黑装置，恢复正常光照，进行正常饲养管理。

十一、两个重要阶段的饲养管理要点

放养鸡能否有一个高而稳定的产蛋率，在很大程度上取决于饲养管理。开产前和产蛋高峰期的饲养管理尤为重要。重视这两个阶段的饲养管理，可获得较好的饲养效果。

(一)开产前的饲养管理要点

1. 调整开产前体重

开产前3周(18～19周龄)，务必对鸡群进行体重的抽测，看其是否达到标准体重。此时平均体重应达1 300 g以上，最低体重1 250 g，群体较整齐，发育一致。如果体重低于此数，应采取果断措施，或加大补料数量，或提高饲料的营养含量，或二者兼而有之。

2. 备好产蛋箱

开始产蛋的前1周，将产蛋箱准备好，让其适应环境。

3. 调整钙水平

19周龄以后，钙的水平提高到1.75%，20～21周龄提高到3%。

4. 增加光照

21周龄开始逐渐增加光照。

(二)产蛋高峰期的饲养管理要点

放养条件下的鸡获得的营养较笼养鸡少，而消耗的营养较笼养鸡多，加之管理不如笼养鸡那样精细，因此，其产蛋率较笼养鸡低(一般低15%或以上)。在饲养管理不当的情况下，很可能没有明显的产蛋高峰(放养河北柴鸡产蛋高峰应达到60%以上)。为了达到较高而稳定的产蛋率,出现长而明显的产蛋高峰。认真做好饲养管理工作极为重要。

1.保证营养水平

对于放养鸡而言,其活动量很大,消耗的热能多,因此,饲料的补充能量占据非常重要的位置,应该是首位的;此外,还应满足蛋白质特别是必需氨基酸、钙、磷、维生素A、维生素D、维生素E的需要。

2.增加补料量

试验表明,不同的饲料补充量,鸡的产蛋率不同。随着补料量的增加,产蛋性能逐渐提高。根据笔者研究,在一般草场放养,产蛋高峰期,日精料补充量每只鸡以70～90 g为宜。

3.保持环境稳定、安静

产蛋高峰期最忌讳应激,特别是惊吓,如陌生人的进入、野生动物的侵入、剧烈的爆炸声和其他噪声等造成的惊群。

4.保持清洁卫生

产蛋高峰期也是蛋鸡最脆弱的时期,容易感染疾病或受到其他应激因素的影响而发病,或处于亚临床状态,影响生产潜力的挖掘。因此,应搞好鸡舍卫生、饮水卫生、饲料卫生和场地卫生,消除疾病的隐患。

5.严防啄癖

产蛋高峰期,由于光照、环境或营养不足,可能出现个别鸡互啄(啄肛、啄羽等)现象。如果发现不及时,被啄的鸡很快被啄死。因此,应认真观察,及时隔离被啄鸡,并予以治疗。如果发生啄癖的鸡比例较高,应查明原因,尽快纠正。

6.羽毛脱落及其控制

放养鸡鸡羽毛脱落的原因有以下几点:

①自然脱毛。脱毛是一个生理现象,包括现有羽毛的脱落、被

新羽毛生长的替代，通常伴随着蛋产量的减少甚至完全停产。自然脱毛先于成年羽毛之前，鸡生命过程要经历新旧羽毛交替的几次脱毛阶段。第一次换毛，绒毛被第一新羽替代，发生在6～8日龄至4周龄结束；第二次换毛，第一新羽被第二新羽替代，发生在7～12周龄间；第三次换毛，发生在16～18周龄间，这次换毛对生产是很重要的。在产蛋母鸡，自然换毛发生在每年白昼变短的时期，如我国阳历冬至前后(约12月20日前后)，此时甲状腺的激素分泌决定了换毛过程。人工光照的应用维持了恒定的光照，在这种条件下，鸡的自然换羽主要是通过调节家禽体内的"激素钟"来实现的。换毛特征：雄禽比雌禽换毛早。首先观察到家禽头颈部、然后波及胸部、最后是尾、翅部脱毛，换毛可能是局部的或全面的。脱毛的程度取决于家禽品种和家禽个体。脱毛持续的时间长短是可变的，较差的蛋鸡在6～8周龄间重新长出羽毛，而优良的蛋鸡则短暂停顿后(2～4周)较快地完成换毛过程。从生理上讲，产蛋停止使更多的日粮用于羽毛生长(自身合成的主要蛋白质)。雌激素是产蛋过程中释放的一种激素，起阻碍羽毛形成的作用，产蛋的停止减少了雌激素水平。因此，羽毛形成加快。

②啄羽。鸡群群序间的啄羽主要发生在头部，但不很严重。严重的啄羽往往是由于过度拥挤、光照问题和营养不平衡的日粮所致，且会伤及鸡只。啄羽导致的受伤伴随着出血，会吸引更进一步的同类相残的啄食。为了防止同类相残，最好的办法是隔离病弱的或受害的鸡只。受伤的鸡只应在伤口上撒消炎杀菌粉处理，伤口用深暗色的食品颜料或焦油涂抹，以减少进一步被其他鸡只的啄食攻击，也可以撒些难闻的粉末于受伤的鸡身上。修喙或者已断喙的鸡群将会减少啄羽或自相残杀的可能性，特别是与光线、饲养密度和营养有关的问题得到改进后。另外，也发现某些品种的鸡群更易发生啄羽现象(遗传特异性)。啄羽的恶习一旦形成很难控制。因此，最好的治疗措施就是预防。

③摩擦。脱羽也可能由于其他鸡只或环境摩擦所致,特别是鸡只在密闭的环境中。为了减少脱羽,鸡群密度应该降低,消除所有的鸡舍内尖锐、粗糙的表面。

④交配。如果是放养的种鸡,或将部分公鸡放入母鸡群,交配时,公鸡踩踏母鸡,母鸡的背部羽毛被公鸡的爪子撕扯掉。为了降低由此引起的羽毛脱落,需用指甲剪等工具修整公鸡的爪子,公鸡腿上的距趾可以修剪到1.5 cm左右的长度。

从经济上讲,羽毛消耗导致饲料消耗增加,蛋生产效率下降,因此,改善羽毛状态将为养鸡生产者提高经济效益。对自然脱毛,用适当强度人工光照来保持不变的光照时间。对于由于过度拥挤、强烈光照或不平衡的日粮造成严重的啄羽,要提供合适的光照、平衡日粮、减少拥挤现象、改变现在使用的鸡品种、隔离受伤鸡只、伤口用杀菌消毒药处理、伤口涂以颜料(勿用红色)、幼龄时修剪喙部、购买已修剪过喙部的鸡只。对于摩擦造成的羽毛脱落,可降低鸡群密度,消除舍内所有粗糙和尖锐的表面。对于由于交配造成的羽毛脱落,需要修剪公鸡爪子。

此外,生产中造成产蛋停止和脱毛的因素很多。一般而言,缺水断料是导致脱毛最常见的应激因素,不平衡的日粮或霉变的饲料也能引起脱毛。清洁的饮水即使是短时间缺乏也可能导致家禽脱毛。骤冷、过热和通风不良都可能造成鸡群的掉毛。受伤、疾病和寄生虫感染等不良的健康状况或以强凌弱现象可加剧脱毛的发生。

7. 沙浴

人们会经常看到鸡在吃饱以后,在阳光的沐浴下,在沙土里翻滚。也许你认为它是在嬉戏,其实它是在用沙洗澡呢。

鸡的身体上会附着一些鸡虱,翅膀羽毛上会附着些羽虱、羽虫。这些鸡虱会吸食鸡身上的血。羽虱、羽虫会吃鸡翅膀上的毛。鸡所以用沙来洗澡,是为了要驱除这些虫类。

仔细观察一下鸡用沙洗澡的情形。鸡在泥沙中乱滚，摩擦自己的皮肤，并且把翅膀的羽毛竖起来，让沙土进入羽毛间有空隙的地方，这时附着在身上、翅膀上的鸡虱、羽虫、羽虱都会随着沙子一起被抖动下来。

和鸡同类的雉鸡、锦鸡、珍珠鸡和银鸡等，也都会用沙土来洗澡，洗澡的方式和鸡一样。因此，我们在鸡场，要为鸡准备一些沙土，既可以为它洗澡驱除害虫，也可以为它吞食沙粒帮助消化食物所用。

十二、提高产品品质

生态养鸡，贵在品质。该产业能否发展，关键在于产品的质量。

（一）提高鸡蛋常规品质

鸡蛋的常规品质主要指蛋壳厚度、蛋壳硬度、蛋清稠度、蛋清颜色、蛋中血斑肉斑等异物等。

1. 蛋壳厚度

当饲料中缺乏钙、磷等矿物质元素和维生素 D，或钙、磷比例不当时，产软蛋、薄壳蛋较多。蛋鸡饲料中通常含钙 3.2%～3.5%，磷 0.6%，钙与磷的比例为（5.5～6）∶1。出现产软蛋、薄壳蛋时，应及时按要求补充贝粉、石灰石粉、骨粉或磷酸氢钙等，同时补充维生素 D 制剂，如鱼肝油、维生素 A 和维生素 D 粉等，以促进钙、磷的吸收和利用。

2. 蛋壳硬度

饲料中缺锰、锌，则使蛋壳不坚固、不耐压，极易破碎，蛋壳上常伴有大理石样的斑点，并伴有母鸡屈腱病。一般认为，饲料中添加 55～75 mg/kg 的锰，可显著提高蛋壳质量。研究表明，当饮水中加入 2 g/L NaCl 的同时，在饲料日粮中加入 500 mg/kg 蛋氨酸锌或硫酸锌可显著降低蛋壳缺陷，提高蛋壳强度。应注意，锰添加量不宜过多，饲料必须混匀，以免导致维生素D遭到破坏，影响钙、磷吸收。

3. 蛋清稠度

蛋清稀薄，且有鱼腥气味，多为饲料中菜籽饼或鱼粉配合比例过大。菜籽饼含有毒物质硫葡萄糖苷，在饲料中如超过8%～10%，就有可能使褐壳鸡蛋产生鱼腥气味(白壳鸡蛋例外)。饲料中的鱼粉特别是劣质鱼粉超过10%时，褐、白壳蛋都有可能产生鱼腥味，故在蛋鸡饲料中应当限制菜籽饼和鱼粉的使用量，前者应在6%以内，后者在10%以下；去毒处理后的菜籽饼则可加大配合比例。若蛋清稀薄且浓蛋白层与稀蛋白层界限不清，则为饲料中的蛋白质或维生素B_2、维生素D等不足，应按实际缺少的营养物质加以补充。

4. 蛋清颜色

鸡蛋冷藏后蛋清呈现粉红色，卵黄体积膨大，质地变硬而有弹性，俗称"橡皮蛋"；有的呈现淡绿色、黑褐色，有的出现红色斑点。这些与棉籽饼的质量和配合比例有关。棉籽饼中的环丙烯脂肪酸可使蛋清变成粉红色，游离态棉酚可与卵黄中的铁质生成较深色的复合体物质，促使卵黄发生色变。配合蛋鸡饲料应选用脱毒后的棉籽饼，配合比例应在7%以内。

5. 蛋中异样血斑

若鸡蛋中有芝麻或黄豆大小的血斑、血块，或蛋清中有淡红色的鲜血，除因卵巢或输卵管微细血管破裂外，多为饲料中缺乏维生素K。在饲料中适量添加维生素K，则可消除这种现象。

(二)降低鸡蛋中的胆固醇

由于人类摄入胆固醇含量过高会诱发一系列的心血管疾病，因此，降低鸡蛋中的胆固醇含量成为提高鸡蛋品质的重要标准之一。铬是葡萄糖耐受因子的组成成分，参与胰岛素的生理功能，在机体内糖脂代谢中发挥重要作用。研究表明，铬能显著提高蛋鸡产蛋率,并使卵黄胆固醇水平显著下降。铬的作用机理是通过增加胰岛素活性,促进体内脂类物质沉积,减少循环中的脂类,从而降低血浆和蛋黄中的胆固醇含量。饲料中添加铬的量以 0.8 mg/kg 为最佳水平。

笔者研究发现,采食的青草越多,鸡蛋中的胆固醇含量越低。这是由于青饲料中含量大量的粗纤维,而粗纤维在肠道内与胆固醇结合而影响其吸收,使之通过粪便排出。

笔者研究发现,饲料或饮水中添加微生态制剂,可有效地降低鸡蛋中胆固醇的含量。使用笔者研发的生态素,在饮水中添加千分之三,鸡蛋中胆固醇可降低 20%以上。微生态制剂可以抑制胆固醇合成过程中重要的限速酶 3-羟基-3-甲基戊二酰辅酶 A (HMG-CoA)的活性,从而有效阻止胆固醇的合成。

据资料介绍,复方中草药可以有效降低鸡蛋中的胆固醇含量。

举例　党参 80 g,黄芪 80 g,甘草 40 g,何首乌 100 g,杜仲 50 g,当归 50 g,山楂 100 g,白术 40 g,桑叶 60 g,桔梗 50 g,罗布麻 80 g,菟丝子 50 g,女贞子 50 g,麦芽 50 g,橘皮 50 g,柴胡 50 g,霪羊藿 70 g,共为细末,拌入 500 kg 饲料中,连续饲喂。

原理　党参、黄芪、甘草、白术为补气药,党参能延缓衰老,抗缺氧作用;黄芪也能抗衰老,并对血糖有双向调节的作用,能降低血脂;甘草能加速胆固醇的代谢;白术有抗衰老作用。何首乌、当归为补血药,何首乌能降低血清的胆固醇,当归有降低血脂作用。杜仲、菟丝子、霪羊藿为补肾壮阳药,杜仲能降低血清中的胆固醇,减少其吸收;菟丝子、霪羊藿均能降低血脂抗衰老。桑叶、桔梗、橘皮为止咳化痰药,桑叶能排除体内胆固醇,降血脂;桔梗、橘皮均有降血脂抗衰老的作用。山楂、麦芽能健胃消食,山楂具有明显降低血脂和减轻动脉粥样硬化作用。罗布麻能显著降低实验性高脂血症的发生,并可降低血清中的胆固醇。

此外,寡聚糖、类黄酮物质、植物固醇以及微量元素铜、铬和钒等，也有一定效果。

（三）提高鸡蛋中微量元素含量

鸡蛋中微量元素种类很多，意义比较大的有硒含量和碘含量，也就是高硒蛋和高碘蛋的生产。

硒是保护体细胞膜的酶不可缺少的组成成分，也是日粮蛋白质、碳水化合物和脂肪有效利用的必需物。硒可使家禽体内的蛋氨酸转化为胱氨酸。蛋是硒含量的最好指示物。一般蛋鸡日粮硒的用量为 0.10～0.15 mg/kg。添加高剂量的有机硒，可有效提高鸡蛋中硒的含量。

据陈忠法等报道(2004)，选取 46 周龄的罗曼商品蛋鸡 600 只，随机分成 4 组，一组为对照(基础日粮，按照常规添加 0.3 mg/kg 无机硒，来源于亚硒酸钠，不添加有机硒)，试验二组、三组、四组在基础日粮中按每千克分别再添加 0.2 mg、0.4 mg、0.6 mg 的有机硒(来源于赛乐硒)。试验期 35 d。试验结果表明，一组、二组、三组和四组鸡蛋中每千克含硒分别为 0.114 mg、0.167 mg、0.304 mg、0.463 mg，二组、三组、四组鸡蛋中硒含量分别比对照组提高了 46.5%、166.7%和 294.7%，同时显著提高了蛋黄中维生素 E 的含量。

据报道，饲料中添加有机碘和无机碘制剂，均可提高鸡蛋中碘的含量。碘制剂在全价饲料中的浓度在 72.5～145 mg/kg 时，既可以提高产蛋性能和饲料转化率，又可提高鸡蛋中的碘含量，对鸡的体重没有影响。如果碘浓度增加到 290 mg/kg 时，生产性能呈下降趋势。

据笔者试验，在饲料中添加 3%～5%的海藻粉，可有效地提高鸡蛋中碘的含量[添加 5%的海藻粉蛋黄中碘的含量达到 33.12 μg/g，是对照组碘含量(4.05 μg/g)的 8.2 倍]，同时增加蛋黄颜色，降低鸡蛋黄中的胆固醇含量。

(四)改善鸡蛋风味

风味是指食品特有的味道和风格。绿色的食品具有良好的风味,不仅有助于人体健康,而且可提高食欲,使消费者感觉是一种美的享受。

鸡蛋有其固有的风味。若在饲料或饮水中添加一定的物质(对鸡体和人类健康无害),可以增加其风味,或改变其风味,使之成为特色鲜明、风味独特的食品。国内一些学者进行了大量的试验,现将他们的试验结果介绍如下:

郭福存等利用沙棘果渣等组成的复方添加剂饲喂蛋鸡,能明显增加蛋黄颜色,且可以改善鸡蛋风味。李垚等在 54 周龄亚发商品代蛋鸡饲料中添加 1%中草药添加剂(芝麻、蜂蜜、植物油、益母草、淫羊藿、熟地、神曲、板蓝根、紫苏)饲喂 42 d,可降低破蛋率,使蛋味变香,蛋黄色泽加深,延长产蛋期。

据赵丽娜等报道(2008),选取健康 25 周龄农大三号粉壳蛋鸡 180 只,按体重一致的原则随机分成 5 组。第一组为对照组,饲喂玉米—豆粕型基础日粮,其他几个处理组分别在基础日粮中添加 10%亚麻籽+1%鱼油(二组)、10%亚麻籽+5%去皮双低菜籽(三组)、5%亚麻籽+10%未去皮双低菜籽(四组),5%亚麻籽+10%去皮双低菜籽(五组)。试验结果表明:10%亚麻籽+1%鱼油组,n-3PUFA 含量显著高于时照组和其他处理组;10%亚麻籽+5%去皮双低菜籽组,n-3PUFA 富集量低于鱼油组,但显著高于对照组和其他两组;10%亚麻籽+1%鱼油组鸡蛋中 DHA 含量明显高于其他几组;其他 3 个处理组间无显著性差异;各处理组中添加的两种混合 n-3PUFA 原料对蛋鸡生产性能无显著性影响。感官评分结果表明:10%亚麻籽+1%鱼油可使鸡蛋产生鱼腥味,降低鸡蛋的感官评分。综合考虑蛋中 n-3PUFA 富集量和人们对鸡蛋的可接受性,试验认为日粮中添加 10%亚麻籽+5%去皮双低菜籽可用于高富集量 n-3PUFA 鸡蛋的生产。

(五)提高鸡肉风味

肌肉的风味同样影响人们的食欲和消费欲望。在提高肌肉风味方面通常是以中草药添加剂来实现的。

日本静冈县县立大学药学院和县中小家畜试验场及茶叶试验场用秋冬茶下脚料粉末按3%添加到肉仔鸡饲料中,35 d的试验结果表明,添加茶叶的试验组鸡肉较对照组的肉质嫩,味道鲜美。韦凤英等在日粮中添加与风味有关的天然中草药、香料(党参、丁香、川芎、沙姜、辣椒、八角)以及合成调味剂、鲜味剂(主要含谷氨酸钠、肌苷酸、核苷酸、鸟苷酸等)等饲喂后期肉鸡,结果发现其肌肉中氨基酸及肌苷酸含量明显提高,从而增进其肌肉风味。

宁康健等取杜仲、黄芪、白术等中药,按等量比例配伍饲喂鸡,试验结果表明,可提高肉鸡肌肉中粗蛋白含量与肌肉脂肪的沉积能力,从而提高肌肉的营养价值和风味,改善肉品质。

黄亚东等用生姜、大蒜、辣椒叶、艾叶、陈皮、茴香、花椒、桑叶、车前草、黄芪、甘草、神曲和葎草等13味中草药制成中草药饲料添加剂,并与益生菌添加剂结合配制成益生中草药合剂饲喂鸡,实验结果表明,鸡肉风味具有天然调味料的浓郁香味,口感良好,味道纯正,综合效益良好。

郭晓秋在试验中添加0.4%女贞子水提物,结果显著改善了鸡肉的嫩度。

陈国顺等试验选用1日龄黄羽肉鸡1 000只,随机分成5个处理组(对照组、抗生素组、0.3%中草药饲料添加剂组、0.4%中草药饲料添加剂组和0.3%中草药饲料添加剂+干酵母组),研究中草药添加剂对肉鸡生产性能和肉质的影响,结果表明,添加0.3%中草药饲料添加剂的肉鸡肌肉综合评分最高,其嫩度、口感、多汁性和汤味均处于最优水平。

聂国兴用大蒜、辣椒、肉豆蔻、丁香和生姜等饲喂肉鸡,可以改善鸡肉品质,使鸡肉香味变浓。邵淑丽等将沙棘嫩枝叶添加到鸡日粮中,结果发现,沙棘嫩枝叶可提高鸡肉中氨基酸和蛋白质的含量,改善鸡肉品质,并能增强动物机体免疫能力。

泰国农业专家经试验证明,在鸡的饲料中加入大蒜,可使鸡肉的香味变得更浓,且对鸡的生长不会产生任何不良影响。

杨雪娇研究结果表明,芦荟和蜂胶作为饲料添加剂,具有提高蛋白质的代谢率、胸肌率、腿肌率和降低腹脂率的作用,从而改善了鸡肉品质。

(六)提高蛋黄颜色

蛋黄颜色的评判标准目前多以罗氏公司(Roche)制造的罗氏比色扇进行评判。该比色扇是按照黄颜色的深浅分成15个等级,分别由长条状面板表示,并由浅到深依次排列,一端固定,另一端游离,打开后好似我国传统的扇子,故而得名。

测定方法:收集鲜蛋,统一编号;然后打破蛋壳,倒出蛋清,留下蛋黄;使用罗氏比色扇在日光灯下测定蛋黄颜色指数。将比色扇打开,使鸡蛋黄位于扇叶之间,反复比较颜色的深浅,最后将最接近比色扇的颜色定位为该鸡蛋黄的色度。

为了防止由于不同测定者测定的误差,一般由3个人分别测定,取其平均数作为该鸡蛋蛋黄颜色的色度。蛋黄颜色指数读数准确到整数位,平均值保留小数点后1位。

国家规定,出口鸡蛋的蛋黄颜色不低于8。根据笔者研究,放养条件下的河北本地鸡生产的鸡蛋,一般蛋黄色度在10左右。

以上是生鸡蛋的蛋黄色度的测定方法。有时候为了防止在鸡饲料中添加人工合成色素,可采取测定熟鸡蛋的方法。每批鸡蛋取30枚以上,煮沸10 min,取出置于凉水中降温后连壳从中间纵向切开,由不同的测定者使用上述比色扇测定3次,取其平均数。

鸡蛋蛋黄是由类胡萝卜素(叶黄素)的物质形成。该类物质在蛋鸡体内不能自己合成,只能从饲料中得到补充。蛋鸡通过从体外摄取类胡萝卜素后,将其贮存于体内脂肪,产蛋时再将贮于脂肪中的类胡萝卜素转移至输卵管以形成蛋黄。在饲料中补充富含类胡萝卜素的添加剂,则可实现增加蛋黄颜色和营养的目的。试验和生产经验表明,添加以下天然物质,对于提高蛋黄色泽具有显著效果:

万寿菊　采集万寿菊花瓣,风干后研成细末,加入饲料中喂鸡,可使蛋黄呈深橙色,又可使肉鸡皮肤呈金黄色。

橘皮粉　将橘皮晾干磨成粉,在鸡饲料中添加 2%～5%,可使蛋黄颜色加深,并可明显提高产蛋量。

三叶草　将鲜三叶草切碎,在鸡饲料中添加 5%～10%,可节省部分饲料,蛋黄增色显著。

海带或其他海藻　含有较高的类胡萝卜素和碘,粉碎后在鸡饲料中添加 2%～6%,蛋黄色泽可增加 2～3 个等级,且可产下高碘蛋。

万年菊花瓣　含有丰富的叶黄素,在开花时采集花瓣,烘干后粉碎(通过 2 mm 筛孔),按 0.3%的比例添加饲喂,可使蛋黄增色。

松针叶粉　将松树嫩枝叶晾干粉碎成细颗粒,在鸡饲料中添加 3%～5%,不仅有良好的增色效果,并可提高产蛋率 13% 左右。

胡萝卜　含有丰富的叶黄素,取鲜胡萝卜洗净捣烂,按 20% 的添加量饲喂,可使蛋黄增色。

栀子　将栀子研成粉,在鸡饲料中添加 0.5%～1%,可使蛋黄呈深黄色,提高产蛋率 6%～7%。

苋菜　将苋菜切碎,在鸡饲料中添加 8%～10%,可使蛋黄呈橘黄色,且能节省饲料和提高产蛋量 8%～15%。

南瓜　将老南瓜剁碎,在鸡饲料中掺入 10%,增加蛋黄色泽。

玉米花粉　取鲜玉米花粉晒干,按 0.5%的添加量添加饲喂,可增强蛋黄色泽。

红辣椒粉　在鸡饲料中添加 0.3%～0.6%的红辣椒,可提高蛋黄、皮肤和皮下脂肪的色泽，并能增进食欲，提高产蛋量。

聚合草　刈割风干后粉碎成粉，在鸡饲料中添加 5%，可使蛋黄的颜色从 1 级提高到 6 级，鸡皮肤及脂肪呈金黄色。

值得注意的是，以上添加的均为天然植物，多为中草药。生产中可根据当地资源酌情添加。但千万不可添加人工合成的色素类物质，其对人体有害。

第四节　不同场地的放养技术特点

一、果园

(一)果园养鸡的特点

果园养鸡好处多，已被众多的实践证实。

1. 消灭害虫，增强鸡体健康

果树在生长期间有不少害虫，而鸡群在果园内活动可捕捉这些害虫。一般来说，害虫是以蛹的形式在地下越冬，而羽化后变成成虫，从地面飞到树上。在其刚刚羽化还不具备坚强的飞翔能力时，即可被鸡采食。据原阳县林业局时留成(1995)报道，1 个月左右的小鸡，每天可捕食大量的金龟子、蝼蛄、天牛等害虫，1 只 1 年生以上的成鸡，每天可捕食各类大、小害虫近 2 800 条。按每 667 m^2 10 只鸡的数量在果园放养，便可以控制果园虫害。同时，减少果园喷打农药，使果品少受化学污染，提高果品质量。另据调查，由于在果园中放养的鸡，捕食害虫，蛋白质、脂肪供应充分，所以生长迅速，较常规农家庭院养殖鸡的生长速度快 33%，日产蛋量多 18%，而且节约饲料成本 60%以上。昆虫不仅仅含有高质量的动物蛋白，同时其体内含有抗菌肽，鸡采食之后增强抗病能力。实践表明，凡是采食较多昆虫的鸡，其体质健壮，发病率低，生长发育速度快，生产性能高。

据赵国明、杨世俭(1996)报道,在果园放养100只鸡,在试养中发现,鸡具有刨土习性,特别是本地的老品种鸡效果更好。它们在果园中吃虫卵,也吃幼虫,还具有追逐捕食成虫的习性,同时对有些怕惊的害虫成虫具有驱逐作用。他们在养鸡的果园调查发现,每株树上有金龟子3.1头、桃小食心虫2.5头、梨星毛虫2.1头;而未养鸡的果园同期调查,每株树上有桃小食心虫83.6头、金龟子75.1头、梨星毛虫101.8头,虫口密度远远高于养鸡果园数倍。同时对虫果率进行调查,养鸡果园虫果率为3.66%,而未养鸡的几个果园虫果率分别为21%、30.5%和46%,都明显高于养鸡的果园。

2.减少农药使用,有利于无公害果的生产

由于鸡采食大量的害虫,结合人工诱虫,使虫害发生率大幅度降低。因此,凡是养鸡的果园,虫害均较轻,农药的喷施量和喷施次数减少,果内农药残留降低,对于提高果的品质、增加销售价格和增进人体健康均有好处。

3.鸡食野草,鸡粪肥园

鸡群在果园里活动,除了捕捉害虫以外,主要采食果园内的杂草,起到了除草机的作用,而其排出的粪便直接肥园,为果树的生长提供优质的有机肥料。因而说,果园养鸡,鸡、果双赢。

4.天然隔离,降低疾病传播

果园是天然的屏障,对于降低疾病的传播和发生起到重要作用。果园内空气新鲜,环境优越,加之捕捉采食昆虫的协助抗病作用,因而,在果园内养鸡疾病的发生率很少。

5.遮阴避暑,避雨阻鹰

果园内庞大的树冠,炎热季节起到遮阴避暑作用,风雨天可遮风挡雨,同时,老鹰在果园内难以发现目标,有助于鸡躲避鹰的袭击。因此,发生鹰害的可能性较其他草地要少得多。

(二)果园养鸡实例

为了探讨果园养鸡的效果,我们分别在梨园和枣园进行了试验研究。

第一部分在梨园进行,选择立地条件、树的品种(水晶梨)和树龄(9 年)相同的两个地块,均为 21 344 m^2(32 亩)。试验地块放养柴鸡 2 000 只雏鸡,常规管理。小鸡生长到 1.25 kg 以后陆续出售。梨园常规管理,包括浇水和施肥。其区别在于试验组药物使用减少 1/3。

第二部分在枣园进行,选择树的品种(沧州小枣)、立地条件和树龄相同(14 年)的两个地块,均为 23 345 m^2(35 亩)。试验组放养柴鸡 2 000 只,其管理同上。两个组不同之处在于试验组少追肥 1 次,减少喷药次数 50%,其他管理完全一样。具体试验设计如表 6-28 所示。

表 6-28　果园养鸡试验设计

项目	组别	养鸡	底肥	追肥/次	叶肥	喷药/次
梨园(梨)	试验组	+	+	+	+	18
	对照组	−	+	+	+	24
枣园(枣)	试验组	+	+	1	+	9
	对照组	−	+	2	+	18

分别在 4 月下旬至 5 月下旬选择本地土鸡——河北柴鸡,育雏 5～7 周后转入果园。按程序饲养和免疫,包括温度、湿度、密度、通风和光照的控制等,饲喂商品饲料,自由饮水,自由采食,日喂 5～6 次。在每次喂料时用吹口哨的方式给予信号调教,以便形成条件反射和便于放养期的管理。育雏结束后在果园内放养,并设简易棚舍,每个棚舍 300～400 只。在放养过程中,每天在傍晚补料 1 次,根据采食情况确定投饲量,一般每天控制在 35 g 以内,以自由采食野草和果园昆虫为主。小鸡体重达到 1.25 kg 以上后

陆续出售。

无论是梨园还是枣园，均按照常规管理。梨园对照组1个生产季节共计喷洒各种农药24次，试验组16次，比对照组减少1/3；枣园对照组1个生产季节共计喷施各种农药18次，追肥2次；试验组喷药9次，减少喷药次数50%，追肥减少1次。

试验期间记录养鸡和果园的生产情况，包括鸡伤亡、各项支出和收入，果园的农药的喷施和施肥情况等。果品收获后，梨每组随机抽取200个进行称重，计算平均单果重，并进行梨质量的评定，凡虫果和被虫损伤过的、形状不端正的梨均计入不合格果；小枣每组随机抽取500个进行称重，计算平均单果重，并进行枣质量的评定，凡是虫果和浆果均列入不合格果。

梨园试验组好果率达到85%，较对照组提高6个百分点；单果重量较对照增加5 g，提高6.81%，每667 m^2 果增加收入377元；枣园试验组好果率达到90.5%，较对照组增加3.2个百分点，尤其是虫果率和浆果率降低，单果重量较对照增加0.2 g，提高了3.44%，每667 m^2 枣增收60.1元。试验结果如表6-29所示。

表6-29 果园生产与经济效益统计表

项目	组别	面积/m^2	管理		果产量和质量				每667 m^2 纯收入/元
			喷药/次	追肥/次	每667 m^2 产量/kg	总产/kg	单果重/g	好果率/g	
梨园（梨）	试验	21 344	16	2	2 430	77 760	204	85	2 887
	对照	21 344	24	2	2 360	75 520	191	79	2 510
枣园（枣）	试验	23 345	9	1	1 016	35 560	6.0	90.5	914.4
	对照	23 345	18	2	1 005	35 175	5.8	87.3	854.3

注：梨和枣的收入按照当时当地实际销售价格计算。

试验中发现，鸡在果园放养过程中，其食物选择的优先序列首先是昆虫，其次为草的嫩尖、嫩叶，在密度适当的情况下，对果没有破坏。尽管试验组的用药次数大大减少，但由于鸡捕捉了大量的成虫和幼虫，两个试验组果园，没有发现明显的虫害。

梨园和枣园养鸡的出栏率分别达到了 85.5%和 87.9%，均作为肉仔鸡销售，价格随行就市，梨园鸡平均销售价格每只 16.28 元，枣园鸡出栏每只平均销售 15.88 元。两者每 667 m^2 养鸡纯增收分别为 632.44 元和 570.34 元，见表 6-30。

表 6-30　养鸡生产与经济效益统计表

组别	面积/m^2	养鸡效果					
		育雏数量/只	出栏量/只	总投入/元	产出/元	纯收入/元	每 667 m^2 收入/元
梨园	21 344	2 000	1 710	7 600	27 838	20 238	632.44
枣园	23 345	2 000	1 758	7 946	27 910	19 962	570.34

总效益情况：将养鸡和果树两者收入合计，梨园试验组每 667 m^2 纯收入 3 519.44 元，较对照组增加收入 1 009.44 元，提高收入 40.22%；枣园试验组每 667 m^2 纯增收 1 484.74 元，较对照组每 667 m^2 增收 630.44 元，提高收入 73.80%。

（三）果园养鸡应注意的问题

1. 分区轮牧

视果园大小将果园围成若干个小区，进行逐区轮流放牧。这样做，一方面可避免因果园防治病虫害时喷洒农药而造成鸡的农药间接中毒；另一方面，轮流放牧有利于牧草的生长和恢复。此外，因放牧范围小，便于气候突变时的管理。

根据以往的经验，只要果园内养鸡，虫害发生率很低，适量的低毒农药喷洒，对鸡群不进行隔离，一般不会发生问题。但为了安全，将果园划分几个小区，小区间用尼龙网隔开。每个小区轮流喷药，而鸡也在小区间轮流放牧，喷药 7 d 后再放牧。

2. 捕虫与诱虫结合

果园养鸡，由于果树树冠较高，影响了对害虫的自然捕捉率。要起到灭虫降低虫害发生率和农药施用量并达到生态种养的目的,应将鸡自然捕虫与灯光诱虫相结合。

3. 果园慎用除草剂

鸡在果园内的主要营养来源是地下的嫩草。因此,在果园内养鸡,其草必须保留,不能喷施除草剂。否则,没有草生长,鸡将失去绝大多数营养来源。

4. 注意鸡群规模和放养密度

果园内可食营养是有限的,鸡群规模大、密度大,造成过牧现象,使鸡舍周围的土地寸草不长,光秃一片,甚至被鸡将地面刨出一个个深坑。鸡舍在果园均匀分布,合理规模,是充分利用果园进行生态养殖不可忽视的技术问题。

二、棉田

(一)棉田养鸡的优点

棉花是我国一些省份的主要经济作物和油料作物,种植面积很大。但是由于虫害严重(以棉铃虫、棉蚜、盲椿象为主),致使农药的喷施量增加,不仅增加了生产成本,更重要的是造成药物的残留对人体和环境产生威胁。尽管目前大力普及抗虫棉,虫害的发生有所降低,但生产中农药的使用还是很惊人的。我们在研究规模化生态放养鸡中,将棉田养鸡作为一个新的尝试,取得良好效果。通过生产和试验,我们认为,开展棉田生态放养鸡,可使经济效益、社会效益和生态效益有机结合。

1. 以鸡灭虫,减少农药使用量

鸡在棉田放养,可将棉田的绝大多数害虫捕捉。与果园不同,棉花植株较低,各种害虫的成虫飞翔的高度正好在鸡的捕食范围。其幼虫在棉花叶片爬行时,也将被鸡发现而捕捉。因此,养鸡的棉田,虫口密度很低。一般情况下,少量进行预防性喷药即可有效防止虫害的大发生,即使不喷施农药,棉铃虫、盲椿象的发生率也很低。

2. 以鸡除草，鸡粪肥田

鸡采食棉田的杂草，其排出的粪便直接肥田。根据我们的试验，凡是在棉田养鸡，可少追肥 1～2 次，不仅节约了肥料费用，还降低了劳动力的投入。

3. 以棉遮阴，以棉避鹰

棉花植株长成之后，整个田间郁闭，也正值炎热的夏季。鸡在田间采食，隐蔽于棉株之下乘凉，同时可躲避老鹰等飞翔天敌的侵害。

4. 充分利用生态资源，增加种养效益

棉花是在阳光充足、气温较高的季节生长，而棉田杂草伴随棉花的生长而生长。此时在棉田养鸡，充分利用了大气的温度、棉花的遮蔽作用和棉田杂草的旺盛生长期以及害虫的生长发育期，因此，棉田养鸡的投入更少，效益更高。

5. 棉花和养鸡双赢

在棉田养鸡，棉花的投入减少，药物使用减少，肥料的投入降低，可获得较好的经济效益和生态效益。在不增加多少人力、物力和财力的情况下，养鸡可获得可观的收入，可谓棉花增产，养鸡增效。

(二)棉田养鸡的实例

为了探讨棉田养鸡的生态效益和经济效益情况，我们进行了试验研究。

1. 试验设计

本研究分两个试验。

试验 1　选用土地面积和地力条件相近的 3 块棉田，试验棉田 69 368 m^2（104 亩），对照棉田分别为 103 385 m^2（155 亩）和 100 050 m^2（150 亩）。试验棉田饲养柴鸡 2 500 只，少量用药，不追肥，仅少量叶面喷施微肥。对照组按照常规喷药和施肥。

试验 2　选用地力一致的棉田两块，其中对照棉田 3 335 m^2（5 亩），试验地块 22 678 m^2（34 亩）；试验棉田放养柴鸡 2 000 只，不使用任何化肥和农药，不追肥，而对照绵田常规施肥和喷药。具体试验设计如表 6-31 所示。

表 6-31 棉田养鸡试验设计

组别	试验 1					试验 2				
	养鸡	底肥	追肥	叶肥	农药	养鸡	底肥	追肥	叶肥	农药
试验棉田	+	+	—	+	少量	+	+	—	—	—
对照棉田	—	+	+	+	+	—	+	+	+	+

于 2003 年 4 月下旬至 5 月下旬，选择本地土鸡——河北柴鸡雏鸡，育雏 5～7 周后转入棉田。按程序饲养和免疫，包括温度、湿度、密度、通风和光照的控制等，饲喂商品饲料，自由饮水，自由采食，日喂 5～6 次。在每次喂料时用吹口哨的方式给予信号调教，以便形成条件反射和便于放养期的管理。育雏结束后在棉田内放养，并设简易棚舍，每个棚舍 300～400 只。在放养过程中，每天傍晚补料 1 次，根据采食情况确定投饲量，以自由采食野草和棉田昆虫为主。小鸡体重达到 1.25 kg 以上后陆续出售。

试验 2 在鸡舍前的运动场内安装 1 盏 500 W 高压电弧诱虫灯，每天傍晚开灯诱虫 3～4 h。

试验期间记录鸡只的疾病、伤亡、饲料消耗、药物的使用和销售收入等情况。

2. 试验结果

(1)棉田养鸡情况

棉田中养鸡的情况如表 6-32 所示。

(2)棉田生产效益情况

1)试验 1　每 667 m^2 施基肥尿素 10 kg 和复合肥 12.5 kg(合计 3 091 元)；每 667 m^2 播种种子 1.25 kg(合计 3 250 元)；地膜费用每 667 m^2 20 元(合计 2 081 元)；喷洒除草剂 1 次(合计 800 元)，喷洒农药 5 次，其中防治棉蚜 2 次，盲椿象 2 次，棉铃虫 1 次

表 6-32　棉田养鸡情况统计表

元

组别	育雏数/只	总出栏数/只	总成活率/%	销售收入	投入						毛收入	每 667 m^2 增加收入
					鸡苗费	取暖费	饲料费	防疫费	棚舍费	合计		
试验 1	2 500	1 900	76.00	25 600*	210	150	5 744	100	300	6 540	19 096	183.62
试验 2	2 000	1 510	75.50	21 770**			9 500***			9 500	12 270	360.88

注：* ——9 月初销售仔鸡 600 只，体重 1.25～1.4 kg，价格 8.2 元/kg，共计收入 6 100元；11 月 1 日，剩余鸡均重达 1.5 kg，当时市场价为 10 元/kg，1 300 只鸡销售收入 19 500 元。

** ——小鸡生长到 0.75 kg 时，销售 110 只，每只价格为 7 元，收入 770 元；11 月初剩余鸡体重在1.5 kg，价格为10 元/kg，1 400 只鸡销售收入 21 000 元。

*** ——试验 2 的支出没有分类，仅记录支出总额，其平均投入较高，由于饲养密度大，投入主要是饲料费。

(药费合计 1 000 元);喷洒叶面肥 2 次(80 元);喷洒缩节胺 6 次(300 元);浇水 2 次(合计 2 600 元);每 667 m^2 收获籽棉 150 kg,共计收获 15 600 kg,平均售价为 6.4 元/kg,收入合计 99 840 元。投入合计 14 161.68 元,每 667 m^2 平均投入 136.17 元。

对照棉田,基肥、播种、地膜和喷洒除草剂和叶面肥 3 块地均相同,但喷洒药物 18 次,追肥 2 次,分别是尿素 40 kg,复合肥 37.5 kg。这样,药费开支每 667 m^2 增加 25 元,追肥增加投入 100.78 元。两项合计每 667 m^2 增加投入 125.78 元。对照 1-1 每 667 m^2 收获籽棉 140 kg,对照 1-2 每 667 m^2 收获籽棉 100 kg(疯长影响产量)。

2)试验 2　试验棉田每 667 m^2 施基肥(磷酸二铵)5 kg、播种种子 1.25 kg、地膜费用每 667 m^2 20 元、喷洒除草剂 1 次和浇水 2 次。投资合计 3 100.8 元,每 667 m^2 平均投资 91.20 元。每 667 m^2 收获籽棉 124 kg(棉花疯长影响产量),共计收获 4 216 kg,平均售价为 6.4 元/kg,收入合计 26 982.4 元。

对照棉田其他投入相同,但喷洒药物 27 次,其中治疗棉蚜 6 次,黄枯萎病 7 次,盲椿象 8 次,棉铃虫 6 次。喷洒缩节胺 4 次。投入合计 725.25 元,每 667 m^2 平均投入 145.05 元。

3)棉花的经济效益　棉花的经济效益见表 6-33。

(3)效益比较

产棉与养鸡两项合计,试验 1 每 667 m^2 棉田纯收入 1 006.68 元,较对照 1-1 增加收入 362.63 元,提高收入 77.61%;较对照 1-2 每 667 m^2 增加收入 618.62 元,提高收入 159.42%;试验 2 每 667 m^2 棉田纯收入 1 154.48 元,较对照棉田增加 194.48 元,提高收入 20.26%。

定期对棉田进行虫情调查,所有棉田均没有发生明显的棉铃虫虫害。有一定的蚜虫和盲椿象,但两者对棉田的破坏程度,对照棉田明显高于试验棉田。

表 6-33　棉花经济效益统计表

元

组别	面积/m^2	每667 m^2投入：基肥	种子	地膜	除草剂	缩节胺	药费	浇水	肥料	合计	每667 m^2产量/kg	每667 m^2棉花收入	每667 m^2纯收入	比较/%
试验1	69 368	29.72	31.25	20.00	7.70	2.88	9.62	25.00	10.77	136.17	150	960.00	823.06	100.00
对照1-1	103 385	29.72	31.25	20.00	7.70	2.88	34.62	25.00	100.78	251.95	140	896.00	644.05	78.25
对照1-2	100 050	29.72	31.25	20.00	7.70	2.88	34.62	25.00	100.78	251.95	100	640.00	388.05	47.15
试验2	22 678	7.25	31.25	20.00	7.70	0	0	25.00	0	91.20	124	793.60	702.40	100.00
对照2	3 335	7.25	31.25	20.00	7.70	1.92	51.93	25.00	0	145.05	150	960.00	814.95	116.00

(三)棉田养鸡应注意的问题

1.放养时间

棉花生长的季节性很强,一般是春季播种,而小鸡多为春天育雏,播种与育雏同步。但什么时间在田间放牧合适,应根据棉花生长情况而定。根据生产经验,一般待棉株长到 30 cm 左右时放牧较好。如果放牧较早,棉株较低,小鸡可能啄食棉心,对棉花的生长有一定的影响。

2.地膜处理

为了提高棉花产量和质量,提前播种和预防草害,目前多数棉田实行地膜覆盖。棉株从地膜的破洞处长出,地膜下面生长一些小草和小虫,小鸡往往从地膜的破洞处钻进,越钻越深,有时不能自行返回而被闷死。因此,在铺地膜的棉田,应格外注意。可用工具将地膜全部划破,避免意外伤亡。

3.不良天气的应急措施

棉田与果园不同,果树有一定的避雨作用,而棉花的这种功能很差。如果遇有大雨,小鸡被雨淋,容易感冒和诱发其他疾病。如果地势低洼,地面积水,可造成批量小鸡被淹死。为了防止以上现象的发生,首先,选择的棉田应有便利的排水条件,防止棉田积水;第二,鸡舍要建筑在较高的地方,防止鸡舍被淹;第三,加强调教,及时收听当地天气预报,遇有不良天气时,及时将鸡圈回;第四,大雨过后,及时寻找没有及时返回的小鸡,并将其放在温暖的地方,使羽毛尽快干燥。

4.农药喷施与安全

根据试验观察,只要放养鸡,棉田虫害可得到有效控制。不使用农药或少量喷药即可。由于目前只允许喷施高效低毒或无毒农药,即便喷施农药,对鸡的影响不大。但为确保安全,在喷施农药期,采取分区轮牧,7 d 后在喷施农药的小区放养。

5. 围网的设置

大面积棉田养鸡，可不设置任何围网。但小地块棉田养鸡，周围种植的作物不同，使用农药的情况不能控制。为了防止小鸡到周围地块采食而受到农药等伤害，应考虑在放牧地块周围设置尼龙网，使鸡仅在特定的区域采食。

6. 棉花收获后的管理

秋后棉花收获，地表被暴露，此时蚂蚱等昆虫更容易被捕捉。可利用这短暂的时间放牧。但是，由于没有棉花的遮蔽作用，此时很容易被天空飞翔的老鹰等发现。因此，应跟踪放牧，防止老鹰的偷袭。短暂的放牧之后，气温逐渐降低，如果饲养的是育肥鸡，应尽早出售。若饲养的是商品蛋鸡或种鸡，应逐渐增加饲料的补充。

7. 兽害的预防

棉花收获后主要预防老鹰，在放养的初期主要预防老鼠和蛇，中期和后期主要预防黄鼠狼。应按照前面介绍的方法进行防控。

8. 除草剂和中耕问题

由于鸡在棉田放牧，以采食野草为主。因此，棉田不应施用除草剂。但在日常棉田的管理中，可适当中耕，但应保留一定密度野草的生长。

9. 放养密度

实践表明，棉田养鸡适宜的密度为每 667 m^2 放养 30～40 只为宜，一般不应超过 50 只。这样的密度即可有效控制虫害的发生，又可充分利用棉田的杂草等营养资源，还不至于造成过牧现象，仅少量补料即可满足鸡的营养需要。

10. 诱虫与补饲

我们在试验中发现，在棉田利用高压电弧灭虫灯，可将周围的昆虫吸引过来，每天傍晚开灯 3 ～4 h，可减少饲料补充 30%左右，既实现了生态灭虫，又使鸡获得丰富的动物饲料。平时补料数量应根据棉田野草的生长情况和灯光诱虫的情况确定。为了使鸡早日出栏，在快速生长阶段适当增加饲料的补充量在经济上是合算的。

三、林地

（一）林地养鸡的优点

正如果园和农田养鸡一样，林地养鸡具有明显的优势。

1.鸡肉、鸡蛋品质好

林地资源丰富，不仅有普通的植物性饲料、虫类饲料，还有一定的中草药。树林内很少有农药喷施，空气新鲜。在林地养鸡，有助于提高鸡产品品质，增强市场竞争力。

2.采食天然饲料，降低饲养成本

林地内富有天然饲料资源，每天补充少量的饲料即可满足鸡营养需要。相对于庭院散养和笼养，其饲养成本大幅度降低。据覃桂才(1999)调查，林地养鸡62.39万只，增重耗料比1∶3.86，而庭院养鸡8.52万只，增重耗料比1∶4.23，前者较后者减少用料8.75%。

3.环境幽雅卫生，成活率提高

林地的自然环境是最理想的养鸡场地。冬暖夏凉，空气清新，阳光充足，天然的隔离环境，少有的应激因素，有助于鸡体健康和疾病的预防。据有关资料报道，林地养鸡的总死亡率为5.02%，而庭院养鸡的死亡率为10.7%，前者较后者的死亡率降低5.76个百分点。

4.以鸡除虫，鸡粪肥地

树林为鸡提供了优越舒适的生活环境，鸡捕捉一定的林地害虫，同时鸡将粪便直接排泄在林地，作为林木生长的优质肥料。据测定，鸡粪含有的氮素相当于人粪尿的1.5倍，磷为3倍，钾为2.3倍。每100只育成鸡可产鲜粪2 500 kg，相当于16.7 kg磷、167 kg过磷酸钙和33 kg氯化钾所含有的养分。对于改良林地土壤和促进林木生长起到重要作用。

5. 遮阴避暑，防鹰侵袭

树林密集的树冠，为鸡的生活提供了遮阴避暑防风避雨的环境。同时鸡在林丛中觅食，可躲避老鹰的侵袭。

（二）林地养鸡的实践

据姚迎波等（2005）报道，嘉祥县造林绿化面积 1.33 万 km^2。为了充分利用林间空地，提高单位面积的收益，他们开展了土鸡养殖（肉用），取得了满意的效果，创造了可喜的经济效益，闯出了一条以林养牧、以牧促林、林牧结合的致富路子。他们选择销路较好的本地土鸡，在林间隙地建造大棚，育雏 1 个月，然后在林间放牧。以采食林地丰富的自然饲料为主，配合灯光诱虫。尽管在林间放养的鸡比棚内饲养的鸡生长周期长一些，但放养的鸡毛色鲜亮，肉质鲜美，无药物残留，纯属绿色食品，市场价格比棚内饲养的肉鸡每千克高 3 元以上，市场销售旺盛，前景看好。

据施顺昌等（2005）报道，江苏苏州吴中区各级党委、政府凭借当地丰富的山林资源和区位经济，大力发展林果茶园和山坡地饲养生态草鸡，实施产业化建设，培育和壮大了一批龙头企业。自 2003 年 3 月开始，苏州光福茶场尝试茶园养鸡。10 hm^2 茶园里 1 年出栏 6 万只生态草鸡，饲养效果良好，每只鸡获利 8.20 元。通过茶园生态放养鸡，以鸡治虫，以鸡除草，鸡粪还田肥茶树，农药化肥成本由以前的每公顷 2 850 元降至现在的 1 050 元，生产成本（不含人工）降低 74%。苏州光福茶场饲养成功后，吴中区水产畜牧局及时总结经验，召开现场会，加以推广。他们采取公司＋基地＋农户的模式，充分发挥企业的经济、科技、人才优势，带动周边农民养鸡。目前，农民养鸡，已辐射到周边的 8 个乡镇，共有 105 户农户养鸡，饲养量达 60 万只。他们凭借优良的饲养环境、绿色的产品质量，创造名牌产品，建立销售网络，使该产业蓬勃发展。

据刘皆惠（2004）报道，贵州省织金县地处黔西高原向黔中丘陵的过渡地带，山地、丘陵地占总面积大，农业生产条件差，自然灾害频繁，粮食产量不高。根据当地具体情况，政府实行退耕、还林、还草工程，既保护了长江中、下游的生态建设，又给农民创造了长远的经济来源。但如何解决退得下、稳得住、能致富，是摆在各级干部面前的一大课题。他们根据养鸡投资少、见效快的特点，发展林地肉鸡放养。2002 年全县部分乡镇发展林下草地养鸡 20 多万只，为养鸡户创收 90 多万元，使 400 农户、1 600 人脱贫致富，人均增收 500 元以上。经过 1 年多的实践，林下养鸡取得成功，并探索出一条坡上种树、树下种草、草地养鸡的成功之路，很好地解决了农民的增收问题，为农业和农村经济结构调整找到了一条有效路子。

(三)林地养鸡应注意的问题

1. 分区轮牧，全进全出

林地养鸡，特别是郁闭性较好的林地，树冠大，树下光线弱，长此以往形成潮湿的地面，鸡的粪便自净作用弱。为了有效地利用林地，也给林地一个充分自净的时间，平时要分区轮牧，全进全出。上一批鸡出栏后，根据林地的具体情况，留有较长一段时间的空白期。

2. 重视兽害

树林养鸡，尤其是山场树林养鸡，尽管老鹰的伤害在一定程度上可以降低，但是野生动物较其他地方多，特别是狐狸、黄鼠狼、獾、老鼠等，对鸡的伤害严重。除了一般的防范措施以外，可考虑饲养和训练猎犬护鸡。

3. 谢绝参观

林地养鸡，环境幽静，对鸡的应激因素少，疾病传播的可能性也少。但应严格限制非生产人员的进入。一旦将病原菌带入林地，其根除病原菌的难度较其他地方要大得多。

4. 林下种草

为了给鸡提供丰富的营养，在林下植被不佳的地方，应考虑人工种植牧草。如林下草的质量较差，可考虑进行牧草更新。

5. 注意饲养密度和小群规模

根据林下饲草资源情况，合理安排饲养密度和小群规模。考虑林地的长期循环利用，饲养密度不可太大，以防止林地草场的退化。

6. 重视体内寄生虫病的预防

长期在林地饲养，鸡群多有体内寄生虫病，应定期驱虫。

四、草场

我国拥有大面积的天然草场和人工草场，如何合理利用是值得思考的问题。试验和实践表明，草场养鸡是一条可行的途径。

(一)草场养鸡的优点

1. 牧鸡灭蝗，一举两得

草场蝗灾是多年来草场的一大灾害。尽管喷洒农药在一定程度上可以控制，但农药的使用不仅增加费用，而且造成农药对牧草和草地的污染。消除这种污染并非易事，可能数百年也难以彻底解决。同时，农药的使用对生态环境的破坏也不可忽视。通过草场养鸡，以鸡灭蝗，生物防治虫害，是最理想的途径。

2. 以草养鸡，鸡粪养草

以草养鸡，鸡粪养草，两者相互依存，相得益彰。

3. 丰富的营养，优质的产品

草场牧草营养丰富，为鸡的生长和生产提供了优质的营养。草场在养鸡条件下一般可不使用任何农药，因此，鸡的产品，无论是鸡肉，还是鸡蛋，其质量上乘，纯属无公害食品，乃至绿色食品。凡是草场上饲养的鸡，其产品价格较一般产品高，有时甚至高出1倍以上。草原兴发产品之所以如此热销，在很大程度上取决于“草原绿鸟鸡，渴了喝露水，饿了吃蚂蚱”的优美的绿色生态饲养环境。

(二)草场养鸡的实例

实例之一 2003年以来，我们在黄骅县绿海滩鸡场的人工苜蓿草地放养本地柴鸡，优良的生产和生态环境，优质的牧草资源和丰富的营养，使鸡生长状况良好。在放牧季节，每天补充少量的饲料即可满足生长和产蛋的需要。产蛋期每天补充精料 70 g 左右，平时产蛋率达到 50%以上，产蛋高峰期达到 66%以上。蛋黄颜色达到 9～11 个罗氏单位，深受消费者喜爱，因此，产品供不应求，产生了良好的经济效益和生态效益。

实例之二 据魏书兰(1995)报道，喀左县十二德堡乡烂泥塘子村的天然草场和人工草场，多次发生不同程度的蝗虫危害。蝗虫不仅啃食破坏牧草，影响牧草产量和草地有效利用年限，而且威胁着周围数千公顷农田作物。自 1985 年草地放牧养鸡以来，有 200 万 m^2(3 000 亩)草地蝗害被控制住了。据调查，一般年景，不牧鸡的天然草场平均每 667 m^2 产干草 25 kg，人工草场平均每 667 m^2 产干草 200 kg；未牧鸡的草地平均每平方米生存小型蝗虫 6～8 头；经牧鸡的草地，蝗虫存留数下降为每平方米 1～2 头；天然草场每 667 m^2 产干草可增加到 30 kg，增产 20%，而人工草地每 667 m^2 产干草 250 kg，增加 50 kg，增产 25%。

实例之三 据陆元彪等(1995)报道，海北州地处青藏高原，自然条件严酷，草原蝗虫危害十分严重，给草地畜牧业生产造成了很大损失。年发生蝗虫危害的草地面积 67 333 hm^2(101 万亩)，成灾面积 43 333 hm^2(65 万亩)，年损失牧草 6 545 万 kg，相当于 5.77 万只羊全年的采食量，直接经济损失达 288 万元。他们在省、州有关部门的支持和帮助下，进行了高寒草场牧鸡治蝗技术开发试验。试验从 1992 年 6 月 28 日开始至 8 月 1 日结束，历时 1 个多月。通过试验，证明在高寒草场牧鸡治蝗是成功的，达到了预定的目标。灭蝗效果：

①根据野外测定，平均灭治率为90%，其中最高97%，最低82%，基本达到防治要求。

②根据野外定点观测，每只鸡每天可捕食2～3龄蝗虫1 600～1 800只，解剖捕食半天蝗虫的鸡，嗉囊中平均有2～3龄蝗虫300～400只。

③试验地蝗虫平均密度56头/m^2，防治标准90%，每只鸡每天可治蝗34 m^2。

④灭治期间平均鸡群规模430只，灭治时间按20 d计算，每天防治14 674 m^2(22亩)，试验期间共防治29.33 hm^2(440亩)。

⑤实际支出2 480元，其中购鸡1 547元，购鸡用配合饲料365元，购骨粉40元，鸡笼折旧132元，药品50元，人工工资350元。试验结束后出售鸡收入2 000元，收支相抵，实际支出484元。灭治成本：实际支出484元÷灭治面积29.33 hm^2＝16.50元/hm^2。按照当时药物灭蝗实际费用约30元/hm^2，牧鸡治蝗与常规药物相比，每公顷可节省费用13.50元，治蝗成本下降45%，经济效益明显。

(三)草场养鸡应注意的问题

除了与其他地方放养鸡应注意的问题相同以外，还存在一些问题，应特别注意一些技术环节。

1.注意昼夜温差

草原昼夜温差大。在放牧的初期、鸡月龄较小的时候以及春季和晚秋，一定要注意夜间鸡舍内温度的变化，防止温度骤然下降导致鸡群患感冒和其他呼吸道疾病。必要的时候应增加增温设施。

2.严防兽害

与其他地方放养鸡相比，草场的兽害最为严重，尤其是鹰类、黄鼠狼、狐狸、老鼠以及南方草场的蛇。应有针对性地采取措施。

3. 建造遮阴防雨棚舍

与其他放养地方相比，草场的遮阴状况不好，特别是退化的草场，在炎热的夏季会使鸡暴露在阳光下，雨天没有可躲避的地方。应根据具体情况增设简易棚舍。

4. 秋季早晨晚放牧

秋季晚上气温低，早晨草叶表面带有露水，对鸡的健康不利。因此，遇有这种情况应适当晚放牧。

5. 轮牧和刈割

养鸡实践中发现，鸡喜欢采食幼嫩的草芽和叶片，不喜欢粗硬老化的牧草。因此，在草场养鸡时，应将放牧和刈割相结合。将草场划分不同的小区，轮流放牧和轮流刈割，使鸡经常可采食到愿意采食的幼嫩牧草。

6. 严防鸡产窝外蛋

草场辽阔，鸡活动的半径大，适于营巢的地方多。应注意鸡在外面营巢产蛋和孵化。

五、山场

(一)山场养鸡的优点

我国是一个多山的国家，山区面积约占国土面积的 2/3，远远高出世界平均水平。我国山区人口占全国总人口的 56%。在全国 2 100 多个行政县(市)中有 1 500 多个是山区县(市)，而山区多数是贫困地区和革命老区。充分利用山场资源，发展生态放养鸡，帮助山区人民脱贫致富是畜牧工作者的责任和义务，具有重大的现实意义和深远的历史意义。近年来，我们开展了此项研究工作，取得了可喜进展。在实践中我们逐渐认识到，在山区发展生态放养鸡具有明显的优势和广阔的前景。

1. 山场的利用

山场是可利用资源，闲置不用而受穷不是明智之举。养羊虽然可利用山场草场资源，但对山场生态破坏严重，是山区生态保护的大忌。面对尚未脱贫的农民，硬性禁止养羊，必须给他们指出一条新的致富之路，即经济效益、社会效益和生态效益高度统一的项目。养鸡项目只要认真运作，其经济收入远远超过养羊。

2.绿色食品生产

随着生活水平的提高，人们对食品的构成和质量要求日益苛刻，这是自然的，无可厚非。规模化养鸡的出现满足了人们对鸡蛋数量上的要求，但是，随之而来的是口味欠佳、蛋黄色浅、蛋白变稀、胆固醇含量增高、农药和兽药残留超标等一系列的问题，使人们淡化了对这种鸡蛋的兴趣，而激起了对过去柴鸡蛋的美好回忆。因而，其他鸡蛋的价格一落再落，柴鸡蛋的价格猛涨，备受青睐，大有供不应求之势。

3.生产基地转移

由于供求矛盾的出现，生产"柴鸡蛋"成为必然趋势。但是，由于平原地区在场地、投资趋向、饲料资源、环境条件和饲料质量等方面的限制，生产这种鸡蛋的任务不可能由平原地区完成，更不可能由城市来解决，历史地落到了山区。山区有广阔的山场和丰富的自然饲草饲料资源，是理想的生产基地。

(二)山场养鸡实例

实例之一　1999年我们提出了"山场蛋鸡规模化生态养殖"设想后，得到河北易县县委、政府及业务部门的大力支持，广大山区农民的积极响应。该县2000年生态放养鸡数量已经超过30万只，2001年后年饲养量达到60万～80万只，产生良好的经济效益、生态效益和社会效益。比如，普通鸡蛋一般价格每千克在4元左右，而山场生产的鸡蛋每千克在11～16元，育肥的小肉鸡和淘汰的老母鸡每千克售价也在12元左右，在节日期间更高。农户饲养本地柴鸡(产蛋)每只年盈利20～30元，每只小公鸡盈利也在10元左右。由于养鸡数量的增加，带动了相关产业的发展。目前专门经营柴鸡产品的企业6家,一些企业经营的鸡蛋注册了商标。他们已与北京、天津、石家庄、保定等附近一些大中城市签订了供销协议,形势看好。该技术已在河北省的保定、承德、石家庄、邢台、邯郸等市的山区县逐渐推广。

实例之二　据刘庆才(2001)报道,吉林省通化市蚕种场位于罗通山脉脚下,职工朱运1999年6月5日至10月20日利用天然草场和果树下放牧养鸡,45日龄鸡上山,经过4.5个月的野外自然饲养,上山鸡380只,出栏345只,成活率达90.8%,平均体重2.25 kg,按照当时市场价格8～9元/kg,只均纯收入14.5元。

实例之三　据袁毓峰等(2005)报道,祁连山高寒牧区的肃南县韭菜沟乡和雪泉乡,均为纯牧业乡,平均海拔为2 600 m左右,属半湿润山地草原气候,年降水量为250～350 mm,无霜期为90～120 d,年平均气温为2～4℃,草原类型属草甸草场和草原草场。他们开展了在山地草场放养岭南黄鸡试验。试验安排500只规模的4群和1 000只规模的3群,分别投入给7户牧民放养。分为舍饲育雏期(20～30日龄)和放养育肥期(31～80日龄)两个阶段。30日龄前常规平面育雏。从30日龄起开始脱温转入放养育肥期,循序善诱训练仔鸡到草场上自由采食青草、蝗虫等,放牧半径逐日由小到大,待鸡群适应后可采用满天星放牧,每次放牧收鸡归舍时给鸡群一个固定的哨音信号,同时根据鸡嗉囊的充满度适当补饲配合饲料(商品肉鸡专用配合饲料),形成一个条件反射,便于归舍管理。夜间舍内温度控制在24～26℃,遇到阴雨天进行舍饲。试验结束时(80日龄),鸡平均体重为1 835.7 g,调入5 000只,出栏4 840只,总成活率为96.8%。出栏时每只平均售价为14.0元,每只平均投入为9.58元,每只平均纯收入为4.42元,效益显著。

实例之四　据赵安锁(2005)报道,甘肃成县县委县政府根据肉鸡市场需求变化趋势,在充分考察论证的基础上,提出了发挥本县林草资源优势，开展土鸡养殖、增加山区农民收入的设想，把土鸡养殖确定为增加农民收入的6项措施之一，先后5批引进广西大发青脚麻雏鸡3.8万只，经过统一育雏20 d、集中脱温育雏、程序化免疫后，投放到6个示范点、93户农户饲养。采取山场林间牧养加补饲的饲养方式，即白天放牧，早晚各补饲1次，饲料以小麦、玉米原粮为主，不添加任何生长激素。第一批投放的5 000只青脚麻土鸡115日龄体重达2.1 kg，每只饲养成本12元（鸡苗5元、饲料5元、防疫1元、其他1元），按当地市场最低售价14元/kg计，毛收入29.4元/只，毛利润可达17.4元/只，首批5 000只土鸡可获毛利润8.7万元。

（三）山场生态放养鸡应注意的问题

1. 山场的选择

山场生态放养鸡必须突出“生态”二字。山场生态放养鸡的提出是基于山场养羊对山场的破坏，通过养鸡使农民靠山吃山，找到既开发利用山场又保护山场的途径。实践中发现，并非所有的山场都适合发展养鸡。比如，坡度较大的山场、植被退化和可食牧草含量较少的山场、植被稀疏的山场等均不适于养鸡。因为在这样的环境下，鸡不能获得足够的营养而必须依靠人工补料，同时为寻找食物而对山场造成破坏。植被状况良好、可食牧草丰富、坡度较小的山场，特别是经过人工改造的山场果园和山地草场最适合养鸡。

2. 饲养规模和饲养密度

根据我们的观察，山场养鸡鸡的活动半径较平原农区小，因此，饲养的规模和饲养密度必须严格控制。为了获得较好的经济和生态效益，山场养鸡的饲养密度应控制在每667 m^2 20只左右，一般不超过30只。一个群体的数量应控制在500只以内。调查发现，100～300只的规模效果最好。因此，可在一个山场增设若干个小区，实行小群体大规模。

3.补料问题

山场养鸡不可出现过牧现象,以保护山场生态。因此,其饲料的补充必须根据鸡每天采食情况而定。如果补料不足,鸡很可能用爪刨食,使山场遭到破坏。

4.兽害预防

山区野生动物较平原更多,饲养过程中要严加防范。

5.组织问题

山区交通、信息、人们的文化和科技素质、经营理念等,都与农区和城市有一定差距。因此,山场养鸡应进行有效的组织。通过群众性的养鸡协会,解决一家一户难以解决的鸡苗、饲料、疫苗、药品的供应,特别是产品的销路,使之真正成为一个产业。

第五节 不同季节的放养技术要点

不同季节,气候和饲料资源情况有很大的差别,在管理方面也应进行相应的调整。

一、春季

春季是养鸡的黄金季节,不仅是孵化和育雏最繁忙的时候,也是蛋鸡产蛋率最高的时候,种蛋质量最佳的时候。同时,春季也存在一些不利因素,应注意一些技术环节。

(一)防气温突变

春季气温渐渐上升,但是其上升的方式为螺旋式。升中有降,变化无常。时刻注意气候的变化,防止突然变化造成对生产性能的影响和诱发疾病。

(二)保证营养

春天是蛋鸡产蛋上升较快的时段,同时早春又是缺青季节。如何保证产蛋率的快速上升,而又保证其鸡蛋品质符合柴鸡蛋标准,应在保证饲料补充量、饲料质量的前提下,补充一定数量的青绿饲料。如果此时青草不能满足,可补充一定数量的青菜。对于种鸡,饲料中应补充一定数量的维生素和微量元素,以保证种蛋质量,提高产蛋率和孵化率。

(三)确定放牧时间

春季培育的雏鸡放牧时间,北京以南地区一般应在 4 月中旬以后,此时气温较高而相对稳定;但对于成年鸡而言,温度不是主要问题,而草地牧草的生长是放牧的限制因素。如果放牧过早,草还没有充分生长便被采食,草芽被鸡迅速一扫而光,造成草场的退化,牧草以后难以生长。因此,春季放牧的时间应根据当地气温、雨水和牧草的生长情况而定,不可过早。

(四)预防疾病

春季温度升高,阳光明媚,万物复苏,既是养鸡的最好季节,也是病原微生物复苏和繁衍的时机。鸡在这个季节最容易发生传染性疾病。因此,疫苗注射、药物预防和环境消毒各项措施都应引起高度重视。

二、夏季

(一)注意防暑

鸡无汗腺,体内产生的热主要依靠呼吸散失,因而鸡对高温的适应能力很差。所以,防暑是夏季管理的关键环节。尤其是在没有高大植被遮阴的草场,应在放牧地设置遮阴棚,为鸡提供防晒遮阴乘凉的躲避处。

(二)保证饮水

尽管放养鸡一年四季都应保证饮水,但夏季供水更为重要。供水不仅是提高生产性能的需要,更是防暑降温、保持机体代谢平衡和机体健康的需要。必要时,在饮水中加入一定的补液盐等抗热应激制剂。

(三)整顿鸡群

夏季一些鸡开始抱窝,有些鸡出现停产。应及时进行清理整顿。对饲养价值不大的鸡可作淘汰处理,以减少饲料费用,降低饲养密度。

(四)饲喂和饲料

夏季天气炎热,鸡的采食量减少,在饲喂和饲料方面进行适当的调整。利用早晨和傍晚天气凉爽时,强化补料,以便保证有足够的营养摄入。一些人认为,夏季应降低营养水平,其结果不仅采食饲料的总量降低,获得的营养更少,不能满足生产的需要。可采取提高营养浓度和制作颗粒饲料的措施,使鸡在较短的时间内补充较多的营养,以保证有较高的生产性能。

(五)搞好卫生

夏季蚊虫和微生物活动猖獗,粪便和饲料容易发酵,雨水偏多,环境容易污染。应注意饲料卫生、饮水卫生和环境卫生,控制蚊蝇滋生,定期驱除体内寄生虫,保证鸡体健康。

(六)及时捡蛋

夏季由于环境控制难度大,鸡蛋的蛋壳更容易受到污染。特别是窝外蛋,稍不留意便遭受雨水而难以保证质量。因此,应及时发现窝外蛋,及时收集窝内蛋,进行妥善保管或处理。

三、秋季

(一)加强饲养和营养

秋季是鸡换毛的季节。老鸡产蛋达1年,身体衰竭,加上换毛,在生理上变化很大。所以,不能因为换毛停产而放松饲养管理。有的高产鸡边换毛边产蛋。况且鸡的旧毛脱落换新羽,仍需要大量的营养物质。因此饲料中应增加精料和微量营养的比例,以保证鸡换掉旧羽和生新羽的热能消耗,及早恢复产蛋。当年雏鸡到秋季已转为成年鸡,开始产蛋,但其体格还小,尚未发育完全,因此,也要供应足够的饲料,让其吃饱喝足,并增加精料比例,以满足其继续发育和产蛋的需要;保持一定的膘度,为来年产蛋期打下良好的基础。

(二)调整鸡群

正如上面所言,秋季是成年母鸡停产换羽和新蛋鸡陆续开产的季节。此时应进行鸡群的调整,淘汰老弱母鸡,调整新老鸡群。老弱母鸡淘汰的方法是:将淘汰的母鸡挑选出来,分圈饲养,增加光照,每天保持 16 h 以上。多喂高热量饲料等促使母鸡增膘,及时上市。当新蛋鸡开始产蛋时,则应老新分开饲养,鸡也逐渐由产前饲养过渡到产蛋鸡饲养管理。

(三)控制蚊虫,预防鸡痘

鸡痘是鸡的一种高度接触性传染病,在秋冬季最容易流行。秋季发生皮肤型鸡痘较多,冬季白喉型最常见。

预防鸡痘可用鸡痘疫苗接种。将疫苗稀释 50 倍,用消毒的钢笔尖或大号缝衣针蘸取疫苗,刺在鸡翅膀内侧皮下.每只鸡刺一下即可。接种 1 周左右,可见到刺种处皮肤上产生绿豆大的小痘,后逐渐干燥结痂而脱落。如刺种部位不发生反应则必须重新刺种疫苗。

治疗鸡痘可采用对症疗法。皮肤型鸡痘,可用镊子剥离,伤口涂擦紫药水,鸡眼睛上长的痘,往往有痒感,鸡有时向体内摩擦,有时用鸡爪弹蹬。可将痘划破,把里边的纤维素挤出,涂上肤轻松。

(四)预防其他疾病

秋季对蛋鸡危害较大疾病除了鸡痘以外,还有鸡新城疫、禽霍乱和寄生虫病。因此,必须进行疫苗接种和驱虫,迎接产蛋高峰期到来。一般情况下,在实行强制换羽前 1 周接种新城疫Ⅰ系苗;盐酸左旋咪唑,在每千克饲料或饮水中加入药物 20 g,让鸡自由采食或饮用,连喂 3～5 d;驱蛔灵,每千克体重用驱蛔灵 0.2～0.25 g,拌在料内或直接投喂均可;虫克星,每次每 50 kg 体重用 2%虫克星粉剂 5 g,内服、灌服或均匀拌入饲料中饲喂;复方敌菌净,按 0.02%混入饲料拌匀,连用 3～5 d;氨丙啉,按 0.025%混入饲料或饮水中，连用 3～5 d。给鸡驱虫期间，要及时清除鸡粪，同时对鸡舍、用具等进行彻底消毒。

(五)人工补光

秋后日照时间渐短，与产蛋鸡要求的每天 16 h 的光照时间的差距越来越大，应针对当地光照时数合理补充光照，以保证成年产蛋鸡的产蛋稳定，促进新开产鸡尽快达到产蛋高峰。

(六)防天气突变

深秋气温低而不稳，有时秋雨连绵，给放养鸡的饲养和疾病防治带来诸多困难。应有针对性地提前预防。

四、冬季

(一)舍养保温

冬季草地没有什么可采食的东西，如果继续室外放养，能量的散失会更严重，很多鸡由于能量的负平衡而停止产蛋。因此，应采取室内圈养或笼养的方式，并加强鸡舍保温，可实现冬季较高的产蛋率。生产中，我们采取鸡舍阳面搭建塑料棚的方法，不仅增加了运动场地，而且通过塑料暖棚，增加光照和增温。

(二)增强营养供应

冬季天气寒冷，机体散热多，因此，饲料的配合不仅要增加能量饲料的比例，饲料的补充量也应有所增加。没有足够的营养供应，不会有高的产蛋性能和经济效益。一些鸡场仍然按照放养期进行补料，造成严重的营养负平衡，产蛋率急剧下降，甚至停产。

(三)重视补青补粗

柴鸡蛋品质优于普通的笼养鸡蛋，主要指标在于蛋黄色泽、胆固醇和磷脂含量。但是，冬季失去了放牧条件，如果不采取有力措施，其鸡蛋品质难以保证。经过我们多年的试验和实践，冬季适当补充青绿多汁饲料，可弥补圈养的不足。根据我们的试验，饲料中要强化维生素添加剂，并添加 5%～7% 的苜蓿草粉，有助于鸡蛋品质的提高，达到柴鸡蛋的标准。试验结果如表 6-34 所示。

表 6-34 不同苜蓿粉含量对鸡蛋品质及生产性能的影响

期别	项 目	Ⅰ(对照)	Ⅱ(3%苜蓿)	Ⅲ(5%苜蓿)	Ⅳ(7%苜蓿)
试验前期	蛋重/g	50.42±1.31[a]	52.26±2.98[ba]	59.27±4.04[c]	55.18±4.60[bd]
	蛋黄胆固醇/(g/100 g)	1.42±0.07[a]	1.44±0.10[a]	1.26±0.09[b]	1.27±0.09[b]
	蛋黄磷脂/%	14.99±0.33	14.67±0.68	14.93±0.28	14.80±0.52
	哈夫单位	95.91±4.75	94.50±4.82	94.65±3.78	93.02±3.58
	蛋壳厚度/mm	0.408±0.007	0.417±0.008	0.438±0.029	0.406±0.039
	蛋黄颜色	8.40±0.55[a]	9.10±0.55[a]	9.60±0.55	9.80±0.84
	蛋黄系数	47.35±1.34	46.99±3.56	45.65±1.42	46.69±3.40
试验后期	蛋重	45.77±4.01[b]	51.50±3.68[a]	53.50±2.16[a]	50.29±3.77[a]
	蛋黄胆固醇/(g/100 g)	1.42±0.07[a]	1.44±0.10[a]	1.26±0.09[b]	1.27±0.09[b]
	蛋黄磷脂/%	14.99±0.33	14.67±0.68	14.93±0.28	14.80±0.52
	哈夫单位	95.39±4.16[a]	94.89±3.86[a]	96.98±4.68[a]	93.92±3.54[a]
	蛋壳厚度/mm	0.415±0.145[a]	0.422±0.045[a]	0.401±0.024[a]	0.417±0.021[a]
	蛋黄颜色	8.20±0.37[a]	9.80±0.37[bc]	10.00±0.00[bc]	10.20±0.24[c]
	蛋黄系数	45.56±1.62[a]	44.98±1.62[a]	43.50±0.75[a]	42.12±2.26[a]
试验全期	产蛋率/%	60.40±0.30	60.33±0.30	60.06±0.40	60.55±0.13
	料蛋比	5.90±0.14[c]	5.54±0.09[ab]	5.11±0.05[a]	5.41±0.29[ab]
	耗料量/kg	166.08±0.10	166.99±0.09	167.74±0.36	167.13±0.21
	破壳蛋/%	4.00	3.00	2.00	4.00

试验表明，添加3%～7%的苜蓿草粉对冬季蛋鸡的产蛋性能没有影响，而显著提高鸡蛋品质：蛋黄颜色均达到9.8以上，胆固醇含量降低，磷脂增加等。综合考虑，以添加5%效果最佳。

(四)补充光照

根据当地光照时数和产蛋鸡的要求合理补充光照。

(五)加强通风，预防呼吸道疾病

冬季是鸡呼吸道传染病的流行季节，尤其是在通风不良的鸡舍更容易诱发。应重视鸡舍内的通风。一旦发现病情应立即隔离，并使用相应的药物进行治疗，使其早日康复。同时，每隔5～7 d用百毒杀等消毒剂进行消毒，以免发生疫病。

(六)注意兽害

冬季野生动物捕捉的猎物减少，因而对野外养鸡的威胁很大。以黄鼠狼为甚，应严加防范。

提问：

1.放养场地选择应该注意什么？不同放养场地的管理特点如何？

2.鸡在放养期间的活动规律如何？怎样根据这些规律合理地安排鸡舍大小和距离以及确定放养密度？

3.产蛋期的饲养管理应该掌握哪些环节？

4.不同季节应该如何饲养管理？

第七章　生态放养鸡场的建筑与设备

导读

放养鸡场要符合无公害和可持续发展的原则，有放养鸡可食的虫草资源，植被良好，建筑布局、结构便于防病。放养鸡舍不宜过大，间隔 150 m 以上，内设栖架。设置自动饮水装置和诱虫设备。

生态放养鸡的场地、房舍、设备是影响生态放养鸡效果的重要因素之一。生态放养鸡环境相对开放，受外界自然气候影响明显，结合生态放养鸡的生活习性特点，其棚舍和相关设备应确保生态放养鸡的生活力、生产力和安全性。考虑到鸡的品种与用途、各地的气温、养殖规模、饲养方式和放养场地的不同，对鸡舍和设备的要求也不同。鸡场的建设必须通过认真科学的设计，从场址选择、鸡舍建设、布局结构、设备和用具的应用、场区卫生防疫设施等方面综合考虑，做到生产和管理科学合理。

第一节　放养鸡场场址的选择与布局

一、放养鸡场场址选择原则

(一)无公害生产原则

所选场址的土壤土质、水源水质、空气、周围建筑等环境应该符合无公害生产标准，环境质量符合无公害食品畜禽场环境质量标准 NY/T 388 的规定；水源充足，水质符合无公害食品畜禽饮水水质标准 NY/T 5027 的规定。防止重工业、化工工业等工厂的公害污染。

(二)生态和可持续发展原则

鸡场选址和建设时要有长远规划,做到可持续发展。鸡场的生产不能对周围环境造成污染,选择场址时应该考虑处理粪便、污水和废弃物的条件和能力。一定要根据饲养规模选择放养地或根据放养地的载畜量确定放养规模,防止过度放牧鸡群对植被的破坏作用。

(三)经济性原则

放养场地的选择要考虑放养地的虫草资源、水资源、交通运输的便利性和饲养管理的方便性等直接影响放养鸡经济效益的问题。无论是选地,还是进行场舍建设,都应精打细算,厉行节约。

(四)防疫性原则

拟建场地的环境及附近的兽医防疫条件的好坏,是影响鸡场经营盈亏的关键因素之一。不要在旧鸡场上建场或扩建,必须对当地的历史疫情做周密详细的调查研究,特别警惕其他养殖场、屠宰场、集贸市场等微生物污染源的距离、方位以及有无自然隔离条件等。

二、放养鸡场的场址选择

生态放养鸡首先要做好场址的选择。放养场地直接关系到生态放养鸡的生产水平、鸡群的健康状况和经济效益以及鸡场的运营状况。因此,放养场址选择时一定要认真研究、科学安排,要从交通、地势、土质、水质、电源、防疫以及虫草等多方面综合考虑。水源地保护区、旅游区、自然保护区、环境污染严重区、发生重大动物传染病疫区,其他畜禽场和屠宰厂附近、候鸟迁徙途径地和栖息地、山谷洼地易受洪涝威胁地段、退化的草场和草山草坡等不适宜建场。

(一)位置和电力

化工厂、矿厂排放的废水、废气中含有重金属及有害气体、烟尘及其他微细粒子，鸡群如果长期处在公害严重的环境中鸡体和产品中也会留有有害物质，对人体健康不利。因此，按无公害食品部颁标准规定要求，放养场地应距离大型化工厂、矿厂和其他养殖场、屠宰场、畜产品加工厂、皮革加工厂以及兽医院等生物污染严重的地点 3 km 以上，距离干线交通公路、村庄和居民点 1 km 以上，周围不能有任何污染源，空气良好。另外，要求供电充沛，并保证能连续供电。

(二)地势地形

地势是指场地的高低起伏状况。地形是指场地的形状、范围以及地物。场区要求地势平坦或缓坡(以 3%～5% 为最好)，高于周围地平面，容易排水，背风向阳。这种场地阳光充足、地势高燥、卫生。低洼积水的地方不宜建场。山区建场还要注意地质构造情况，避开断层、滑坡、塌方的地段；也要避开坡底、谷底以及风口，以免受山洪和暴风雨的袭击。

(三)土壤

土壤指地球陆地表面能够生长绿色植物的疏松层，是由固体颗粒、土壤溶液和土壤空气三部分组成。土壤固体大颗粒称为沙粒，中等粒径的颗粒称为粉粒，细小颗粒称为黏粒。沙粒含量特别多的是沙土；黏粒含量特别多的是黏土；而沙粒、粉粒、黏粒三者比例相等的是壤土。壤土地的耕性最好，土壤水气比例最易达到理想范围，土壤温度状况也较易保持和调整，也就是说，壤土的土壤物理性质最理想。沙土地往往气多水少。这种土壤导热快，夏天地表灼热，缺乏肥力，不利于植物生长。黏土地则水多气少，冬天地温易偏低，紧实黏重。沙土地和黏土地均不利于形成较好的鸡舍周围小气候。生态放养鸡场应以壤土地为好，并且要求无病源和工业废水污染。

(四)水源水质

场址附近必须有洁净充足的水源，取用、防护方便。鸡场用水比较多，每只成鸡每天的饮水量平均为 300 mL，生活用水及其他用水是鸡饮水量的2～3倍。最理想的水是不经过处理或稍加处理即可饮用。要求水中不含病原微生物，无臭味或其他异味，水质澄清透明，酸碱度、硬度、有机物或重金属含量符合无公害生态生产的要求。如有条件则应提取水样做水质的物理、化学和微生物污染等方面的化验分析。地面水源包括江水、河水、塘水等，其水量随气候和季节变化较大，有机物含量多，水质不稳定，多受污染，使用时必须经过处理。深层地下水水量较为稳定，并经过较厚的沙土层过滤，杂质和微生物较少，水质洁净，且所含矿物质较多。

（五）放养场地

生态放养的鸡只活泼好动，觅食力强，因此除要求具有较为开阔的饲喂、活动场地外，还需有一定面积的果园、农田、林地、草场或草山草坡等，以供其自行采食杂草、野菜、虫体、谷物及矿土等丰富的食料，满足其营养的需要，促进机体的发育和生长，增强体质，改善肉蛋品质。无论哪种放养地最好均有树木遮阴，在中午能为鸡群提供休息的场所。

1. 果园

果园的选择，以干果、主干略高的果树和农药用药少的果园地为佳，并且要求排水良好。最理想的果园是核桃园、枣园、柿园和桑园等。这些果园的果树主干较高，果实结果部位亦高，果实未成熟前坚硬，不易被鸡啄食。其次为山楂园，因山楂果实坚硬，全年除防治1～2次食心虫外，很少用药。在苹果园、梨园、桃园养鸡，放养期应躲过用药和采收期，以减少药害以及鸡对果实的伤害。

2. 林间隙地

选择树冠较小、树木稀疏、地势高燥、排水良好的地方，空气清新，环境安静，鸡能自由觅食、活动、休息和晒太阳。林地以中成林为佳，最好是成林林地。鸡舍坐北朝南，鸡舍和运动场地势应比周围稍高，倾斜度以10°～20°为宜，不应高于30°。树枝应高于鸡舍门窗，以利于鸡舍空气流通。

山区林地最好是果园、灌木丛、荆棘林或阔叶林等，土质以沙壤为佳,若是黏质土壤,在放养区应设立一块沙地。附近应有小溪、池塘等清洁水源。鸡舍建在向阳南坡上。

果园和林间隙地可以种植苜蓿为放养鸡提供优质的饲草。据试验,在鸡日粮中加入3%～5%的苜蓿粉不但能使蛋黄颜色变黄,还能降低鸡蛋胆固醇含量。

3.农田

一般选择种植玉米、高粱等高秆作物的田地和棉田养鸡,要求地势较高,作物的生长期在90 d以上,周围用围网隔离。农田放养鸡,以采食杂草、昆虫为主,这样就解除了除草、除虫之忧,减少了农药用量。鸡粪还是良好的天然肥料,可以降低农田种植业的投资。田间放养鸡,饲养条件简单,管理方法简便,但饲养密度不高,每667 m^2(1亩)地养鸡不超过50只成年鸡或80只青年鸡。田间养鸡注意错开苗期,要在鸡对作物不造成危害后再放养。作物到了成熟期,如果鸡还不能上市,可以半圈养为主,大量补饲精料催肥。

4.草场

草场养鸡,以自然饲料为主,生态环境优良,饲草、空气、土壤等基本没有污染。草场是天然的绿色屏障,有广阔的活动场地,烈性传染病很少,鸡体健壮,药物用量少,无论是鸡蛋还是鸡肉纯属绿色食品,有益于人体健康。草场具有丰富虫草资源,鸡群能够采食到大量的绿色植物、昆虫、草籽和土壤中的矿物质。近年来,草场蝗灾频频发生,越干旱蝗虫越多,牧鸡灭蝗效果显著,再配合灯光、激素等诱虫技术,可大幅度降低草场虫害的发生率。选择草场一定要地势高燥;避免洼地,因洼地低阴潮湿,对鸡的健康不利。草场中最好要有能为中午的鸡群提供遮阴或下雨时的庇护场所的树木,若无树木则需搭设遮阴棚。

选择草山草坡放养鸡一定要避开风口、泄洪沟和易塌方的地方,并将棚舍搭建在避风向阳、地势较高的地方。

三、放养鸡场的布局

鸡场的设计主要是分区和布局问题。生态放养鸡场一般每批鸡饲养量 500～3 000 只，规模相对较小，各类设施建设和布局相对简单。但总体布局要科学、合理、实用，并根据地形、地势和当地风向确定各种房舍和设施的相对位置，包括各种房舍分区规划、道路规划、供排水和供电等线路布置以及厂区内防疫卫生的安排，做到既要考虑卫生防疫条件，又要照顾到相互之间的联系，做到既有利于生产、管理又有利于生活。否则，容易导致鸡群疫病不断，影响生产和效益。合理的总体布局可以节省土地面积，节省建场投资，给管理工作带来方便。

(一)便于卫生管理

生产区是总体布局的中心主体。生产区内鸡舍的设置应根据常年主导风向，按孵化室(种鸡场)、育雏舍、放养鸡舍这一顺序布置鸡场建筑物，以减少雏鸡发病机会，利于鸡的转群。鸡场生产区内，按规模大小、饲养批次不同分成几个小区，区与区之间要相隔一定距离。放养鸡舍间距根据活动半径不低于 150 m。

生产区与生活区要分开，非生产人员不准随便进入生产区。生活区、行政区、供应区地势要高于生产区，且与生产区距离在 80 m 以上，且有严格的隔离措施，以保证空气清新。根据地势的高低、水流方向和主导风向，按人、鸡、污的顺序，将各种房舍和建筑设施按其环境卫生条件的需要次序排列。首先，考虑人的工作和生活集中场所的环境保护，使其尽量不受饲料粉尘、粪便气味和其他废弃物的污染。其次，需要注意生产鸡群的防疫卫生，尽量杜绝污染源对生产鸡群的环境污染。如地势与风向在方向上不一致时，则以风向(夏季主风向)为主。对因地势造成水流方向的地面径流，可用沟渠改变流水方向，避免污染鸡舍；或者利用侧风向避开主风，将需要重点保护的房舍建在“安全角”的位置，以免受上风向空气污染。根据拟建场区的土地条件，也可用林带相隔，拉开距离,将空气自然净化。对人员流动方向的改变,可筑墙阻隔等其他设施或种植灌木加以解决。

场内道路应分为清洁道和脏污道,互不交叉。清洁道用于鸡只、饲养和清洁设备等的运输。脏污道用于处理鸡粪、死鸡和脏污设备等的运输。

(二)便于生产管理

鸡场各建筑物的布局,要求尽量减少占地面积、鸡舍排列整齐,以使饲料、粪便、产品、供水及其他物品的运输等呈直线往返,减少拐弯。各建筑之间的距离应尽量缩短,以减少修筑道路、管线的投资。林地、果园、荒坡、小丘陵地养鸡要实行轮牧饲养,因此,育雏舍尽可能建在轮放饲养地的中央位置。

第二节　放养鸡舍的建筑

一、鸡舍的建筑要求

(一)防暑保温

放养鸡舍建在野外,舍内温度和通风情况随着外界气候的变化而变化,受外界环境气候的影响直接而迅速。尤其是育雏舍,鸡个体较小,新陈代谢机能旺盛,体温也比一般家畜高,因此,鸡舍温度要适宜,不可骤变。1日龄至1月龄的雏鸡,由于调节体温和适应低温的机能不健全,在育雏期间受冷、受热或过度拥挤,常易引起大批死亡。

(二)背风向阳

鸡舍朝向指用于通风和采光的棚舍门窗的指向。鸡舍朝向的选择应根据当地气候条件、鸡舍的采光及温度、通风、地理环境、排污等情况确定。舍内的自然光照依赖阳光,舍内的温度在一定程度上受太阳辐射的影响,自然通风时舍内通风换气受主导风向的影响。因此,必须了解当地的主导风向、太阳的高度角。各地太阳高度角因纬度和季节的不同而不同。鸡舍朝南，冬季日光斜射，可以充分利用太阳辐射的温热效应和射入舍内的阳光，以利于鸡舍的保温取暖。鸡舍内的通风效果与气流的均匀性、通风的大小有关。但主要看进入舍内的风向角度多大。若风向角度为90°，则进入舍内的风为"穿堂风"，舍内有滞留区存在，不利于排除污浊气体，在夏季不利于通风降温；若风向角度为0°，即风向与鸡舍的长轴平行，风不能进入鸡舍，通风量等于零，通风效果最差；只有风向角度为45°时，通风效果最好。

(三)光照充足

光照分为自然光照和人工光照。自然光照主要对开放式鸡舍而言，充足的阳光照射，特别是冬季可使鸡舍温暖、干燥和消灭病原微生物等。因此，利用自然采光的鸡舍首先要选择好鸡舍的方位。另外，窗户的面积大小也要恰当，种鸡鸡舍窗户与地面面积之比以1∶5为好，商品鸡舍可相对小一些。

(四)布列均匀

如果饲养规模大而棚舍较少，或放养地面积大而棚舍集中在一角，容易造成超载和过度放牧，影响正常生长，造成植被破坏，并易促成传染病的暴发。因此，应根据放养规模和放养场地的面积搭建棚舍的数量，多棚舍要布列均匀，间隔150～200 m。每一棚舍能容纳300～500只的青年鸡或200～300只的产蛋鸡。

(五)便于卫生防疫

无论何种类型的棚舍，在设计建造时必须考虑以后便于卫生管理和防疫消毒。鸡舍内地面要比舍外地面高出30～50 cm，鸡舍周围30 m内不能有积水，以防舍内潮湿滋生病菌。棚舍内地面要铺垫5 cm厚的沙土，并且根据污染情况定期更换。鸡舍的入口处应设消毒池。通向鸡舍的道路要分为运料清洁道和运粪脏道。有窗鸡舍，窗户要安装铁丝网，以防止飞鸟、野兽进入鸡舍，避免引起鸡群应激和传播疾病。

二、鸡舍的类型

放养鸡舍一般分为普通型鸡舍、简易型鸡舍和移动型鸡舍。普通鸡舍一般为砖瓦结构，常用于育雏、放养鸡越冬或产蛋鸡。简易鸡舍一般用于放养季节的青年鸡。无论是在农田、果园还是林间隙地中生态放养鸡，棚舍作为鸡的休息和避风雨、保温暖的场所，除了避风向阳、地势高燥外，整体要求应符合放养鸡的生活特点，并能适应野外放牧条件。

(一)普通型鸡舍

1. 育雏鸡舍

育雏舍是饲养出壳到3～6周龄雏鸡的专用鸡舍。设计育雏舍时，要特别注意做到保温良好、光亮适度、地面干燥、空气新鲜、工作方便。平面育雏的育雏舍，其墙高以2.4 m为宜；多层笼养育雏舍，其墙高要2.8 m。育雏舍的墙过高不易保温，会造成舍内上部温度很高，而雏鸡生活的地面温度不够。这不但浪费燃料，而且导致雏鸡发育不良。育雏舍的屋顶要设天花板，以利于消毒、保温和防鼠。此外，育雏舍与生长鸡舍应有一定的距离，以利于防疫。育雏期结束之后，即可转入放养期鸡舍。

利用农村家庭的空闲房舍，经过适当修理，使其符合养鸡要求，以节约鸡舍建筑投资，达到综合利用，可以降低成本。一般旧的农舍较矮，窗户小，通风性能差。改建时应将窗户改大，或在北墙开窗，增加通风和采光量。舍内要保持干燥。旧的房屋地基大都低洼，湿度大，改建时要用石灰、泥土和煤渣打成三合土垫高舍内地面。

2. 放养鸡舍

放养鸡舍主要用于生长鸡或产蛋鸡放养期夜间休息或避雨、避暑。总体要求保温防暑性能及通风换气良好，便于冲洗排水和消毒防疫，舍前有活动场地(图7-1)。这类棚舍无论放养季节或冬季越冬产蛋都较适宜。棚舍跨度 4～5 m，高 2～2.5 m，长 10～15 m。棚舍内设置栖架，每只鸡所占栖架的位置不低于 17～20 cm；每一棚舍能容纳 300～500 只的青年鸡或 300 只左右的产蛋鸡。产蛋鸡棚舍要求环境安静，防暑保温，每 5 只母鸡设 1 个产蛋窝。产蛋窝位置要求安静避光，窝内放入少许麦秸或稻草；开产时窝内放入 1 个空蛋壳或蛋形物以引导产蛋鸡在此产蛋。放养鸡舍要特别注意通风换气，否则，舍内空气污浊，会导致生长鸡增重减缓、饲养期延长或导致疾病暴发。

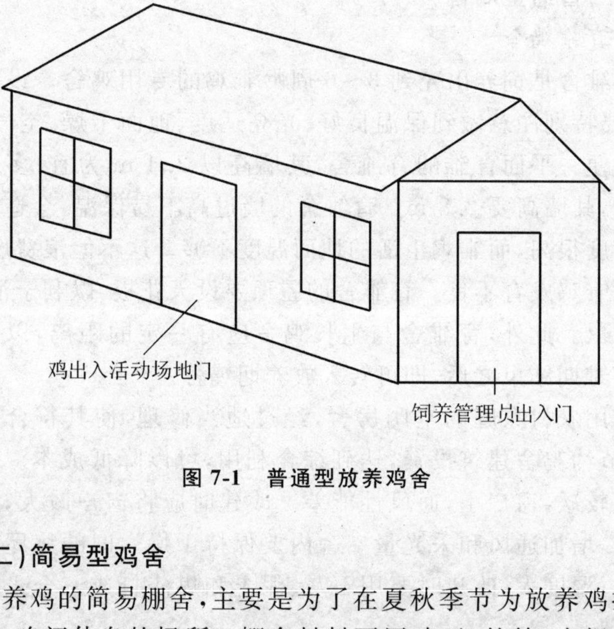

图 7-1 普通型放养鸡舍

(二)简易型鸡舍

放养鸡的简易棚舍，主要是为了在夏秋季节为放养鸡提供遮风避雨、晚间休息的场所。棚舍材料可用砖瓦、竹竿、木棍、角铁、钢管、油毡、石棉瓦以及篷布、塑编布、塑料布等搭建；棚舍四周要留通风口；对简易棚舍的主要支架用铁丝分 4 个方向拉牢(图 7-2和图 7-3)。其方法和形式不拘一格，随鸡群年龄的增长及所需面积的增加，可以灵活扩展。要求棚舍能保温挡风、不漏雨不积水。

一般每棚舍应能容纳 200～300 只的青年鸡或 200 只左右的产蛋鸡。

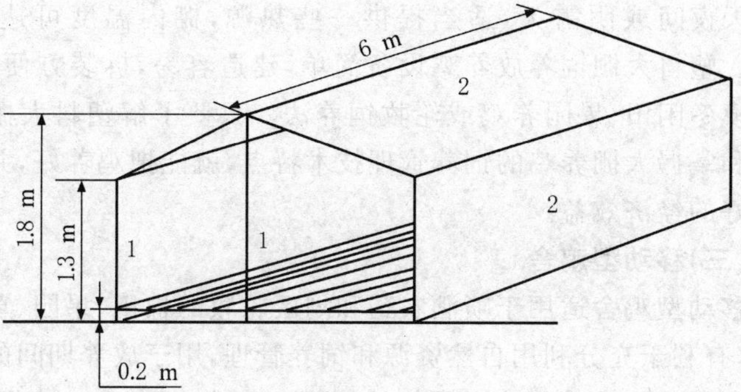

1. 主要支架；2. 塑编布

图 7-2 简易型塑编布棚

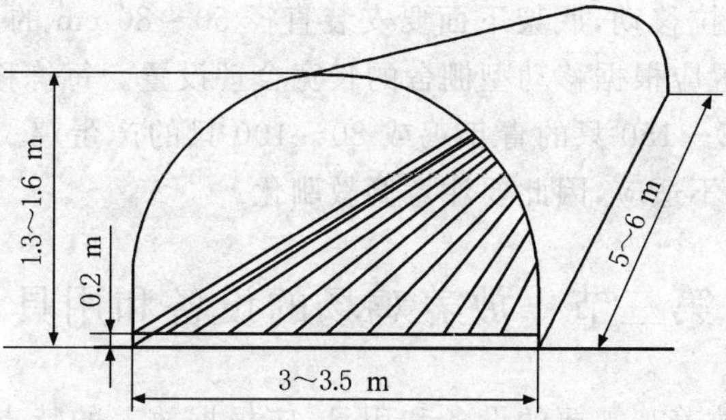

图 7-3 简易型塑料大棚

简易塑料大棚的突出优点是投资少，见效快，不破坏耕地，节省能源。与建造固定鸡舍相比，资金的周转回收较快；缺点是管理维护麻烦、不防火等。塑料大棚养鸡，在通风、取暖、光照等方面可充分利用自然能源：冬天利用塑料薄膜的“温室效应”提高舍温、降低能耗。夏天棚顶盖厚 1.5 cm 以上的麦秸草或草帘子，中午最热天，舍内比舍外低 2～3℃；如果结合棚顶喷水，可降低 3～5℃。一般冬天夜间或阴雪天，适当提供一些热源，棚内温度可达 12～18℃。塑料大棚饲养放养鸡设备简单，建造容易，拆装方便，适合小规模冬闲田、果园养鸡或轮牧饲养法。只要了解塑料大棚建造方法和掌握大棚养鸡的饲养管理技术特点，就能把鸡养好，并可取得较好的经济效益。

(三)移动型鸡舍

移动型鸡舍适用于喷洒农药和划区轮牧的棉田、果园、草场等场地，有利于充分利用自然资源和饲养管理，用于放养期间的青年鸡或产蛋鸡。移动型鸡舍整体结构不宜太大，要求相对轻巧且结构牢固，2～4 人即可推拉或搬移。其主要支架材料采用木料、钢管、角铁或钢筋，周围和隔层用铁丝网，夜间用塑料布、塑编布或篷布搭盖，注意要留有透气孔。舍内设栖架、产蛋窝。底架要求坚固，若要推拉移动，底架下面要安装直径 50～80 cm 的车轮，车轮数量和位置应根据移动型棚舍的长宽合理设置。每栋移动型棚舍可容纳 100～150 只的青年鸡或 80～100 只的产蛋鸡。移动型棚舍，开始鸡不适应，因此要注意调教驯化。

第三节 放养鸡场的设备和用具

生态放养鸡需要的设备和用具，应根据放养的特点和放养鸡的生活习性，做到简单、实用、易于搬动、维修方便，且经济耐用。生态放养鸡场常用设备和用具包括供暖设备、饮水设备、喂料设备、产蛋箱、诱虫设备等。

一、供温设备

供温设备主要用于雏鸡的育雏阶段，生长鸡和成年鸡基本不用。雏鸡在育雏阶段，尤其是寒冷的冬天及早春、晚秋都需增加育雏室的温度，以满足雏鸡健康生长的基本需要。供温设备有多种，不同地区可根据当地的条件（煤、电、煤气、石油等）选择经济的供温设备。

（一）煤火炉

煤火炉是最经济的供温设备，且制作简易。如果鸡舍保温性能良好，一般 15～20 m^2 用 1 个火炉即可。如果做成煤火墙，则供温性能更高。火炉的内膛要用黄泥制成，厚 10 cm。火炉上方留有出气孔，以便接上烟囱通向室外排出煤烟及煤气；在下部（出气孔的另一侧）留有 1 个进气孔，并能对进气量自由调节。烟囱的散热过程就是对室内空气的加温过程，所以烟囱在室内应尽量长些。烟囱由炉子到室外要逐步向上倾斜，到达室外后应折向上方，并根据风向放置，以免烟囱口经常迎风，使火炉倒烟，不利于煤气的排出，造成雏鸡一氧化碳中毒。煤火炉升温较慢，降温也较慢，所以要及时根据室温更换煤球和调节进风量，尽量不使室温忽高忽低。在距火炉 15 cm 的周围用铁丝网或砖隔离，以防雏鸡进入火炉烧死或垫料燃烧引起火灾。

（二）电热伞

电热伞又叫保温伞，有折叠式和非折叠式两种。非折叠式又分方形、长方形及圆形等。伞内热源有红外线灯、电热丝、煤气燃烧等，采用自动调节温度装置。折叠式保温伞适用于网上育雏和地面育雏。其伞内用陶瓷远红外线加热，伞上装有自动控温装置，省电，育雏效率高。非折叠式方形保温伞，长、宽各为 1～1.1 m，高 70 cm，向上倾斜呈 45°，一般可用于 250～300 只雏鸡的保温。伞的下缘要留有 10～12 cm 的空隙，让雏鸡自由进出。保温伞的外围 40 cm 处加 20～30 cm 高的围栏，以防止雏鸡远离热源而受冷。雏鸡 3 日龄后将围栏逐渐向外扩大，10 日龄后撤离。冬天使用电热保温伞育雏，需用火炉增加一定的室温。

(三)红外线灯泡

红外线灯泡分有亮光和无亮光2种。生产中用的大部分是有亮光的,靠红外线灯散发热量,保温效果也很好。每只红外线灯为250～500 W,通常3～4只灯泡为1组轮流使用。灯泡悬挂在离地面40～60 cm处,每只灯泡用于250～300只雏鸡保温。料槽与饮水器不宜放在灯下。红外线灯泡优点是温度稳定,室内干燥;其缺点是耗电量大,成本高,易损坏。特别注意在通电时不能碰到水。

(四)立体电热育雏笼

立体电热育雏笼一般为4层,每层4个笼为1组,每个笼宽60 cm、高30 cm、长110 cm,笼内装电热板或电热管作为热源。立体电热育雏笼饲养雏鸡的密度,开始每平方米可容纳70只,随着日龄的增加和雏鸡的生长,应逐渐减少饲养数量,到20日龄应减少到50只,夏季还应适当减少。

另外,育雏舍还应配置干湿球温度计,随时测量鸡舍温度和相对湿度,根据实际数据及时进行温度和湿度的调整,以保证雏鸡的正常生长。

二、饮水设备

放养鸡的活动半径一般在100～500 m,活动面积相对较大;夏季天气炎热,又经常采食一些高黏度的虫体蛋白,饮水量较多。所以,对饮水设备要求既要供水充足、保证清洁,又要尽可能地节约人力,并且要与棚舍整体布局形成有机结合。

(一)水槽

水槽通常由镀锌铁皮、塑料制成,呈长条V字状,挂于鸡笼或围栏之前,多用于笼养或网上平养,一般采用长流水供应。其优点是鸡喝水方便,结构简单,清洗容易,成本低。缺点是水易受到污染,易传播疫病,耗水量大。每只鸡所占的槽位见表7-1。

表 7-1　雏鸡需要的料槽及水槽的长度　cm/只

周龄	饲槽长度	水槽长度
1～2	3	1
3～4	4	1.5
5～8	5	2

(二)真空饮水器

真空饮水器多用于平养。由一个圆锥形或圆柱形的容器倒扣在一个浅水盘内组成。圆柱形容器浸入浅盘边缘处开有小孔,孔的高度为浅盘深度的 1/2 左右,当浅盘中水位低于小孔时,容器内的水便流出直至淹没小孔,容器内形成负压,水不再流出。真空饮水器轻便实用,也易于清洗;缺点是容易污染,大鸡使用时容易翻倒。

(三)自动饮水装置

自动饮水装置适用于大面积的放养鸡场。

1. 自动饮水装置Ⅰ

根据真空饮水器原理,利用铁桶进行改装,如图 7-4 所示。水桶离地 30～50 cm。将直径 10～12 cm 的塑料管沿中间分隔开用作水槽,根据鸡群的活动面积铺设水槽的网络和长度。向水桶加水前关闭"水槽注水管",加满水后关闭"加水管",开启"水槽注水管","进气管"进气,水槽内液面升高,待水槽内液面升高至堵塞"进气管"口时,水桶内的气压形成负压,"水槽注水管"停止漏水;待鸡只饮用水槽内的水而使液面降低露出进气口后,"进气管"进气,"水槽注水管"漏水。如此反复而达到为鸡群提供饮水的目的。

2. 自动饮水装置Ⅱ

将一个水桶放于离地 3 m 高的支架上,用直径 2 cm 的塑料管向鸡群放养场区内布管提供水源,每隔一定长度在水管上安置一个自动饮水器,该自动饮水器安装了漏水压力开关(图 7-5)。当水槽内没有水时，自重较轻，弹簧将水槽弹起，漏水压力开关开启，水流入水槽。当水槽里的水达到一定量时，压力使水槽往下移动，推动压力弹簧，将漏水开关关闭。

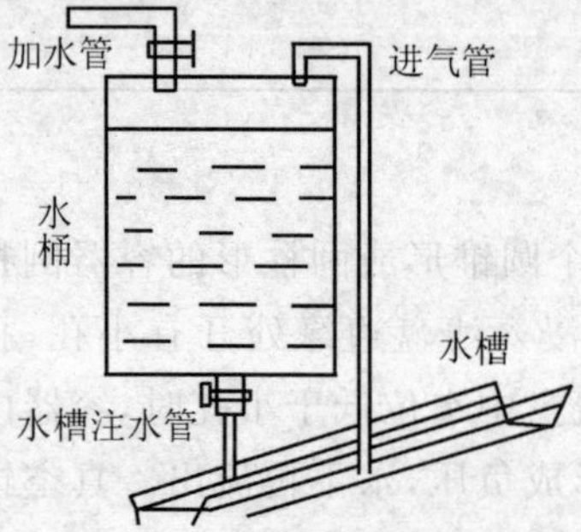

图 7-4　自动饮水装置Ⅰ

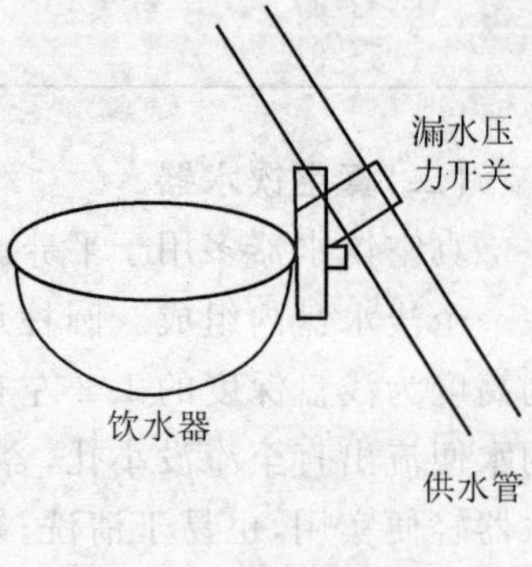

图 7-5　自动饮水装置Ⅱ

生态放养鸡的供水是一个难题。采用普通饮水器，其容水量少，在野外放置受污染较严重，费工、费力、费水。自动饮水装置Ⅰ是普通真空饮水器的放大，1 桶水约为 250 L，可供 500 只鸡 1 d 的饮水量，节省了人工，但是水槽连接要严密，水管放置要水平，否则容易漏水溢水；自动饮水装置Ⅱ克服了上面两种饮水装置的缺点，节约人工，且不容易漏水，用封闭的水管导水，污染程度相对较小。水槽尽量设置于树荫处，及时清除水槽内的污物，对堵塞进水口的水槽及时修理。

三、喂料设备

(一)料盘

雏鸡喂料盘主要供开食及育雏早期(0～2 周龄)使用。市场上销售的料盘有方形、圆形等不同形状。食盘上要盖料隔，以防鸡把料刨出盘外。料盘的面积大小视雏鸡数量而定，一般每只喂料盘可供 80～100 只雏鸡使用。

(二)料桶

料桶可用于地面垫料平养或网上平养 2 周龄以后的小鸡或大鸡,其结构为 1 个圆桶和 1 个料盘,圆桶内装上饲料,鸡吃料时,饲料从圆桶内流出。它的特点是一次可添加大量饲料,贮存于桶内,供鸡只不停地采食。目前市场上销售的饲料桶有 4～10 kg 的几种规格。容量大,可以减少喂料次数,减少对鸡群的干扰,但由于布料点少,会影响鸡群采食的均匀度;容量小,喂料次数和布点多,可刺激食欲,有利于鸡加大采食量及增重.但增加工作量。料桶应随着鸡体的生长而提高悬挂的高度,要求料桶圆盘上缘的高度与鸡站立时的肩高相平即可。若料盘的高度过低,因鸡挑食溢出饲料而造成浪费;料盘过高,则影响鸡的采食,影响生长。

(三)食槽

食槽适用于笼养或平养雏鸡、生长鸡、成年鸡,一般采用木板、镀锌板和硬塑料板等材料制作。雏鸡用料槽两边斜,底宽 5～7 cm,上口宽 10 cm,槽高 5～6 cm,料槽底长 70～80 cm;生长鸡或成年鸡用料槽,底宽 10～15 cm,上口宽 15～18 cm,槽高 10～12 cm,料槽底长 110～120 cm。要求食槽方便采食,不浪费饲料,不易被粪便、垫料污染,坚固耐用,方便清刷和消毒。为防止鸡只踏入槽内弄脏饲料,可在槽口上方安装 1 根能转动的横杆或盖料隔,使鸡不能进入料槽,以防止鸡的粪便、垫料污染饲料。每只雏鸡需要的料槽的长度见表 7-1。

四、产蛋箱

生态放养产蛋鸡,在开产初期就要驯导在指定的产蛋窝内产蛋,不然易造成丢蛋,或因发现不及时而在野外时间长而造成鸡蛋品质无法保证。驯导方法是在产蛋窝内铺设垫草,并预先放入 1 个鸡蛋或空壳蛋,引导产蛋鸡在预置的产蛋窝产蛋。产蛋窝的材料和形状因地制宜,或根据饲养规模统一制作。简易的如竹篮、编筐、木箱等，统一制作可用砖瓦砌成统一规格的方形窝，离地面高度 40～50 cm，一般设 2～3 层；窝内部空间，一般宽 30～35 cm、深 35～40 cm、高 30～40 cm。每 5 只鸡设 1 个产蛋箱，并且要设置在安静避光处。

五、诱虫设备

诱虫设备主要有黑光灯、高压灭蛾灯、白炽灯、荧光灯、支竿、电线、性激素诱虫盒或以橡胶为载体的昆虫性外激素诱芯片等。有虫季节在傍晚后于棚舍前活动场内，用支架将黑光灯或高压灭蛾灯悬挂于离地 3 m 高的位置，每天开灯 2～3 h。果园和农田每公顷放置 15～30 个性激素诱虫盒或昆虫性外激素诱芯片，30～40 d 更换 1 次。

在远离电网、具备风力发电条件的放养场可配备 300～500 W 风力发电设备或汽（柴）油动力发电设备，用于照明及灯光诱虫。没有电源的地方还需要 300 W 的风力发电机和 2 个 12 V 的大容量电瓶。在有沼气池的地方也可以用沼气灯进行傍晚灯光诱虫。

提问

1. 如何选择放养鸡场？
2. 放养鸡场如何分区和布局？如何确定放养鸡舍间距？
3. 自动饮水装置有何优点？怎样建造？
4. 为什么设置诱虫设备？

第八章 生态放养鸡的常见疾病及防治

导读

放养鸡因其所处环境的特殊性，常常接触污染的饲料、饮水、用具等及受外界应激因素的影响，有些疾病特别是传染病一旦发生，往往引起鸡群大批死亡，造成严重的经济损失。预防和控制放养鸡的疾病的发生，是搞好放养鸡的关键。

鸡的疾病种类很多，归纳起来，可分为三大类。第一类是由病原微生物引起，具有一定潜伏期和症状，并能传播蔓延的疾病称为传染病。根据传染源，传染病分为病毒性传染病和细菌性传染病。第二类是由于寄生虫寄生在鸡体内或体表引起的疾病，称为寄生虫病。第三类是由于饲养管理不善而引起的疾病，如中毒及缺乏某种营养等，称为普通病。与笼养鸡相比，尽管放养鸡的抗病力较强，但有些疾病特别是传染病一旦发生，往往引起鸡群大批死亡，造成严重的经济损失。近年来，随着我国生态放养鸡的迅猛发展，规模化生产越来越普遍，预防和控制放养鸡的疾病工作显得尤为重要。如何有效地防病治病，是搞好放养鸡的关键。为此，必须高度重视放养鸡的疾病防治工作，严格贯彻“预防为主，防治结合”的方针，根据放养鸡的发病规律与特点，采取综合性防治措施，降低发病率、死亡率，提高成活率，确保鸡群健康和养鸡生产的顺利进行。

第一节 影响放养鸡防病的因素

一、放养鸡防病的有利因素

第一，放养鸡饲养密度小，舍内通风好，不易患呼吸道疾病。鸡放养在果园、林间、农田、草地，一般饲养密度为每 667 m^2 30～50 只。舍内的饲养密度也超不过 10 只/m^2。舍内粉尘、氨气、硫化氢的浓度很低。所以，放养鸡一般很少患呼吸道疾病。

第二，放养鸡活动范围广，运动量大，体质好。据观察，放养鸡的活动半径在 500 m 以内，在觅食过程中，不停地奔跑、跳跃、打斗，增加了肺活量及肌肉的增长，具有良好的体质。

第三，放养鸡觅食中采食鲜嫩的树叶、草叶以及成熟的植物子实，这些物质中不仅含有丰富的蛋白质，还含有鸡必需的多种维生素、微量元素，而且，某些植物还有保健作用。

第四，放养鸡采食的昆虫及软体动物体内含有抗菌肽，提高其抗病力。鸡在放养过程中，从周围的环境中采食大量蝗虫、蚯蚓、蝇蛆等。这些动物不仅提供大量的优质蛋白质，而且体内还含有丰富的抗菌肽。据报道，抗菌肽具有广谱的抗菌性，不仅对多种细菌、真菌而且对多种病毒也有杀灭作用。

第五，放养鸡在太阳的照射下，紫外线源源不断地消毒及产生维生素 D_3。放养鸡在太阳的照射之下，紫外线源源不断地给鸡体表及周围环境进行消毒，并使鸡皮肤中的 7-脱氢胆固醇转化为维生素 D_3，减少软骨病的发生。

二、放养鸡防病的不利因素

第一，饲养管理技术相对落后，疫病综合防治意识淡薄。由于各地规模化放养鸡近几年刚刚兴起，相关配套技术滞后，从事放养鸡饲养或管理的人员普遍存在管理水平不高、不懂专业知识和缺乏疫病防治的临床经验等问题。

第二，种鸡场良种繁育体系尚未健全，传染病较多。目前，由于放养鸡场饲养的主要是本地鸡，有些种鸡场没进行过鸡白痢、白血病净化，经蛋垂直传染的疾病较多。同时，由于孵化厂大多数是小孵化厂，孵化、管理、卫生条件等较差，这些因素均加重疫病的传播。

第三，环境不易控制，易患球虫、大肠杆菌病。放养鸡接触地面，病鸡粪便易污染饲料、饮水、土地；夏季天热多雨，鸡群过分拥挤，运动场太潮湿，使粪便得不到及时清理、堆沤发酵，场内的污物也得不到及时清除，使得病原体“接力传染”，容易造成该病的流行。

第四，气候多变，环境恶劣。放养鸡所处的外界环境因素多变，易受暴风雨、冰雹、雪等侵袭，应激大。

第二节　放养鸡的发病规律与特点

一、新城疫、法氏囊病较多

放养鸡大多数是本地鸡，有些孵化场的种蛋来自散养户，无论是鸡的日龄还是免疫程序差别很大，致使其母原抗体水平参差不齐，初次免疫时间不易确定；套用现代肉鸡、蛋鸡的免疫程序，免疫程序不尽合理，免疫方法不得当等，易感染法氏囊病。同时，由于法氏囊病毒破坏鸡免疫器官——法氏囊，使产生免疫抗体的B淋巴细胞明显减少，因此，鸡对多种抗原的刺激不能产生应有的抗体，增强鸡对多种病原的易感性，最重要的是由此所造成的免疫抑制，雏鸡易患新城疫。在放养期，放养鸡因其饲养环境的特殊性，免疫接种时，常常采用饮水法。但是，饮水法常因群体过大，易造成饮水不均；鸡采食青绿饲料而减少饮水以及鸡饮用坑洼地的积水，直接影响饮水量和免疫效果，经常发生散发性新城疫。

二、马立克氏病多

放养鸡场马立克氏病多的主要原因，一是多年来人们思想上普遍认为本地鸡的抗病力强，不用接种马立克疫苗；二是有些放养鸡场购买商品蛋鸡鉴别公雏时，抱有侥幸心理或仅顾眼前利益，少花些钱，不接种马立克疫苗。其结果，造成马立克氏病的大面积暴发。

三、细菌病多

沙门氏菌是严重危害放养鸡育雏期间成活率的疾病之一。一是因为有些放养鸡场从非正规种鸡场购买雏鸡，而这些种鸡场未做过鸡白痢净化，造成带菌鸡通过种蛋传给下一代；二是因为孵化场的孵化条件、卫生状况、管理等较差，易造成传播。

放养鸡因其所处环境的特殊性，常常接触污染的饲料、饮水、用具等以及受发霉变质的饲料和受外界应激因素（雨淋、温度变化等）的影响，易感染或并发大肠杆菌病。

四、球虫病较多

放养鸡接触地面，病鸡粪便污染饲料、饮水、土地，使得虫卵“接力传染”。天热多雨、鸡群过分拥挤、运动场太潮湿、大小鸡混群饲养、饲料中缺乏维生素 A 以及日粮搭配不当，均会加快本病的传播。

五、呼吸道病较少

育雏阶段有时发生呼吸道疾病。但放养后，由于鸡群饲养密度小、舍内通风好、空气新鲜，很少患呼吸道疾病。

第三节　放养鸡的疾病综合防治技术

近几年我国各地规模化放养鸡业的发展较快，但由于饲养管理技术不配套，疫病时有发生，严重影响了广大放养鸡户的养鸡积极性和经济收入，制约着该项产业的进一步提升和发展。实践证明，要控制鸡群的疾病发生，首先应该认真抓好养鸡场的综合卫生防疫工作。

一、鸡舍场地的合理选择

养鸡场应选择在背风向阳、地势高燥、易于排水、通风良好、水源充足、水质良好以及远离屠宰场、肉食品加工厂、皮毛加工厂的地方。规模较大的鸡场，生产区和生活区应严格分开。鸡舍的建筑应根据本地区主导风向合理布局，从上风头向下风头，依次建筑饲料加工间、育雏间、放养鸡舍。此外，还应建立隔离间、粪便和死鸡处理设施等。

二、把好鸡种引入关

鸡群发生的疫病中，部分是从引种鸡场带来的。因此，从外地引进雏鸡时，应首先了解当地有无疫情。若有疫情则不能购买，无疫情时，引进前也要对种鸡场的饲养管理、防疫进行详细的了解。雏鸡应来自非疫区、信誉度高、正规种鸡场。

三、科学饲养管理，增强鸡体抗病力

(一)满足鸡群营养需要

疾病的发生与发展，与鸡群体质的强弱有关。鸡群体质的强弱除与品种有关外，还与鸡的营养状况有着直接的关系。如果不按科学方法配制饲料，鸡体缺乏某种或某些必需的营养元素，就会使机体所需的营养失去平衡，新陈代谢失调，从而影响生长发育，体质减弱，易感染各种疾病。因此，在饲养管理过程中，要根据鸡的品种，分群饲养，按其不同生长阶段的营养需要、饲养密度、植被情况，供给相应的配合饲料，以保证鸡体的营养需要。同时还要供给足够的清洁饮水，合理安排放牧时间，提高鸡群的健康水平。只有这样，才能有效地防御多种疾病的发生，特别是防止营养代谢性疾病的发生。

(二)创造良好的生活环境

饲养环境条件差，往往影响鸡的生长发育，也是诱发疫病的重要因素。要按照鸡群在不同生长阶段的生理特点，控制适当的温度、湿度、光照、通风和饲养密度，尽量减少各种应激反应，防止惊群的发生。

(三)采取“全进全出”的饲养方式

所谓“全进全出”，就是同一栋鸡舍和放牧地块在同一时期内只饲养同一日龄的鸡，又在同一时期出栏。这种饲养方式简单易行，优点很多，既便于在饲养期内调整日粮，控制适宜的舍温，进行合理的免疫，又便于鸡出栏后对舍内地面、墙壁、房顶、门窗及各种设备彻底打扫、清洗和消毒以及放牧地的自然净化。这样可以彻底切断各种病原体循环感染的途径，有利于消灭舍内的病原体。

(四)做好废弃物的处理工作

养鸡场的废弃物包括鸡粪、死鸡等。养鸡场一般在下风向最低位置的地方或围墙外设废弃物处理场。鸡粪经过发酵处理后，当肥料出售。死鸡焚烧或深埋。

(五)做好日常观察工作，随时掌握鸡群健康状况

逐日观察记录鸡群的采食量、饮水表现、粪便、精神、活动、呼吸等基本情况，统计发病和死亡情况，对鸡病做到“早发现、早诊断、早治疗”，以减少经济损失。

四、搞好消毒工作

鸡场及鸡舍门口应设消毒池，经常保持有新鲜的消毒液。凡进入鸡舍的人员必须经过消毒；车辆进入鸡场，轮子要经过消毒池。工作人员和用具固定，用具不能随便借出、借入。工作人员每天进入鸡舍前要更换工作服、鞋、帽，工作服要定期消毒。场内的工作鞋不许穿出场，场外的鞋不许穿进场内。

鸡舍在进鸡之前一定要彻底清洗和消毒。栖架、蛋箱应定期消毒。料槽应定期洗刷、晾晒，否则会使饲料发霉变质；水槽要每天清洗。要坚持做好带鸡消毒，即在鸡舍有鸡的情况下，用0.3％过氧乙酸或0.05％～0.1％的百毒杀或1210对鸡群进行消毒，这对环境的净化和疾病的防治具有很大作用。通过带鸡消毒不仅能使鸡舍的地面、墙壁、鸡体和空气中的细菌数量明显减少，还能降低空气中的粉尘、氨气，夏天还有降温作用。

五、实施有效的免疫计划，认真做好免疫接种工作

免疫是一个复杂的生物学过程，免疫能否成功，受多种因素的影响。例如，疫苗的种类、疫苗的质量、疫苗的运输保存、免疫的时机、免疫的方法等，都会对免疫的效果产生影响。因此，养鸡场一定要根据本场的疫情和生产情况，制定本场的免疫计划。兽医人员要有计划地对鸡群进行抗体监测，以确定免疫的最佳时机，检查免疫效果。使用的疫苗要确保质量，免疫的剂量要准确，方法要得当。免疫前后要保护好鸡群，免受野兽的侵袭，要避免各种应激，对鸡群增加一些维生素E和维生素C等，以提高免疫效果。

（一）放养鸡的免疫接种程序

放养鸡因其所处环境的特殊性，其免疫程序既不同于蛋鸡又不同于肉鸡。因此，各鸡场应根据当地放养鸡的发病特点和本场实际情况，制订出科学、合理的免疫接种程序，做好各种疫苗的接

种工作。表 8-1 与表 8-2 是放养鸡推荐的免疫程序，供各地参考应用。

表 8-1　放养鸡场推荐的免疫程序(适用于地方性肉仔鸡)

日龄/d	疫　苗	接种方法
1	马立克细胞苗	颈部皮下注射
5	新肾支冻干苗	点眼、滴鼻或饮水
12	弱毒力法氏囊苗	口服或饮水
22	新城疫克隆 30 或Ⅳ系	饮水
26	中等毒力法氏囊苗	饮水
30	禽流感油苗	颈部皮下注射
35～42	鸡痘弱毒苗	翅膀内侧刺种
60	新城疫Ⅰ系苗	肌肉注射
100～110	新城疫克隆 30 或Ⅳ系	饮水

表 8-2　放养鸡场推荐的免疫程序(适用于产蛋鸡)

日龄/d	疫　苗	接种方法
1	马立克细胞苗	颈部皮下注射
5	新肾支冻干苗	点眼、滴鼻或饮水
12	弱毒力法氏囊苗	口服或饮水
22	新城疫克隆 30 或Ⅳ系	饮水
26	中等毒力法氏囊苗	饮水
32	支气管 H52 苗	饮水
42	禽流感油苗	颈部皮下注射
	鸡痘弱毒苗	翅膀内侧刺种
60	新城疫Ⅰ系苗	肌肉注射
105	支气管 H52 苗	饮水
	新肾减三联油苗	肌肉注射
110～120	禽流感油苗	肌肉注射
	鸡痘弱毒苗	翅膀内侧刺种
	每隔 2 个月饮 1 次新城疫克隆 30 或Ⅳ系	

注：喉气管炎易发区，分别在 35 日龄和 90 日龄接种喉气管炎疫苗。

(二)放养鸡免疫接种的常用方法与要求

不同的疫苗、菌苗对接种方法有不同的要求，归纳起来主要有滴鼻、点眼、饮水、气雾、刺种、肌肉注射及皮下注射等7种方法。

1. 滴鼻、点眼法

滴鼻、点眼法主要适用于鸡新城疫Ⅱ系、Lasota系疫苗、传染性支气管炎疫苗及传染性喉气管炎弱毒型疫苗的接种。

滴鼻、点眼可用滴管或5 mL注射器(针尖磨秃)，事先用1 mL水试一下，看有多少滴。2周龄以下的雏鸡以每毫升50滴为好，每只鸡2滴，每毫升滴25只鸡。如果1瓶疫苗是用于500只鸡的，就稀释成500÷25＝20(mL)。比较大的鸡以每毫升25滴为宜，上述1瓶疫苗就要稀释成40 mL。

疫苗应用生理盐水或蒸馏水稀释，不能用自来水，避免影响免疫接种的效果。

滴鼻、点眼的操作方法：术者左手轻轻握住鸡体，食指与拇指固定住小鸡的头部，右手用滴管吸取药液，滴入鸡的鼻孔或眼内，当药液滴在鼻孔上不吸入时，可用右手食指把鸡的另一个鼻孔堵住，药液便很快被吸入。

2. 饮水法

滴鼻、点眼免疫接种虽然剂量准确，效果确实，但对于大鸡群，尤其是日龄较大的鸡群，要逐只进行免疫接种，费时费力，且不能在短时间内完成全群免疫，因而生产中常采用饮水法，即将某些疫苗混于饮水中，让鸡在较短时间内饮完，以达到免疫接种的目的。

适用于饮水法的疫苗有鸡新城疫Ⅱ系、Lasota系疫苗、传染性支气管炎疫苗、传染性法氏囊病疫苗等。为使饮水免疫接种达到预期效果，必须注意以下几个问题：

①在投放疫苗前，要停供饮水2～3 h(依不同季节酌定)，以保证鸡群有较强的渴欲，能在2 h内把疫苗水饮完。

②配制鸡饮用的疫苗水，现用现配，不可事先配制备用。

③稀释疫苗的用水量要适当。正常情况下，每 500 份疫苗，2 日龄至 2 周龄用水 2～5 L，2～4 周龄 5～7 L，4～8 周龄 7～10 L。

④水槽的数量应充足、摆放均匀，可供全群 2/3 以上的鸡同时饮上水。

⑤应避免使用金属饮水槽，水槽使用前不应消毒，但应充分洗刷干净，不含有饲料或粪便等杂物。

⑥水中应不含有氯和其他杀菌物质。盐碱含量较高的水，应煮沸、冷却，待杂质沉淀后再用。

⑦有条件时可在疫苗水中加 2%脱脂奶粉，对疫苗有一定的保护作用。

3．翼下刺种法

翼下刺种法主要适用于鸡痘疫苗、鸡新城疫Ⅰ系疫苗的接种。进行接种时，先将疫苗用生理盐水或蒸馏水按一定倍数稀释，然后用接种针或蘸水笔尖蘸取疫苗，刺种于鸡翅膀内侧无血管处。小鸡刺种 1 针即可，较大的鸡可刺种 2 针。

4．肌肉注射法

肌肉注射法主要适用于接种鸡新城疫Ⅰ系疫苗、新城疫油苗、禽流感油苗。注射部位可选择胸部肌肉、翼根内侧肌肉或腿部外侧肌肉。

5．皮下注射法

皮下注射法主要适用于接种鸡马立克氏病弱毒疫苗、新城疫Ⅰ系疫苗等。接种鸡马立克氏病弱毒疫苗，多采用雏鸡颈背皮下注射法。注射时先用左手拇指和食指将雏鸡颈背部皮肤轻轻捏住并提起，右手持注射器将针头刺入皮肤与肌肉之间，然后注入疫苗。

6．气雾法

气雾法适用于密集鸡群的免疫，使用方便，节省人力。疫苗的稀释以蒸馏水为好，最好加入 0.1%的脱脂奶粉或 3%～5%甘油，疫苗量应加倍。此法是用压缩空气通过气雾发生器，使稀释的疫苗液形成直径为1～10 μm的雾化粒子，均匀地悬浮于空气中，随呼吸而进入鸡体内。雾滴大小要适中，一般要求喷出的雾粒在70%以上，雾粒的直径应在1～1 0 μm。喷雾时房舍要密闭，要遮蔽直射阳光，保持一定的温、湿度，最好在夜间鸡群密集时进行，待10～15 min后打开门窗。气雾免疫接种对鸡群的干扰较大，尤其会加重鸡病毒、霉形体及大肠杆菌引起的气囊炎，应予以注意，必要时于气雾免疫接种前、后在饲料中加入抗菌药物。

（三）接种疫苗时应注意的事项

1. 严格按说明书要求进行接种疫（菌）苗

疫苗的稀释倍数、剂量和接种方法等，都要严格按照说明书的规定进行。

2. 疫苗应现配现用

稀释时绝对不能用热水，稀释的疫苗不可置于阳光下暴晒，应放在阴凉处，且必须在2 h内尽快用完。

3. 接种疫苗的鸡群必须健康

只有在鸡群健康状况良好的情况下接种，才能取得预期的免疫效果。对环境恶劣、疾病、营养缺乏等情况下的鸡群接种，往往效果不佳。

4. 妥善保管、运输疫苗

生物药品怕热，特别是弱毒苗必须低温冷藏，要求在0℃以下；灭活苗保存在4℃左右为宜。要防止温度忽高忽低，运输时要有冷藏设备。若疫苗保管不当，例如，不用冷藏瓶提取疫苗，存放时间过久而超过有效期，或冰箱冷藏条件差，均会使疫苗降低免疫力，影响免疫效果。

5. 选择接种疫苗的恰当时间

接种疫苗时，要注意母源抗体和其他病毒感染时，对疫苗接种的干扰和抗体产生的抑制作用。

6. 接种疫苗的用具要严格消毒

对接种用具必须事先按规定消毒。遵守无菌操作要求，接种后所用容器、用具也必须进行消毒，以防感染其他鸡群。

7. 注意接种某些疫苗时能用和禁用的药物

在接种禽霍乱活菌苗前后各 5 d，应停止使用抗生素和磺胺类药物；在接种病毒性疫苗时，在前 2 d 和后 5 d 要用抗菌药物，以防接种应激引起其他病毒感染；各种疫苗接种前后，均应在饲料中添加比平时多 1 倍的维生素以保持鸡群强健的体质。

此外，由于同一鸡群中个体的抗体水平不一致，体质也不一样，因此，同一种疫苗接种后反应和产生的免疫力也不一样。所以，单靠接种疫苗扑灭传染病往往有一定的困难，必须配合综合性防疫措施，才能取得预期的效果。

六、利用微生态制剂防治疾病

微生态制剂一般有两类：一类是营养微生态饲用添加剂；另一类是活菌制剂和微生物。营养微生态饲用添加剂是指所有能够对动物胃肠道微生态内环境产生影响的营养型的饲料添加剂。其可以改变的环境因素包括胃肠道酸碱度、气体、碳源（糖类）、氮源等。针对这些环境因素已经开发的微生态饲料添加剂有寡糖、酸化剂、芽孢杆菌、中草药制剂等。活菌制剂和微生物的主要作用是改变胃肠道微生物群的组成，使有益或无害微生物占据种群优势，通过竞争抑制病原或有害微生物的增殖，调节生态平衡。微生态制剂掺入饲料和饮水进入动物肠道后，可以通过改变肠道环境或与肠道内有益菌一起形成强有力的优势菌群，抑制和消灭致病菌群，同时分泌与合成大量氨基酸、蛋白质、维生素、各种生化酶、抗生素、促生长因子等营养与激素类物质，以调整和提高畜禽机体内各器官功能，提高饲料转化率，对畜禽产生免疫、营养、生长刺激等多种作用，达到消除粪尿臭味、防病治病、提高存活率、促进生长和繁殖、降低成本的目的。

七、合理投药预防，提高鸡群健康水平

除对鸡群进行科学的饲养管理，做好消毒隔离、免疫接种等工作外，合理使用药物防治鸡病，也是搞好疾病综合性防治的重要环节之一。鸡场应本着高效、方便、经济的原则，通过饲料、饮水或其他途径有针对性地对鸡使用一些药物，以有效地防止各种疾病的发生和蔓延。值得注意的是，长期对鸡使用某一种化学药物防治疾病，易在鸡体内产生耐药菌株，从而使药物失效或达不到预期效果。因此，需要经常进行药物敏感试验，选择高效敏感化学药物进行防治。

放养鸡主要疫病药物预防参考程序如下：

①鸡沙门氏菌病（鸡白痢、鸡伤寒、鸡副伤寒）和大肠杆菌病，在1～15日龄用新霉素、庆大霉素、氟哌酸等药物交替使用。

②鸡球虫病和盲肠肝炎，在20～60日龄，交替使用地克珠利、克球粉、氯苯胍、马杜拉霉素等药物。

③鸡支原体病，发生于15～180日龄，以20～70日龄较多见，可于多发日龄，全群用恩诺沙星、泰乐菌素、北里霉素等药物预防。

第四节　放养鸡疾病的诊断

放养鸡疾病诊断的目的是为了尽早地识别疾病，以便采取及时有效的防治措施。只有及时正确地诊断，防治工作才能有的放矢，使鸡群病情得到控制，免受更大的经济损失。

一、流行病学调查

有许多鸡病的临床表现非常相似，甚至雷同，但各种病的发病时机、季节、传播速度、发展过程、易感日龄、鸡的品种、性别及对各

种药物的反应等方面各有差异，这些差异对鉴别诊断有非常重要的意义。一般进行过预防接种的，在接种免疫期内可排除相关的疫病。因此，在发生疫情时要进行流行病学调查，以便结合临床症状和化验结果，确定最后诊断。

(一)发病时间

了解发病时间，借以推测疾病是急性的还是慢性的。

(二)病鸡年龄

若各年龄鸡发病后的临床症状相同，而且发病率和死亡率都比较高，可怀疑为鸡新城疫、禽流感。若 1 月龄内的雏鸡大批死亡，而且排白色稀便，主要应怀疑为鸡白痢。单纯排白色便，自啄肛门，死亡率不高，这是鸡传染性法氏囊病的表现。若成年鸡临床上仅表现呼吸困难，死亡率不高，产畸形蛋，产蛋率下降，可怀疑为鸡传染性支气管炎。单纯出现呼吸困难而引起大批死亡，则怀疑为鸡曲霉菌病。有神经症状，可怀疑为鸡脑脊髓炎和脑软化症。此外，30～50 日龄的雏鸡多发生鸡球虫病、包涵体肝炎、锰缺乏症和维生素 B_2 缺乏症。

(三)病史及疫情

了解鸡场的鸡群过去发生过什么重大疫情，有无类似疾病发生，借此分析本次发病与过去疾病的关系。如过去发生过禽霍乱、鸡传染性喉气管炎，而又未对鸡舍进行彻底消毒，鸡群也未进行预防接种，可怀疑为旧病复发。

了解附近养禽场、户的疫情情况。如果有些场、户的家禽有气源性传染病，如鸡新城疫、马立克氏病、传染性支气管炎、鸡痘等病流行时，可能迅速波及到本场。

了解本场引进种蛋、种鸡的地区流行病学情况。有许多疾病是经蛋和种鸡传递的，如新引进带菌带病毒的种鸡与本场内鸡群混养，常引起一些传染病的暴发。

了解本地区各种禽类的发病情况。当鸡群发病的同时，其他家禽是否发生类似疾病，这对诊断非常重要。如鸡、鸭同时出现急性死亡，可怀疑为禽霍乱；仅鸡发生急性传染病时，可怀疑为鸡新城疫、传染性支气管炎、传染性喉气管炎等。

（四）饲养管理及卫生状况

鸡群饲养管理、卫生条件不佳，往往是引起鸡新城疫免疫失败的重要因素，也常导致鸡群中不断出现非典型病例；饲养密度大，通风不良，常成为发生呼吸器官疾病和葡萄球菌病的致病条件；饲料单一或饲粮中某些营养物质缺乏或不足，常引起代谢病的发生，进而导致机体抵抗力降低，容易发生继发性传染病和预防接种后不能产生良好的免疫效果。喂发霉饲料，则会引起拉稀便。

（五）生产性能

影响鸡群产蛋率的主要疾病有鸡新城疫、传染性支气管炎、传染性喉气管炎、脑脊髓炎、鸡痘、败血霉形体病、传染性鼻炎和减蛋综合征等多种疾病。鉴别这些疾病时，应结合临床症状、病理解剖变化和化验综合判定。若不伴有其他明显症状，而仅表现产蛋率下降，可怀疑为鸡传染性支气管炎、脑脊髓炎或减蛋综合征。鸡群产软壳蛋，常见于钙和维生素 D 的代谢障碍或分泌蛋壳机能失常。然而，当鸡群产生应激时，也可能出现软壳蛋。鸡群产畸形蛋，常见于输卵管机能失常，造成蛋壳分泌不正常。当鸡群患传染性支气管炎时，除蛋壳外形变化外，蛋清也变得稀薄如水。

（六）疾病的传播速度

短期内在鸡群中迅速传播的疾病有鸡新城疫、传染性支气管炎、传染性喉气管炎、传染性鼻炎等。鸡群中疾病散在发生时，可怀疑为慢性禽霍乱和淋巴性白血病。

（七）疫苗接种及用药情况

对鸡新城疫预防接种情况要进行细致的了解，如疫苗种类、接种时间和方法、疫苗来源、保存方法、抗体监测结果等，都可作为疾病分析和诊断的参考。对禽霍乱、鸡痘、鸡传染性法氏囊病、马立克氏病的预防接种情况也要了解。此外,还要了解鸡群发病后的投药情况,如发病后喂给抗生素及磺胺类药物后病鸡症状减轻或迅速停止死亡,可怀疑为细菌性疾病,如禽霍乱、沙门氏菌病等。

二、临床检查

(一)全群状态的观察

在离鸡群有一段距离或鸡舍内一角,肉眼直接观察,静静地窥视全群的状态,防止惊扰鸡群,以便发现各种异常表现,为进一步诊断提供线索。

1. 采食量和饮水量的观察

正常情况下,鸡群采食迅速,适量饲料在规定时间内即可吃完。当发现采食量减少,不能吃完规定的饲料量便是病态的前兆。病鸡多出现挑食、拒食或出现异食,采食量下降或不食。出现拒食鸡或整群鸡采食量下降,鸡群可能出现中毒或恶性传染病。有异常嗜好的鸡,则可能出现营养缺乏症,如啄食羽毛,多因缺乏蛋氨酸、食盐及维生素等。不少病例表明,患病时采食量减少,而饮水量增加。饮水量增加可能是长期缺水、热应激、饲料中食盐含量高和其他热性病(如鸡痘)。饮水量明显减少可能是温度太低,处于濒死期,或水中有药物异味。

2. 羽毛和体况的观察

健康鸡的羽毛整洁、紧凑而有光泽,排列匀称。羽毛无光、蓬乱、逆立、污秽,提前或推迟换毛,多见于患有某些慢性病或营养不良的鸡只。如幼龄鸡背羽、尾羽稀少及生长不良是烟酸、叶酸和泛酸钙、锌或硒等缺乏症的表现;产蛋鸡主翼羽脱落并伴随产蛋减少可能为蛋氨酸缺乏症;羽毛根部被一层异常组织(霉菌套膜)所包围,多为黄癣病。营养良好的鸡群,体重达到或接近标准,均匀度良好,肌肉丰满而有弹性;营养不良的鸡,胸部肌肉少,龙骨凸出如刀脊状,整群均匀度差。如果饲料中缺乏钙、磷和维生素 D,或钙、磷比例不平衡，则龙骨凹陷，弯曲呈“S”状，这种情况在肉鸡、蛋鸡生长阶段最为常见。

3. 姿势和行为的观察

正常情况下，鸡群反应灵敏，活动迅速，分布均匀。若拥挤或站立不稳，身体发抖，有的鸡扎到角落里或挤堆，多见于鸡舍温度过低、贼风或发生了疾病（如肾型传染性支气管炎）；若鸡群撑翅伸颈，张嘴喘气，呼吸急促，饮水频繁，远离热源，说明鸡舍内温度过高；当头、尾和翅膀下垂，闭目缩颈，行走无力时则为病态表现；如鸡腹部胀大、下垂，呈企鹅状行走，多见于腹水症、卵黄性腹膜炎；仰头蹲式，呈观星姿势，多见于维生素 B_1 缺乏症；趾爪向内卷曲，站立不稳，多见于维生素 B_2 缺乏症；两腿麻痹，不能站立，一肢向前伸，另一肢后伸呈劈叉姿势，多见于马立克氏病；头部向一侧或向后弯曲，多见于新城疫或叶酸缺乏症；阵发性痉挛，外界轻微的刺激即可引起发作，多见于禽脑脊髓炎。

4. 粪便的观察

粪便的异常变化往往是疾病的预兆。正常鸡群的粪便不软不硬呈圆条状，灰褐色或黄褐色，表面附有少量白色尿酸盐，早晨部分鸡排出黄棕色糊状粪便。如果排水样粪便多由鸡舍湿度大、天气炎热、饮水过多引起；血便多见于球虫病；白色稀便多见于鸡白痢、副伤寒、痛风、肾型传染性支气管炎；黄白色稀便多见于传染性法氏囊病、大肠杆菌病；绿色粪便多见于新城疫、鸡痘、传染性喉气管炎、马立克氏病、禽霍乱。

5. 呼吸情况的观察

观察鸡群呼吸时，应尽量使鸡处于安静状态，注意有无甩头、咳嗽、喷嚏、伸颈呼吸、流鼻涕、眼睑肿胀等异常现象。若鸡群出现甩头、咳嗽、流鼻涕，多见于传染性鼻炎。如鸡伸颈呼吸，多见于传染性支气管炎、慢性呼吸道疾病、传染性喉气管炎。患鸡传染性喉气管炎时可在墙壁、水槽、食槽、鸡笼上发现凝血块和血痰。鸡群张口喘气，多因气候炎热、舍内温度过高所致。

6. 鸡冠和肉髯的观察

注意观察鸡冠和肉髯的色泽、形态有无异常。正常情况下，鸡冠和肉髯均鲜红，有光泽。鸡冠发白，多见于内脏器官出血、结核病、脂肪肝、淋巴性白血病等慢性病或营养缺乏症。鸡冠呈暗红色，多见于新城疫、禽流感、急性禽霍乱、急性热性疾病，也见于传染性喉气管炎、慢性呼吸道疾病和中毒症等。初开产鸡突然鸡冠萎缩，干燥黄白，多见于淋巴性白血病。冠和肉髯上有凸出于表面大小不一的水泡、脓疱，凸凹不平的黑色结痂，为皮肤型鸡痘的特征。肉髯单侧性肿大多为慢性禽霍乱，两侧性肿大，多为传染性鼻炎。

7. 眼睛的观察

鸡眼睛的病变主要见于结膜、角膜和虹膜，应观察眼睛的形态和清洁度。鸡正常的眼睛圆而有神。眼流泪、潮湿多见于维生素A缺乏症。眼结膜内有干酪样物，眼球隆起，角膜中央有溃疡，常见于慢性呼吸道疾病、传染性鼻炎。结膜内有稍凸起的小溃疡灶，灶内有不易剥离的豆渣样物，多见于眼型鸡痘。虹膜变成灰色，瞳孔缩小，多见于马立克氏病。

8. 产蛋量和蛋的质量观察

健康鸡群产蛋时间多数集中在12点钟以前，少数在16点钟前产完。刚开产鸡群每天平均产蛋率以2%～4%的速度递增，达到高峰期后，保持一段时间，而后逐周平滑下降。蛋形卵圆，蛋壳表面光滑均匀。如发现鸡群产蛋参差不齐，甚至夜间产蛋，产蛋率曲线突然变化，蛋壳质量下降，畸形蛋增加等，均属异常表现。产蛋率逐渐下降，下降幅度小，多见于大肠杆菌、气候突变或耗料减少。产蛋率剧减，蛋壳退色，破蛋增加，多见于新城疫、传染性支气管炎、减蛋综合征或饲料出现严重质量问题。若软蛋、薄皮蛋多，常见于缺乏维生素D_3，或饲料中钙含量不足。

9. 鸡舍小气候环境因素的观察

鸡舍小气候环境因素主要观察舍温、湿度、通风、光照、水质、卫生状况等。舍温较高，鸡群张口呼吸，同时频繁饮水，严重时引起中暑死亡。舍温较低，鸡群扎堆。通风不良，尤其是冬季为保温而减少通风量，造成舍内的有害气体（如氨气、硫化氢等）含量过高，新鲜空气不够，使鸡眼睛流泪或造成呼吸道疾病发生。光照时间、强度不够均会影响增重、产蛋。有人认为，光照仅起到使鸡看见饮水、采食的作用，忽视了光刺激的作用，使鸡产蛋高峰上不去，产蛋下降，鸡冠发白、萎缩。水质和鸡舍卫生条件差均会损害鸡群健康，尤其是浅井水或污染的河水，梅雨季节来临，大量污染的地表水渗入井中，致使鸡群中大肠杆菌病、沙门氏菌病等细菌性疾病不断发生。

（二）个体检查

对整群鸡进行观察后，再挑选各种不同类型的病鸡进行个体检查。除鸡冠、肉髯、眼、体况、羽毛等检查和上述群体检查基本相同外，还应注意一些体征检查。

1. 体温

用手掌抓住两腿或插入翼下，可感觉到明显的体温异常。天气炎热和患感冒、急性传染病时，体温会升高；天气寒冷，体质消瘦或有心血管病时，体温会降低，特别是极度消瘦、濒死期鸡，明显感觉腿脚冰凉。当然准确的体温要用体温计插入肛门内，停留10 min，然后读取体温值。

2. 喙

喙有无畸形，如上喙或下喙特别长，或呈交叉状，这主要由遗传所致；幼龄鸡维生素 D_3 缺乏会出现喙发软、喙弯曲、交叉喙等。

3. 口腔

注意检查舌的完整性、口腔黏膜的颜色和状态以及有无发疹、脓疱、假膜、溃疡、黏液等。如口咽部出现疹疱，这是黏膜型鸡痘症状。口腔上皮细胞角质化，特别是硬腭上有一层白色结节（或白色假膜），见于维生素 A 缺乏症。如果黏液中混有血液，再检查喉头有无出血或干酪样栓子，这是传染性喉气管炎的特征。

4. 皮肤

检查皮肤是否光滑而富有弹性，有无结节、创伤、脓肿、坏疽、气肿、水肿、斑疹，颜色是否正常，是否有紫蓝色或红色斑块。如皮肤型马立克氏病，可在毛囊处发生大小不同的肿瘤。雏鸡患硒或维生素 E 缺乏症时，常在胸膜部和两腿的皮下发生水肿，水肿部的皮肤呈蓝紫色或蓝绿色。

5. 嗉囊

检查嗉囊的大小、内容物的形态。如鸡患新城疫时，按压嗉囊有波动，将鸡头部倒垂，可流出大量腐败味黏稠液体。消化不良，吃入大量粗饲料或异物，嗉囊增大，按压呈面团状。

6. 腿脚

检查腿脚的完整性、韧带和关节的连接状态、关节有无肿胀等。如维生素 B_2 缺乏症可引起患禽跗关节着地，趾爪向内卷曲。内脏痛风可引起关节肿大、变形等。

三、病理解剖检查

鸡群感染了各种疾病后，其各器官发生的病理变化是不尽相同的。根据临床症状，对病鸡、死鸡进行有目的地局部或全身性解剖检查，找出病变的部位、特征，以确定疾病的性质和死亡的原因。即使是在鸡群生长发育和生产性能都正常的情况下，对突然有个别死亡的鸡只也要进行系统地全身解剖，以便随时发现疾病，找出原因，及早采取措施。

（一）体外检查

剖前先检查被剖鸡的外观、营养状况；羽毛是否光洁、紧凑、脱落；检查鸡冠、肉髯的颜色，有无痘疹、肿胀或萎缩；眼鼻、口腔有无分泌物，脸部是否肿胀；皮肤、翅、腿有无外伤、结痂、肿块、趾瘤；肛门周围是否有粪便污染或被白色粪便阻塞，是否有脱肛；皮下颜色如何（如死亡时间长，腹部下腐败发绿；维生素 E 和硒缺乏，皮下也呈蓝紫色）。同时还要了解鸡的品种、年龄、临床症状等，并做详细记录。

（二）解剖方法

先用消毒药水浸湿羽毛，剪开连接腹壁和两侧腿的皮肤，用力掰开两腿，使髋关节脱位，尸体平稳地放在解剖台或搪瓷盘上。沿颈、胸、腹中线剪开皮肤，再剪开腹部皮肤，并延至两腿皮肤，由剪口处向两侧分离皮肤，使颈、胸、腹部皮肤完全与肌肉分离，此时可检查皮下、胸肌、腿肌、食道、气管、胸腺、嗉囊等器官是否有出血、坏死、肿胀等病变。

将腹壁横向剪开，再沿肋软骨向前剪，掀开胸骨，用骨剪剪断乌喙骨和锁骨，取出胸骨，露出胸腔和腹腔，此时即可检查胸腹腔内各器官有无病变。剪开气管、喉头、食道、嗉囊、鼻腔、眶下窦，逐项检查是否正常。再剖开头皮，剪开颅顶骨，小心摘下大脑和小脑检查。其后检查坐骨神经、腰荐神经等外周神经是否肿胀、异常。

（三）各部位病理剖检内容

1. 皮肤、肌肉检查

检查皮肤、肌肉有无创伤、结痂、出血、渗出等。如皮下脂肪有小出血点，可见于败血症；股内侧肌肉出血，可见于鸡传染性法氏囊病；皮肤上有肿瘤可见于鸡皮肤型马立克氏病。

2. 口腔、食管、嗉囊检查

检查口腔内有无黏液，口腔黏膜有无外伤、溃疡；食管、嗉囊黏膜的色泽是否正常，有无出血、溃疡及黏膜脱落，嗉囊内有无食物、液体，其性状如何等。如食管、嗉囊黏膜干燥，有散在小结节，则表明为维生素 A 缺乏症；嗉囊内充满液体和气体，发出酸败味，黏膜溃疡、出血，表明为患某些传染病或中毒性疾病。

3. 鼻腔、喉头、气管检查

检查鼻腔黏膜是否肿胀、出血，腔内有无分泌物；喉头、气管内有无黏液，是否被黄色干酪样物堵塞，黏膜是否出血、溃疡等。如鼻腔内渗出物增多，常见于鸡传染性鼻炎、败血性霉形体病，也可见于禽霍乱和禽流感；喉头、气管内有多量奶油样或干酪样渗出物，可见于鸡传染性喉气管炎和鸡新城疫；气管管壁肥厚，黏液增多，可见于鸡新城疫、传染性支气管炎、传染性鼻炎、败血性霉形体病。

4. 胸膜腔检查

检查胸腹膜的颜色是否正常，有无炎症、出血，胸膜腔内有无肿瘤、异物等。如胸膜有出血点，可见于败血症；腹腔内有坠蛋时(常见于高产、好飞和应激性炸群的母鸡)，会发生腹膜炎；卵黄性腹膜炎与鸡沙门氏菌病、禽霍乱和鸡葡萄球菌病有关；雏鸡腹腔内有大量黄绿色渗出液，常见于硒或维生素 E 缺乏症。

5. 内脏器官检查

(1)胸腺

检查胸腺是否肿胀、出血、萎缩等。

(2)心脏

注意心包液是否增多、混浊等。检查心脏时要注意心外膜是否光滑，有无出血斑点，是否松弛、柔软。剪开心房及心室后要注意内膜是否出血，心肌的色泽及性状有无变化。如心冠脂肪有出血点(斑)，可见于禽霍乱、禽流感、鸡新城疫、鸡伤寒等急性传染病(磺胺类药物中毒也可见此症状)；心肌有坏死灶，可见于雏鸡白痢、鸡李氏杆菌病和弧菌性肝炎；心肌肿瘤，可见于鸡马立克氏病；心包有混浊渗出物，可见于鸡白痢、鸡大肠杆菌病、鸡败血霉形体病等。

(3)肺及气囊

观察其形状、色泽，用手触摸并细心感觉它的质地以了解有无病变及结节；气囊是否增厚，有无渗出物积于气囊中以及渗出物的性状等。如雏鸡肺有黄色小结节，可见于曲霉菌性肺炎；雏鸡患白痢死亡时，肺上有1～3 mm的白色病灶；禽霍乱，可见到两侧性肺炎；肺呈灰红色，表面有纤维素，常见于鸡大肠杆菌病；气囊壁肥厚并有干酪样渗出物，可见于鸡传染性鼻炎、传染性喉气管炎、传染性支气管炎、新城疫和败血霉形体病；气囊壁附有纤维素性渗出物，常见于鸡大肠杆菌病；气囊有卵黄样渗出物，为鸡传染性鼻炎的特征。

(4)腺胃和肌胃

剪开腺胃和肌胃后，检查腺胃黏膜，特别是腺胃乳头、腺胃和肌胃以及腺胃与食管的交界处有无出血，腺胃壁是否增厚，肌胃的角质层是否有糜烂或溃疡，角质层下是否有出血等。如胃壁肿胀，黏膜出血，尤其与肌胃和食管交界处的黏膜乳头呈带状出血，多见于鸡新城疫、传染性法氏囊病和禽流感；腺胃壁有肿瘤，可见于鸡马立克氏病；肌胃角质层表面溃疡，成鸡多见于饲料中鱼粉和铜含量太高，雏鸡常见于营养不良；肌胃萎缩，发生于慢性疾病或日粮中缺少粗饲料。

(5)肠道

检查肠道内是否有寄生虫，肠内容物是否混有血液，肠黏膜有无出血、渗出、溃疡及脱落等。要特别注意肠壁是否有球虫裂殖体形成的白色小斑点，盲肠是否有出血性变化等。另外，还应检查盲肠扁桃体的变化。如小肠黏膜出血，见于鸡球虫病、新城疫、禽流感、禽霍乱和中毒性疾病；卡他性肠炎，见于鸡大肠杆菌病、伤寒和绦虫、蛔虫感染；小肠肉芽肿，常见于鸡马立克氏病、大肠杆菌病等；雏鸡盲肠溃疡或干酪样栓塞，见于雏鸡白痢恢复期和组织滴虫病；盲肠有血样内容物，见于球虫病；盲肠扁桃体肿胀、坏死和出血，盲肠与直肠黏膜坏死，可表明为鸡新城疫。

(6)肝、脾、胆

注意观察肝与脾的形态、色泽、质度是否正常,有无肿大,表面及切面有无出血点、坏死灶及结节;胆囊是否肿胀,胆汁的色泽、浓稠度是否正常等。如肝显著肿大,可见于鸡急性马立克氏病和淋巴性白血病;肝、脾有大的灰白色结节,见于鸡急性马立克氏病、淋巴性白血病、组织滴虫病和结核;肝表面有散在点状灰白色坏死灶,见于鸡包涵体肝炎、鸡白痢、禽霍乱和结核等;肝包膜肥厚并有渗出物附着,可见于肝硬化、大肠杆菌病和组织滴虫病等;脾表面有散在的微细白点,见于鸡急性马立克氏病、鸡白痢、淋巴性白血病和结核;脾包膜肥厚伴有渗出物,且腹腔内有炎症和肿瘤,见于鸡坠蛋性腹膜炎和马立克氏病。

(7)肾及输尿管

观察肾的大小、色泽、质地、表面及切面的变化,输尿管是否扩张,有无尿酸盐沉积等。如肾显著肿大,见于鸡急性马立克氏病和淋巴性白血病;肾内有白色微细结晶沉着,输尿管膨大,出现白色结石,多由于中毒、上行性肾炎、维生素 A 缺乏症、痛风等疾病所致。

(8)睾丸、卵巢及输卵管

检查睾丸、卵巢发育是否正常,有无肿瘤,卵泡有无出血、坏死、变性,输卵管黏膜有无充血、出血等。如睾丸萎缩,有小脓肿,常见于鸡白痢;产蛋鸡感染沙门氏菌后,卵巢发炎、变形或滤泡萎缩;卵巢水泡样肿大,可见于鸡急性马立克氏病和淋巴性白血病;输卵管内充满腐败的渗出物,常见于鸡的沙门氏菌感染和大肠杆菌病;输卵管内充塞半干状蛋块,是由于肌肉麻痹或局部扭转引起;输卵管萎缩,可见于鸡传染性支气管炎和鸡减蛋综合征。

(9)胰腺

检查胰腺的色泽、硬度如何,有无出血、坏死、肿瘤等。如雏鸡胰腺坏死,多发生于硒或维生素 E 缺乏症。

(10)法氏囊

检查法氏囊的大小、色泽情况，有无分泌物、出血，是否肿胀、萎缩，皱褶是否明显，有无肿瘤等。如法氏囊肿大并出血和水肿，多发生于鸡传染性法氏囊病的初期，然后发生萎缩；鸡患淋巴性白血病时，法氏囊常有稀疏、直径为 2～3 mm 的肿瘤。

(11)脑及神经

脑组织的变化一般靠组织学检查。观察脑时主要注意脑膜是否充血、出血，切面及表面有无软化灶。检查周围神经时注意左右侧的神经是否粗细相等，色泽如何，横纹是否清晰，有无肿瘤，是否水肿等。如小脑出血、软化，多发生于幼雏的维生素 E 缺乏症；外周神经肿胀、水肿、出血，两侧坐骨神经粗细不等，见于鸡马立克氏病。

四、实验室诊断

在诊断鸡病的过程中，对其中的有些疾病特别是某些传染病，病鸡常常缺乏典型的临床和病理变化特征，必须配合实验室的检查才能确诊。疾病的实验室诊断是在临床检查、病理剖检诊断的基础上进行的进一步分析和判断，对疫病的确诊起着非常关键的作用。

(一)病原菌的实验室诊断

1. 显微镜检查

按无菌操作要求，从濒死或死亡几小时内的鸡只中采取血液、心包液、肝、脾、肺等病料，染色镜检，观察细菌的形态特征及染色特性，据此确诊，如禽霍乱、曲霉菌病的确诊。

2. 病菌的分离培养与鉴定

按无菌方法，采取含菌量高、病变明显的病变组织进行适宜的人工培养及不同方法的分离培养，对病原体做形态学、理化特性、毒力及免疫学检查鉴定，以确定致病病原体的种属和血清型等，如致病性大肠杆菌的分离鉴定。

3. 动物接种试验

对一些有明显临床症状或病理变化的病鸡，可将病料做适当处理后接种敏感的同种动物或对可疑疾病最为敏感的动物（要求接种动物为从未接触该病菌或疫苗的非免疫健康鸡），进行攻毒试验，复制疾病，将接种后出现的症状、死亡率和病理变化与原来的疾病比较，作为诊断的依据。养鸡生产单位最好不做此试验，而由研究部门来做。

（二）免疫学诊断

抗原物质（如病原微生物及其产物或疫苗）通过侵入或人工接种鸡体后，刺激鸡体的免疫系统发生免疫应答，产生相应的特异性抗体，而且该抗体能与相应的抗原发生特异性反应。据此原理，就可用已知抗原检测鸡血清中相应的抗体是否存在或滴度多高，或者用已知阳性诊断血清（抗体）来检测相应的抗原（病原微生物或寄生虫），以达到疾病诊断或抗体检测的目的。

1. 血凝（HA）与血凝抑制（HI）试验

血凝与血凝抑制试验常用于监测新城疫、减蛋综合征、传染性支气管炎。一般鸡群免疫接种后，10～15 d 后逐渐升高抗体，抗体效价达到高峰后，抗体每次检测都应呈下降趋势，若抗体效价出现突然急剧升高的不规则现象，则表明鸡群可能发生了野毒感染。如鸡群抗体检测中新城疫抗体效价参差不齐，有的很低，有的很高，甚至达到 1 280 以上，同时鸡群伴有轻微的呼吸道症状或少数鸡有神经症状，或者产蛋率下降，则表明鸡群发生了非典型新城疫。

2. 琼脂凝胶沉淀试验

集约化养鸡场中常用于法氏囊病、马立克氏病、禽痘、传染性喉气管炎、传染性鼻炎、传染性支气管炎的抗原或抗体的检测。如法氏囊抗体检测可用于检测种鸡法氏囊抗体的效价，又可检测雏鸡母源抗体的水平以确定最佳首免日龄，也可检测免疫效果的好坏或是否感染了法氏囊病。

3. 全血平板凝集试验

全血平板凝集试验常用于鸡白痢与霉形体病的检疫及净化鸡群。饲养种鸡的场家，在种鸡 140 日龄左右及产蛋高峰过后必须进行鸡白痢及霉形体病的检疫，淘汰阳性鸡和可疑反应的鸡，杜绝两个疾病的垂直传播。若鸡群中出现呼吸困难（伸颈呼吸）、异常，死亡率高，气管干酪样物堵塞，气囊变厚，有豆渣样渗出物，而鸡群又未进行霉形体病疫苗接种，如果全血平板凝集试验出现阳性反应，可诊断鸡群感染了霉形体病。

（三）营养分析

对怀疑有营养缺乏或代谢障碍的疾病，可以检测饲料中的能量、蛋白质、氨基酸、维生素及矿物质等的实际含量，再与相应的饲养标准作比较，以确定营养物质缺乏的种类和缺乏程度等。

第五节　放养鸡的常见疾病及治疗

一、病毒性传染病

（一）鸡新城疫

鸡新城疫（简称 ND）又名亚洲鸡瘟，是一种由鸡新城疫病毒引起的高度接触性、急性、烈性传染病，主要表现为呼吸困难、发热、神经紊乱、扭颈、严重下痢、黏膜和浆膜出血等症状。本病特点是传播速度快，流行范围广，死亡率高，是危害养鸡业的最严重疾病之一，民间俗称“鸡瘟”。

1. 流行特点

鸡新城疫主要感染鸡、火鸡、鸽、鹌鹑、野鸡等，鸭、鹅带毒传播但不发病。本病主要经消化道和呼吸道传播，无明显季节性，春、秋两季多发，不分年龄、品种。主要传染源是病鸡。病鸡的分泌物、排泄物含有大量病毒，病毒污染了饲料、饮水、地面、用具，经消化道感染；带病毒的尘埃、飞沫进入呼吸道，经呼吸道感染。此外，人员、野禽、乱屠宰病鸡、死鸡、带毒鸡或未经消毒处理的禽产品往往是造成本病发生的重要因素。

2. 临床症状

(1)最急性

最急性型常于流行初期发病，病程极短，往往无明显症状即突然死亡。症状：废食，衰竭，不立，冠、髯呈紫色，粪便稀薄呈绿色或黄白色；有的病鸡呼吸困难，多于数日内死亡。

(2)急性

体温升高，可达 43～44℃；食欲不振；精神委顿，羽毛松乱，缩颈闭目呈昏睡状，翅尾下垂，头下垂或伸入翅下，鸡冠、肉髯紫红色或紫黑色；呼吸困难，时常伸颈张口呼吸，常有“咯咯”喘鸣声；倒提鸡时从口内流出大量淡黄色酸臭黏性液体；嗉囊内充满气体或液体；下痢，呈黄绿色或黄白色蛋清样稀粪，有时混有少量血液，味恶臭；产蛋鸡产蛋量减少或停止，并见软蛋增多。病程为 3～5 d，死亡率较高。

(3)亚急性或慢性

亚急性或慢性鸡新城疫又称非典型或温和型鸡新城疫。病初与急性的相同，惟症状较轻，不久就减退，出现神经症状，一肢或两肢麻痹，瘸腿或不能站立，翅膀麻痹下垂。有的运动失调，常伏地转圈。有的头颈向一侧或向后扭曲，半瘫痪或完全瘫痪。病程可长达 1～2 个月，除极少数可恢复健康外，绝大多数因采食困难等最终死亡。

在放养鸡中，非典型新城疫防治显得尤为重要。首先，放养鸡所养鸡种大多数是本地鸡，各种鸡场免疫程序千差万别，首免时间不易确定；其次，放养鸡因其饲养环境的特殊性，免疫接种时，常常采用饮水法，而饮水法常因群体过大，易造成饮水不均，影响免疫效果；另外，日粮中营养物质缺乏以及饲养管理不善，如环境温度骤变、饲养密度过大等，这些因素均会影响免疫效果，非典型新城疫时有发生，尽管发病率和死亡率都不高，但散发性非典型新城疫仍是危害放养鸡的疫病之一。这是由于散发性非典型新城疫多发生于免疫鸡群，病情比较缓和，青年鸡、成年鸡的发病率和死亡率均不高，并且常常诱发其他疾病，伴有大肠杆菌或慢性呼吸道疾病，常被其他疾病的外表症状所掩盖，往往引不起人们注意，而给生产造成较大的损失，在生产中应引起足够的重视。

3. 病理变化

病鸡的主要病变为广泛性出血。腺胃乳头或乳头间点状出血，或腺胃与肌胃间、食道与腺胃间有出血斑或出血带，有时形成小的凹陷溃疡；肌胃角质膜下出血或溃疡；十二指肠和整个小肠黏膜呈点状、片状或弥漫性出血，病程稍久的常出现溃疡，如枣核状；盲肠扁桃体肿大，出血、坏死；直肠黏膜出血；心冠脂肪点状出血；腹腔脂肪出血。

4. 诊断要点

病鸡呼吸困难，张口伸颈，常有“咯咯”的叫声；排黄色、绿色稀粪；通常以腺胃乳头出血、肠出血、盲肠扁桃体出血、溃疡和神经症状作为诊断本病的特征性病变症状；通过病毒分离鉴定或血清 HI 抗体检测可以确诊。

5. 防治方法

建立并贯彻各项预防制度和做好免疫接种工作，定期消毒，严格检疫。

治疗上可用抗鸡新城疫血清和鸡新城疫高免蛋黄。抗鸡新城疫血清成本高，一般不生产、使用。目前以鸡新城疫和鸡传染性法氏囊病二联高效卵黄抗体注射液作紧急预防接种，体重 0.5 kg 以下每只肌肉注射 0.5 mL，体重 1 kg 以上每只肌肉注射 1 mL，早期使用效果较佳。由于鸡新城疫常常并发大肠杆菌等病,在饲料或饮水中加入适量的抗生素和电解多维,可减少死亡,有助于鸡群康复。

适时预防接种。免疫程序最好按实际测定的抗体水平来确定。

(1)免疫方法之一

首免,5 日龄,新肾支苗滴鼻、点眼或饮水。

二免,22 日龄,新城疫克隆 30 或Ⅳ系苗滴鼻、点眼或饮水。

三免,60 日龄,新城疫Ⅰ系苗,肌肉注射。

(2)免疫方法之二

首免,5 日龄,新肾支苗滴鼻、点眼或饮水。

二免,22 日龄,新城疫克隆 30 或Ⅳ系苗滴鼻、点眼或饮水。

三免,60 日龄,新城疫Ⅰ系苗,肌肉注射;110～120 日龄,肌肉注射新肾减三联油苗。

(二)禽流行性感冒

禽流行性感冒(简称 AI、禽流感),是由禽流感病毒引起的一种急性、败血性、高度致死性传染病。禽流感特征:突然发病,头面部特别是肉髯和鸡冠水肿、发绀,呼吸道症状由轻到重,病程短,死亡迅速,全身呈败血性病变。

1. 流行特点

所有家禽及野生禽类都易感本病,以鸡和火鸡易感性最高。病禽可从呼吸道、消化道、结膜排出病毒。感染方式包括与易感禽的直接接触和空气传播以及同污染物品(饲料、饮水、各种用具等)的间接接触等。同时,人员流动与消毒不严促进了禽流感的传播。

2. 临床症状

潜伏期由几小时到几天不等,一般为 4～5 d。病症多种多样,取决于鸡的种类、年龄、性别、并发感染情况。病鸡出现肿胀,眼鼻有较多分泌物,咳嗽、打喷嚏,呼吸困难,有时有怪叫声,严重者窒息死亡。另外，有些病例出现神经症状和下痢，产蛋鸡产蛋量下降，甚至停产，急性重症者死亡率高达75％以上，有的甚至达100％。

3. 病理变化

消化道病变明显，口腔黏膜、腺胃、肌胃角质膜下、十二指肠黏膜出血，腿部、胸部、腹部脂肪有出血点；头颈及胸部皮下水肿；腹腔内有纤维性渗出物；卵巢及输卵管充血或出血，卵泡颜色变淡，破裂的卵泡引起卵黄性腹膜炎。

4. 诊断要点

由于禽流感病原性和抗原性的广泛变异，单凭流行病学、症状及病变很难对禽流感提出准确的诊断依据，容易造成误诊，因此，发现可疑病鸡，应采集发病初期和康复期的血清送检。

5. 防治方法

首先，要加强卫生管理，执行严格的检疫制度，防止引入病原。在雏鸡25～30日龄和110～120日龄接种禽流感疫苗。

其次，一旦发生可疑病鸡，就应及时采取封锁、隔离、消毒和严格处理病禽、死禽等措施。当出现高致病力禽流感病毒感染时，要划定疫区，严格封锁和隔离，焚毁病死禽，对疫区内可能受到高致病力流感病毒污染的场所进行彻底的消毒等，以防疫情扩散，将损失控制在最小范围内。

(三)鸡传染性法氏囊病

鸡传染性法氏囊病(简称IBD)是由鸡传染性法氏囊病病毒引起的鸡的一种急性、接触性传染病。本病以突然发病、排白色米汤样稀便、精神沉郁、法氏囊肿大和出血、肾肿大及肌肉出血为特征。

1. 流行特点

所有品种的鸡都会感染，但最常发生于3～7周龄的鸡。本病发生无季节性，只要有易感鸡存在，全年都可发病。本病具有高度接触传染性，可在感染鸡和易感鸡群之间迅速传播。病鸡的分泌物、排泄物和飞沫污染饲料、饮水、工具，病原体经消化道、呼吸道黏膜侵入而发病。本病不经卵垂直传播，但蛋壳传播仍有可能。由于病鸡对新城疫、马立克等疫苗免疫应答降低，并且易继发感染大肠杆菌、新城疫等病。

2. 临床症状

潜伏期短，突发性发生，死鸡体况良好。发病早期厌食，呆立，嗜眠，羽毛松乱，站立不稳，蹲伏或侧卧，畏寒战栗；少数鸡有自行啄肛现象，随后病鸡排白色或黄白色水样粪便，肛周羽毛被粪便污染。本病初发，症状典型，死亡率可高达20%以上。耐过的雏鸡，贫血，消瘦，生长迟缓，并对多种疫病如新城疫、传染性支气管炎等易感，从而带来更严重的后续损失。

3. 病理变化

皮下组织脱水，小腿、大腿肌和胸肌呈条纹状或斑点状出血，腺胃乳头有时有出血点。肾脏肿大，肾小管和输尿管扩张，尿酸盐沉积，呈灰白色。有时可见脾脏肿大，表面散在细小灰色病灶。法氏囊水肿，肿大2～3倍，表面变为半透明状奶油黄色，纵纹明显，整个法氏囊内广泛出血，呈紫色水肿状，有时可见淡黄色或乳白色胶胨样渗出物，病程一长，法氏囊萎缩呈灰白色。盲肠扁桃体肿大、出血。胸腺肿胀，心冠脂肪有时可见出血点。

4. 诊断要点

根据流行特点、临床症状和病变可初步诊断，确诊需依据病毒分离及血清学试验。

5. 防治方法

本病尚无有效防治药物，预防接种、被动免疫是控制本病的主要方法，同时必须加强饲养管理及防疫消毒卫生工作。

为防止育雏早期的隐性感染和提高雏鸡阶段的免疫效果，种鸡场应做好主动免疫工作，即在种鸡群开产前用油乳剂灭活苗进行预防接种，在种鸡40～42周龄时再用油佐剂灭活苗免疫1次，这样就能保证种鸡在整个产蛋期内的种蛋和雏鸡能保持相对稳定的母源抗体，并且均匀一致，为雏鸡阶段的免疫打下基础，也可有效地预防早期的隐性感染。放养的鸡雏可在12～14日龄弱毒疫苗饮水，24～26日龄中等毒力疫苗饮水。对于来源复杂或情况不清的雏鸡免疫可适当提前。在严重污染区、本病高发区的雏鸡可直接选用中等毒力的疫苗。

受严重威胁的感染鸡群或发病鸡群注射高免蛋黄或高免血清，可取得较好的控制疗效，但需尽早诊断，及时掌握注射时机，才能有效地控制死亡鸡只。同时投服速效管囊散或法氏克等药物，针对出血和肾功能减退对症投肾肿解毒药、多种维生素，可起到缓解病情和减少死亡的作用。

（四）传染性支气管炎

传染性支气管炎（简称IB）是由病毒引起的急性、高度接触性的呼吸道传染病，主要特征是病鸡咳嗽、喷嚏和气管发生音、生长抑制、产蛋率降低、畸形蛋增加。

1. 流行特点

传染性支气管炎易感动物是鸡，其他家禽很少感染。各种年龄鸡都会发病，以40日龄内雏鸡多发。病鸡咳嗽时，被其他鸡吸入此病毒的颗粒而造成感染，也可通过被污染的饲料、饮水、用具经消化道传染。饲养管理不良（如拥挤、过冷、过热）、通风不良、维生素缺乏等可促进本病的发生。本病易发生于秋冬季节，流行传播迅速，死亡率达20%～30%。

2. 临床症状

传染性支气管炎的潜伏期1～7 d。幼龄鸡症状：伸颈，张口呼吸，咳嗽，精神委靡，食欲废绝，羽毛松乱，翅下垂，昏睡，怕冷，常堆挤在一起，鼻流水，眼流泪；病毒感染肾脏时，鸡除表现呼吸道症状外，还可见病鸡喜喝水，不爱吃食，拉白色水样粪便。患病的青年母鸡（90～130日龄）除呼吸道症状外，其输卵管可造成永久性损害，终生不再产蛋，成为“假产蛋鸡”。本病侵害产蛋鸡群，产蛋量下降25%～50%，产软壳蛋、畸形蛋、粗壳蛋，蛋白稀薄如水样。

3. 病理变化

气管、支气管、鼻腔有浆液性或干酪样渗出物，气管变厚，肺水肿。肾型传染性支气管炎，肾脏肿大、苍白，肾小管或输尿管充满尿酸盐结晶，呈典型的"花斑肾"，此症以幼龄鸡最为多见。腺胃型传染性支气管炎，腺胃肿胀，质地变硬，腺胃黏膜及腺胃乳头呈弥漫性或局灶性出血，挤压腺胃乳头，有黄白色脓性分泌物流出，十二指肠、直肠、空肠和盲肠扁桃体出血。产蛋鸡有坠卵情形，腹腔内可见液状卵黄物质，卵泡充血、出血，卵巢呈退行性变化。

4. 诊断要点

根据流行特点、临床症状和病变可初步诊断，确诊需做病毒分离和鉴定检查。应注意与新城疫(特别是腺胃型传染性支气管炎)、慢性呼吸道疾病、传染性鼻炎等相鉴别。

5. 防治方法

传染性支气管炎尚无有效药物治疗，只能靠疫苗接种防治，但需注意疫苗的血清型及发病的病变情况，只有正确的血清型才能达到良好的保护效果。同时注意鸡舍密度适中，通风保温良好，补给充分的维生素A、维生素D，以增强抗病力，减少本病发生。

本病发生时，应根据病变投喂肾肿解毒药或肾肿灵或小苏打等，对疾病控制有一定辅疗作用。另外，最好投予广效性抗生素等，以控制二次感染，降低死亡率。

(五)马立克氏病

马立克氏病(简称MD)是由疱疹病毒引起的一种传染性、肿瘤性疾病。其主要特征是病鸡以外周神经发生淋巴细胞浸润，引起一肢或两肢麻痹，或卵巢、各脏器、眼、肌肉和皮肤形成淋巴细胞肿瘤病灶。

1. 流行特点

鸡、鸭、鹅、野鸡、火鸡、鹌鹑都等易感马立克氏病。一般小鸡比大鸡、母鸡比公鸡、外来品种鸡比本地品种鸡易发此病，以 2～4 月龄鸡发病率最高，肉鸡多发于 40～60 日龄，死亡率一般为5%～80%。皮肤(羽毛囊上皮)是完整病毒复制的唯一场所。感染鸡群中的羽毛、尘埃、排泄物、分泌物均含有病毒且具有传染性，污染环境、饮水、饲料，经呼吸道、消化道传播。饲养管理不善，环境条件差，霉菌毒素，或某些传染病如法氏囊病、球虫病等，均可诱发感染此病。本病不易经卵传染，但若蛋壳表面被污染又不消毒，可能成为雏鸡早期感染的原因。

2. 临床症状与病理变化

马立克氏病急性发作时，病鸡呈现精神委顿，羽毛松乱，行走迟缓，减食、消瘦，独居一隅；病程一长，病鸡鸡冠萎缩，眼瞎，鸡腿或翅膀一侧或两侧麻痹，拉绿色粪便。根据临床症状和病变部位不同，马立克氏病分为皮肤型、神经型、内脏型、眼型 4 个类型。

(1)皮肤型

皮肤、肌肉上可见肿瘤结节或硬肿块，毛囊肿大，脱毛，肌纤维失去光泽，严重感染，小腿部皮肤异常红。

(2)神经型

症状主要表现为神经麻痹、运动失调。常引起一肢或两肢呈不同程度的麻痹，一肢向前伸，另一肢向后伸，形成“劈叉”姿势，坐骨神经肿大 2～3 倍，呈淡黄色无光泽，纹理消失。臂神经丛及翅神经发生病变时的特征是翅膀下垂，俗称“穿大褂”。

(3)内脏型

症状主要在肝、脾、肾、心、腺胃、卵巢、肠系膜等内脏器官出现单个或多个肿瘤病灶，有肿瘤的器官比正常大 1～3 倍，病鸡腹部膨大、积水。

(4)眼型

一侧或双侧眼瞳孔缩小，虹膜变为灰色并混浊，俗称“鱼眼”、“灰眼”或“珍珠眼”，视力减弱或失明，瞳孔边缘不整齐，似锯齿状。

3. 诊断要点

实验室常用的方法是用已知的马立克氏病毒的抗体来检测羽毛囊、肿瘤组织以及培养物中的病毒抗原。其方法有琼脂扩散试验、直接免疫荧光和酶联免疫吸附试验。但诊断本病必须与淋巴性白血病、维生素 B_2 缺乏症等疾病相鉴别。

第一，与淋巴性白血病的区别。马立克氏病常发于 2～4 月龄鸡，死亡率高且很快达高峰期后就下降，而白血病常发生于性成熟鸡(4 月龄以上)，死亡率低，持续时间长，无明显的高峰期。剖解时，白血病仅肝、脾、肾肿大或出现肿瘤病变，法氏囊可见结节肿胀或炎症明显，而马立克氏病患鸡除肝、脾、肾外，外周神经肿大，皮肤、肌肉、心、卵巢等可见肿瘤，法氏囊一般萎缩。

第二，与维生素 B_2 缺乏症的区别。两种病鸡的肢体都麻痹，外周神经肿大。但维生素 B_2 缺乏症鸡的趾爪多向内卷曲，无“劈叉”姿势，无肿瘤病灶。

4. 防治方法

加强孵化室的卫生消毒工作，种蛋、孵化箱要进行熏蒸消毒。育雏前期要进行隔离饲养，防止马立克氏病毒的早期感染。雏鸡出壳 24 h 内必须注射马立克氏疫苗，选用组织苗，注射时严格按照操作说明进行。个别污染严重的鸡场，可在出壳 3 周内用马立克氏冻干苗进行二免。

法氏囊病、贫血因子病、网状内皮增生症、沙门氏菌病、球虫病及各种应激因素均可使鸡对马立克氏病的免疫保护力下降，导致马立克氏病的免疫失败。在饲养过程中要注意对这些疾病的防治，同时尽量避免各种应激反应。需长途运输的雏鸡，到达目的地时，可补种 1 次马立克氏疫苗。

多年来，人们思想上普遍认为本地鸡抗病力强，不用接种马立克疫苗。然而，调查中发现，马立克氏病毒对本地鸡同样造成巨大损失，因此，各放养鸡户千万不要抱有任何侥幸心理或仅顾眼前利益少花些钱而不接种马立克疫苗，以免造成不必要的经济损失。

（六）鸡传染性喉气管炎

鸡传染性喉气管炎（简称 ILT）是由鸡传染性喉气管炎病毒引起的鸡的一种急性、接触性、呼吸道传染病。以传播快、呼吸困难、咳出带血的黏痰、剖检有严重出血性喉气管炎病变为特征。

1. 流行特点

在自然条件下，鸡传染性喉气管炎主要侵害鸡，各种年龄及品种的鸡均可感染，但以 7～10 周龄和初产母鸡更易感，成年鸡的症状更为典型。山鸡、孔雀、幼火鸡也可感染。

病鸡和康复带毒鸡是主要的传染源，经呼吸道及眼内传染。由呼吸道分泌物污染的饲料、饮水、垫草及用具可成为传播媒介。接种过本病弱毒疫苗的鸡也可排毒传染。

本病传播迅速，一旦发病可波及全群。鸡舍通风不良、密度过大、维生素 A 缺乏、饲料管理不当、寄生虫感染等可诱发本病，增加死亡率。

2. 临床症状

自然感染的潜伏期一般为 6～12 d，人工感染（气管内接种）的为 2～4 d。

病初精神委靡，鼻流浆液性分泌物，发出"呼噜、呼噜"的湿性音，咳时甩出黄白色黏痰。进而闭目呆立，眼结膜发炎，分泌物将上下眼睑粘连，眶下窦肿胀；头下垂，呈现犬坐姿势；咳嗽、喘气，每次吸气时伸颈，张口尽力吸气，发出"咯"鸣声；常摆头，咳甩出带血黏痰，若气管中黏液过多时，可造成突然窒息而死亡；鸡冠、肉髯乌紫，口腔中喉部周围黏膜上有淡黄色凝固块状物附着，不易擦掉。继之病鸡很快消瘦，排绿色稀粪，最后衰竭窒息死亡。病程一般为 2～3 d，死亡率较高。不死的临床症状可逐渐消失成为带毒者。

3. 病理变化

鼻腔有少量黄白色或带血黏液，有的干燥成灰褐色凝块，阻塞鼻腔喉部，周围黏膜肿胀，有较多带血黏液或黄白色块状假膜附着；喉头和气管黏膜肿胀、糜烂，并有大量针尖状出血点，严重者呈弥漫性出血，俗称"红气管"，上有带血样黏液或黄白色干酪样块状物附着。炎症可蔓延至支气管、肺、气囊、眶下窦中。

4. 诊断要点

其一，根据本病为急性呼吸道传染病，其具有传播速度快、发病率高、死亡率较低的流行病学特点和特有的临床症状，如伸颈张口吸气，发出"咯咯"的鸣声，咳出黄白色带血黏液，剖检有典型的出血性喉气管炎病变等，据此即可做出诊断。症状不典型时可做实验室诊断。

其二，实验室诊断。实验室诊断可采用核内包涵体试验、免疫荧光抗率试验、琼脂扩散试验、酶联免疫吸附试验、核酸探针试验、动物感染试验、病毒分离和鉴定等方法。

其三，鉴别诊断。传染性喉气管炎与传染性支气管炎的鉴别。传染性支气管炎的传播速度更快，几乎同时全群发生；不咳出带血样黏痰；喉头、气管黏膜苍白，且黏膜上皮细胞为没有核内包涵体；病毒接种鸡胚尿囊腔，在绒毛尿膜上不成痘斑，鸡胚一般不死亡，可出现僵化、发育较小等，这些可与传染性喉气管炎相区别。

5. 防治方法

鸡传染性喉气管炎目前尚无有效药物治疗。一般情况下，从未发生本病的鸡场不接种疫苗，因鸡传染性喉气管炎疫苗在实际运用中还存在一些问题。虽然目前应用的鸡传染性喉气管炎疫苗都是弱毒苗，但这些弱毒苗接种鸡体后，刺激鸡体产生抗体，同时这些接种鸡也成为排毒者，且这些毒苗经过鸡体内繁殖还会返强。所以，没有受到本病威胁或以前没有得过本病的鸡场不宜接种，主要依靠认真执行综合防疫措施，加强饲养管理，提高鸡体健康水平，改善鸡舍通风条件，坚持执行全进全出的饲养制度，严防病鸡的引入，预防本病的发生。

对传染性喉气管炎疫区或有的用户已用过鸡传染性喉气管炎疫苗免疫，那么这个地方应普遍接种鸡传染性喉气管炎疫苗，免疫方法以涂肛最好，点眼次之，饮水反应较大。一般在 5 周龄接种 1 头份，在 13 周龄接种 1.2 头份。但应注意，用鸡传染性喉气管炎疫苗 8 d 内不能接种新城疫苗，否则将对鸡传染性喉气管炎疫苗起抑制作用。

一旦周围鸡场发生鸡传染性喉气管炎，应迅速涂肛或点眼接种鸡传染性喉气管炎疫苗，5 d 后即可产生免疫力。有的鸡在免疫后会发生结膜炎，可以在免疫的同时饮用链霉素、红霉素，以防继发感染。另外，也可添加 50 mg/kg 硫酸铵，以促进气管中浓痰排出，减少气管阻塞造成的窒息死亡。同时严格隔离，清除病鸡，洗刷病鸡舍中的痰和鼻液，进行彻底消毒。

(七) 鸡痘

鸡痘(简称 FP)是由病毒引起的一种接触性传染病。其特征是在皮肤、口角、鸡冠等处出现痘疹，在口腔、喉头和食道黏膜上发生白喉性伪膜。

1. 流行特点

鸡痘主要发生于鸡和火鸡，鸽有时也发生，鸭、鹅易感性则低。

各种年龄和品种的鸡都能感染，但以幼雏鸡病情会更严重，死亡率高。一年四季都可见到鸡痘发生，但以夏初到秋季的蚊虫出现季节多发。

病鸡脱落和碎散的痘痂，是散布病毒的主要形式。本病主要通过皮肤或黏膜的伤口感染，不经健康皮肤感染，亦不能经口感染。蚊虫等血吸虫在传播本病中起重要作用。鸡打架、追啄、交配等造成外伤，鸡群过分拥挤、通风不良、鸡舍阴暗、潮湿、体外寄生虫及饲养管理太差均可促使本病发生和加剧病情，如有葡萄球菌等并发感染，可造成大批死亡。

2. 临床症状与病理变化

鸡痘的潜伏期为4～10 d。鸡痘可分3种类型，即皮肤型、白喉型和混合型，偶有败血型发生。

(1)皮肤型

皮肤型的鸡痘的特征是在身体无毛和少毛部位，特别是冠、髯和眼皮、口角等处产生一种疣状小结节。开始皮肤表皮和毛囊上皮增生，形成灰白色小结节；结节很快增大并呈黄色，而且和邻近的结节融合在一起，形成干燥、粗糙、呈棕黄色的大结痂，突出于皮肤上；如果剥去结痂，皮肤就露出一个出血的病灶。结痂的多少不一，一般0.5～1个月才能脱落，留下一个灰白色的疤痕。病鸡尤其雏鸡表现精神委顿，食欲减退，体重减轻，母鸡产蛋减少和停产，但很少死亡。

(2)白喉型

白喉型的鸡痘，先是口腔和咽喉黏膜生成白色小结节，稍突出于黏膜表面，以后小的结节迅速增大，并互相融合在一起，形成黄白色干酪样的一层假膜。这是坏死的黏膜组织和炎性渗出物凝固而形成的，如果用镊子将假膜剥下，立即露出红色出血的溃疡灶。假膜扩展和增厚而阻塞口腔和咽喉，病鸡呼吸和吞咽困难，而发出一种"咯咯"的怪叫声，有时假膜脱落而落入气管里，可引起窒息，并表现出全身症状。最严重者鼻腔和眼睛也被感染，鼻腔流出淡黄色脓液，眼睛也肿大，挤压时可挤出干酪样物。

(3)混合型

混合型的鸡痘，皮肤和口腔黏膜同时发病，在有些病例中可看到。偶见败血型，呈现严重的全身症状，随后发生肠炎，有腹泻，并引起死亡。

鸡痘在其他器官一般不发生病变。发病率高低不一，这与病毒毒力和环境条件有关。病程一般为3～4周，严重的病例死亡率可达50％。

3. 诊断要点

根据特征性的皮肤损害可诊断皮肤型鸡痘，白喉型确诊可从病变部位采集材料，在显微镜下观察胞浆内有无包涵体。

4. 防治方法

预防鸡痘最可靠的方法是接种疫苗。一般在夏末秋初接种鸡痘疫苗。可用鸡痘弱毒疫苗，100 倍稀释，用钢笔尖蘸取少许疫苗，在鸡翅膀内侧无血管处刺破皮肤即可，1 月龄内雏鸡刺种一下，1 月龄以上的鸡刺种两下。每刺种几只鸡后，应用脱脂棉擦拭笔尖，以免笔尖油脂过多蘸不到药液而影响免疫效果。接种 3～5 d 之后，接种部位出现绿豆大小的红疹或红肿，10 d 后有结痂产生，即表示疫苗生效。如果刺种部位不见反应，必须重新刺种疫苗。

鸡痘目前尚无特效药物治疗，主要采用对症疗法，以减轻病鸡的症状和防止并发症。皮肤上的痘痂，一般不作治疗，如果发病数量较少或必要时，可用清洁镊子小心剥离，伤口涂碘酊或紫药水。白喉型鸡痘时，喉部黏膜上的假膜用镊子剥掉，0.1%高锰酸钾洗后，用碘甘油或氯霉素软膏、鱼肝油涂擦，可减少窒息死亡。病鸡眼部如果发生肿胀，眼球尚未损坏，可将眼部蓄积的干酪样物质排出，然后用 2%硼酸溶液或 0.1%高锰酸钾液冲洗，再滴入 5%蛋白银溶液。剥离下的假膜、痘痂或干酪样物都应烧掉，严禁乱丢，以防散毒。

对于症状严重的病鸡，为防止并发感染，可在饲料或饮水中添加抗生素。可在饲料中添加 0.08%～0.1%的土霉素连喂 3 d 或在饮水中添加 0.2%的金霉素连饮 3 d。

为促进组织和黏膜的新生，促进饮食和提高机体抗病力，应改善禽群的饲养管理，在饲料中增加维生素 A 和含胡萝卜素丰富的饲料。若用鱼肝油补充时应为正常剂量的 3 倍。

放养鸡一般饲养在林地、田间、草地。潮湿的草地、林地是滋生蚊虫等血吸虫的地方，周围环境中蚊虫等血吸虫较多，易患该病，在生产中应引起足够的重视。

二、细菌性传染病

(一)鸡白痢

鸡白痢(简称 PD)是雏鸡常见的一种急性、败血性传染病。其表现为不食、嗜睡、下痢和心肌、肝、肺等器官的坏死性结节，发病率、死亡率都很高，是严重危害雏鸡成活率的原因之一。在成年鸡多为慢性或隐性感染，一般不表现明显的症状。

1. 流行特点

鸡白痢分布于世界各地，一年四季均可发生。任何品种的鸡都具有感染性，但主要侵害 3 周龄内的幼雏，发病率和死亡率均高。病鸡与带菌鸡是主要的传染源。某些有易感性的飞禽如麻雀、鸽等传播本病也不能忽视。携带病原的种鸡经蛋垂直传播，病鸡与健康鸡接触、交配等也可水平传播此病。被污染的垫料、饲料、饮水以及消毒不彻底，或未消毒的孵化环境、用具、雏鸡舍等可通过消化道和呼吸道传播。饲养管理不良和育雏舍温忽高忽低以及饲料质量差可促进本病的发生。

2. 临床症状

用带菌的卵孵出的雏鸡，大部分在 7 d 之内死亡，而与这些雏鸡同群感染的，则在 2～3 周龄内出现死亡。病雏表现怕冷，常常成堆拥挤在一起，翅膀下垂，精神不振，停食，羽毛蓬乱，缩颈，眼半闭，呆立不动；排白色黏稠粪便，常沾在尾部羽毛上，有时阻塞肛门，排便困难，甚至不能排出，排便时常发出"吱吱"的尖叫声；肺部感染时，表现呼吸困难；有的跗关节显著肿大，出现跛行。成年鸡带菌多不表现症状，产蛋率和蛋的孵化率降低，死胎增加，个别病鸡表现精神委顿、减食、消瘦、贫血、下痢、腹下垂及产蛋停止。

3. 病理变化

雏鸡肝脏充血肿大，有条纹状出血，胆囊扩张，充满胆汁；卵黄吸收不良，其内容物呈淡黄色奶油样或干酪样；脾脏肿大而质脆；肾脏色泽暗红色或苍白，肾小管和输尿管扩张，充满尿酸盐；盲肠部膨大，其内容物有干酪样物阻塞；在肺、肝、心、肌胃、肠上有一种灰黄色或灰白色坏死点或小结节，这种病灶是白痢特征性病变。成年母鸡病变主要在卵巢，原来呈圆球形的卵泡皱缩，形状不整齐，呈金黄色或褐色，无光泽；内容物如浓稠油脂状，有的卵泡变得坚实，有的卵泡破裂，卵黄流入腹腔，引起广泛的腹膜炎，腹腔器官黏连。公鸡睾丸极度萎缩，输精管增大，内充满稠密的渗出物。

4. 诊断要点

3 周龄以下的雏鸡，下白色痢，死亡率高，肝脾肿大，肝有特殊条纹的变化，部分脏器和肠道有坏死点或结节。成年鸡卵巢萎缩，卵黄呈青色或灰黑色。

5. 防治方法

种鸡场应定期进行鸡白痢检疫，发现病鸡及时淘汰。种蛋入孵前用甲醛气体熏蒸消毒。鸡舍、育雏室的一切用具要经常清洗消毒，孵化机在应用之前，要用甲醛气体熏蒸消毒。对 3 周龄以下的雏鸡要用药物控制发病，出壳后至 5 日龄，每升饮水添加庆大霉素 8 万 IU；6～10 日龄，在饲料中添加氟哌酸 100 mg/kg；11 日龄起，在每千克饲料中添加土霉素 2 g，连用 5～7 d。

鸡白痢在放养鸡中显得尤为突出，因为有些种鸡场未做过鸡白痢净化，雏鸡阳性率较高，同时放养鸡场育雏条件较差，温度忽高忽低，卫生条件差，均易诱发本病的发生。

(二)鸡大肠杆菌病

鸡大肠杆菌病是一种以埃希氏大肠杆菌为原发性或继多发性病原体的禽类传染病。其特征是引起心包炎、气囊炎、肝周炎、腹膜炎、输卵管炎、滑膜炎、大肠杆菌性肉芽肿、脐炎、全眼球性眼炎、肠炎等病变。大肠杆菌病能引起多种鸡病，表现差异很大。本病是鸡常发的一种传染病，且常与其他疾病如白痢、球虫病及某些代谢病并发或继发，以及由呼吸道病诱发。经临床观察，在一些混淆不清的肠道病中，本病往往占有相当大的比例而且容易误诊。致病大肠杆菌能造成较高的发病率和死亡率，给养鸡生产带来严重损失。

1. 流行特点

大肠杆菌在自然环境中、饲料、饮水、鸡的体内、孵化场等各处普遍存在。正常鸡内 10%～15%的大肠杆菌是潜在的致病血清型。该菌在种蛋表面、鸡蛋内、孵化过程中的死胚及毛蛋中分离率较高。饲料经常被致病性大肠杆菌污染。被污染的水源也可将致病性大肠杆菌引入鸡群。

各种年龄的鸡均可感染，但因饲养管理水平、环境卫生条件、防治措施、有无继发感染等因素影响，鸡大肠杆菌病的发病率和死亡率有较大差别。初生雏鸡的感染主要是种蛋被粪便污染，细菌经蛋壳和壳膜侵入蛋内造成。雏鸡常呈急性败血症变化。成年鸡则以亚急性和慢性感染为主，多发生于开产前期和初产母鸡，死淘率增加，生产性能不能充分发挥。种鸡则影响孵化率、出雏率和健雏率。

本病一年四季均可发生，在多雨、闷热、潮湿季节多发。在寒冷的冬季，由于通风不良、卫生条件差、密度过大，吸入污染病原的灰尘是气囊发生感染的来源之一。鸡群感染鸡新城疫、鸡传染性法氏囊病、慢性呼吸道疾病，常常是引起本病的主要原因。

2. 临床症状与剖检变化

鸡大肠杆菌病根据发病的年龄、侵害部位以及与其他疾病混合感染的不同情况而表现为不同的类型。

(1)雏鸡脐炎

感染发生在孵化过程中。病雏表现为腹部膨大，脐孔不闭合，周围皮肤呈褐色。病雏排水样粪便,多在出壳 2～3 d 发生败血症死亡。耐过鸡则卵黄吸收不良,生长发育受阻。剖检见卵黄囊不吸收,囊壁充血、出血,内容物黄绿色、黏稠或稀薄水样、脓样,甚至卵黄内为脓、血性渗出物。

(2)急性败血症

大肠杆菌败血症是鸡大肠杆菌病的代表性病型,表现为精神不振,食欲丧失,羽毛逆立,呈蹲坐姿势;颜面部褪色,消瘦,下痢。剖检特征病变为纤维素性心包炎,心包肥厚混浊,附有多量绒毛状脓样渗出物,多与胸腔及心肌黏连。

(3)气囊炎

6～9 周龄为发病高峰,常由大肠杆菌与其他病原体(支原体、传染性支气管炎病毒)合并感染。病鸡表现为呼吸困难、咳嗽、打喷嚏等。剖检时可见气囊壁增厚、混浊,囊内见有淡黄色干酪性渗出物;心脏膜增厚,心包腔内多量纤维素性渗出物;肝脏表面由纤维性渗出物覆盖;腹腔积液。

(4)全眼球炎

鸡舍内空气中大肠杆菌含量过高,可感染幼鸡,引起眼球炎。病鸡表现为眼睑封闭,外观肿大,眼中蓄积多量腔液或干酪样物质,多为单侧性感染。

3. 诊断要点

根据症状和病理变化可做出初步判断。确切的方法是进行实验室检查、分离和鉴定病菌。

4. 防治方法

鸡大肠杆菌病是环境性疾病,因此,加强饲养管理和搞好环境卫生是预防的关键措施。搞好环境卫生,及时清理粪便。供给鸡清洁的饮水,水槽要经常擦洗,定期加入适量的消毒剂。保持较稳定的温度、湿度(防止忽高忽低),合适的密度,保持通风良好、空气新鲜,定期对环境、用具及带鸡消毒,供给优质饲料,保持环境的稳定，控制霉形体、新城疫、法氏囊等病的发生。

在大肠杆菌病危害严重的鸡场，虽然大肠杆菌的血清型众多，但接种疫苗仍为防治本病的一种有效方法。近年来，国内外采用大肠杆菌多价氢氧化铝苗、蜂胶苗、多价油佐剂苗，取得了较好的预防效果。采用本地区发病鸡群的多个毒株或本场分离菌株制成的疫苗免疫效果更好。另外，使用微生态制剂，通过改变肠胃道微生物群组成，使有益或无害微生物占据种群优势，通过竞争抑制病原或有害微生物的增殖，达到防病的目的。

鸡群发生本病后，可以用药物进行治疗，最好以饮水的方式投药。常用的药物有丁胺卡那霉素、新霉素、四环素、庆大霉素、诺氟沙星、环丙沙星、恩诺沙星等。由于大肠杆菌极易产生抗药性，因此，在采用药物治疗时，最好进行药敏试验，或选用过去很少用过的药物进行全群治疗，加中草药和微生态制剂配合治疗，且注意交替用药。要早诊断、早治疗。某些患病鸡，已发生各种实质性变化时，治疗效果极差。

放养柴鸡因其所处环境的特殊性，常常接触污染的饲料、饮水、用具，发霉变质的饲料以及受外界应激因素（雨淋、温度变化等）的影响，易感染或并发鸡大肠杆菌病。调查中发现，鸡大肠杆菌病既是放养鸡最易患也是危害最大的传染病之一。

三、寄生虫病

（一）鸡球虫病

鸡球虫病是由艾美耳属的各种球虫寄生于鸡的肠道引起的疾病，表现为贫血、消瘦和血痢。本病分布广，是放养鸡场的一种常见病、多发病，常呈地方流行性。

1. 流行特点

所有日龄和品种的鸡对球虫都有易感性，未与球虫接触过的成鸡仍然敏感。另外，由于球虫虫种之间无交叉免疫作用，因此，同一群鸡可因感染不同的球虫虫种而暴发数起球虫病。后备种母鸡患病的危险性最大。在一般情况下,堆型、柔嫩和巨型艾美耳球虫的感染发生于3～6周龄,而毒害艾美耳球虫见于8～18周龄。

感染鸡可由粪便排出卵囊数日或数周,卵囊在体外成为孢子化卵囊,摄入有活力的孢子化卵囊是唯一的传播途径。病鸡为主要的传染源。凡被病鸡与带虫鸡污染的尘埃、垫草及设备上均有活的卵囊,可通过不同的动物、昆虫、污染的设备、野鸟、尘埃及工作人员而机械地传播,易感鸡通过啄食而摄入大量被污染的卵囊,就会暴发球虫病。新鸡场暴发的球虫病一般比经历过球虫病的老鸡场更为严重,被称做"新鸡场球虫病综合征"。

放养鸡接触地面,病鸡粪便污染饲料、饮水、土地,是本病的主要传染媒介。如天热多雨、鸡群过分拥挤、运动场太潮湿、大小鸡混群饲养、饲料中缺乏维生素A以及日粮搭配不当,都是诱发本病流行的因素。

2. 临床症状

鸡患盲肠球虫时,精神不振,羽毛松乱,缩颈闭目呆立,食欲减退,拉血便,严重者甚至排出鲜血。嗉囊软而膨胀,翅下垂,运动失调,贫血,鸡冠和面部苍白。后期鸡只昏迷、抽搐,很快死亡,如治疗不及时,病死率达50%～80%。鸡患小肠球虫病时,其临床表现与盲肠球虫病相似,但病鸡不排鲜血便。日龄较大的鸡如患球虫病,一般呈慢性经过,症状轻,病程长,呈间歇性下痢,饲料报酬低,生产性能不能充分发挥,死亡率低。

3. 病理变化

病变主要见于盲肠。盲肠显著肿大,外观呈暗红色,浆膜面可见有针尖大至小米粒大小的白色斑点和小红色,肠内容物为血液或凝固的血凝块,或混有血液的黄白色干酪样物。患小肠球虫的病死鸡,在卵黄蒂前后的肠管高度膨胀、充气,肠壁增厚,浆膜面见有大量的白色斑点和出血斑;肠黏膜高度肿胀,肠腔中充盈黏液及纤维絮状物和坏死物。

4. 诊断要点

根据临床症状及病理变化可初步诊断，确诊可用显微镜检查球虫卵囊。

5. 防治方法

(1)预防

鸡球虫病的预防主要是消灭卵囊，切断其生活史，不让其有孢子化的条件。其具体做法是鸡群要全进全出，鸡舍要彻底清扫、消毒，雏鸡和成鸡要分开饲养，保持环境清洁、干燥和通风，喂给全价饲料，笼养或网养有利于防治本病。粪便及时清扫，粪便及垫草堆积发酵处理。同时，用药物进行预防，抗球虫药应从12～15日龄的雏鸡开始给药，坚持按时、按量给药，特别要注意在阴雨连绵或饲养条件差时更不可间断。平时给所有的雏鸡连续投服低剂量的抗球虫药，以阻止球虫的感染，或将感染率降低到一个较低的水平。为预防球虫在接触药物后产生抗药性，应采用穿梭方案经常变换药物。鸡也可考虑使用球虫活疫苗，2～5日龄初免，1周后重复免疫1次，以加强免疫。免疫后2周内禁用有抗球虫活性的药物，10 d内不要换垫料。

(2)治疗

用抗球虫药治疗，效果明显。常用抗球虫药有尼卡巴嗪、氨丙啉、克球粉、鸡宝-20、三字球虫粉、盐霉素、地克珠利等。在治疗的同时，补加维生素K，每只每天1～2 mg，鱼肝油10～20 mL，或维生素A、维生素D粉适量，并适当增加多维素用量。

(二)鸡蛔虫病

鸡蛔虫病分布很广，常引起雏鸡生长发育不良，甚至造成大批死亡。

1. 流行特点

鸡蛔虫病以2～3月龄鸡多发，5～6月龄鸡有较强的抵抗力，

1 年以上的鸡多为带虫者。鸡采食被卵污染的饲料、饮水等而遭感染。饲料中动物性蛋白质过少、维生素 A 和各种维生素 B 缺乏以及赖氨酸和钙不足等，均会引起鸡的易感性增强。

2. 临床症状

鸡的肠道内有少量蛔虫寄生时看不出明显症状。雏鸡和 3 月龄以下的青年鸡被寄生时，蛔虫的数量往往较多，初期症状也不明显，随后逐渐精神不振，食欲减退，羽毛松乱，翅膀下垂，冠髯、可视黏膜及腿脚苍白，生长滞缓，消瘦衰弱，下痢和便秘交替出现，有时粪便中有蛔虫排出。成年鸡一般不呈现症状，严重感染时出现腹泻、贫血和产蛋量减少。

3. 病理变化

剖检常见病尸明显贫血，消瘦，肠黏膜充血、肿胀、发炎和出血；局部组织增生，蛔虫大量突出部位可用手摸到明显硬固的内容物堵塞肠管，剪开肠壁可见有大量蛔虫拧集在一起，呈绳状。

4. 诊断要点

根据病理变化、剖检，发现肠道内有蛔虫即可确诊。

5. 防治方法

实行全进全出制，鸡舍及运动场地面认真清理消毒，并定期铲除表土；改善卫生环境，粪便应进行堆积发酵；料槽及水槽最好定期用沸水消毒；4 月龄以内的幼鸡应与成鸡分群饲养，防止带虫的成年鸡使幼鸡感染发病；雏鸡采用笼养或网上饲养，使鸡与粪便隔离，减少感染机会；对污染场地上饲养的鸡群应定期进行驱虫。驱虫药物可选用驱蛔灵，每千克体重 0.25 g，混料 1 次内服；驱虫净，每千克体重 40～60 mg，混料 1 次内服；左咪唑，每千克体重 10～20 mg，溶于水中内服；丙硫苯咪唑，每千克体重 10 mg，混料 1 次内服。

(三)鸡羽虱

鸡羽虱是鸡常见的体外寄生虫病。一般常见的有头虱、体虱和羽虱3种，分别寄生在鸡的头、颈部、羽毛上和体表各部皮肤上。虫体很小，长1～2 mm，呈淡黄色或灰色，靠咀嚼形口器吸取鸡的羽毛或皮鳞屑，破坏毛囊，有时还吸吮鸡的血液。本病一年四季均可发生，但冬季较严重。1对雌雄虱在数个月内能产生12万个后代。鸡羽虱在鸡体上的寿命有几个月，但离开鸡体则只能生存5～6 d。

鸡羽虱经接触或经饲料包装物等用具携带传入感染后，传播迅速，往往波及全群，特别是旧房改造鸡舍、竹条、木条鸡笼饲养、散养或放养鸡，发病率更高。

1. 临床症状

病鸡表现羽毛脱落，皮肤损伤，精神不安，发痒，体重减轻，消瘦和贫血，鸡冠发白，雏鸡生长发育不良，母鸡产蛋率下降，蛋壳质量变差。严重感染时，可见鸡体表、墙壁、地面鸡笼、饲槽等处有大量羽虱，甚至饲喂饲料时，羽虱可爬上饲养员的手、脚、脸部，叮咬皮肤，使人感到奇痒难受。

2. 防治方法

个体治疗可选用撒粉或喷粉法，即用0.5%敌百虫、或5%氟化钠、或5%硫磺粉，把药粉撒在或借助喷粉器喷洒在鸡翼下、双腿内侧、胸、腹和羽虱的其他寄生部位；要使药物直接接触到虱体，只有这样才能把虱杀死。也可用药浴法，将整只鸡（露出头）浸在0.1%敌百虫溶液里，待鸡的全身羽毛、皮肤接触到药液时，即将鸡取出。此法宜在温暖晴天时进行，以预防感冒。

大群治疗可采用“特效灭虱精”治疗，按每5 mL药液对水5～10 kg，喷洒鸡的全身各部位，至轻度淋湿即可，间隔2～3 d再喷洒1次。也可用0.5%敌百虫或0.25%蝇毒磷喷雾鸡舍各部位及鸡体表灭虱。但应注意有机磷制剂毒性大，选择此类药物时宜先在小群中试用后再大群应用，否则易引起中毒。

四、普通病

(一)啄食癖

啄食癖是啄肛癖、啄羽癖、啄趾癖、啄蛋癖等恶癖的统称，是放养鸡饲养中最常见的恶癖。一旦发生，鸡只互相啄食，常引起胴体等级下降，产蛋量减少，死亡，造成严重经济损失。除了鸡的品种习性外，饲料配合不当、补料不足、营养比例失调以及必需氨基酸、维生素、微量元素、食盐缺乏等是引起啄食癖的主要原因。此外，鸡舍通风不良、温度过高、湿度过大、饲养密度大、光线太强、过于拥挤、缺乏充足的运动、食槽少或摆放不合理、补饲时间不规律、外寄生虫侵袭、皮肤外伤出血、母鸡输卵管脱垂等则是诱发啄食癖的因素。

1. 临状症状

啄食癖的共同特征表现为互相啄食，造成创伤或引起死亡，破坏了正常群体生活的习性。

(1)啄肛癖

雏鸡和产蛋鸡最为常见。尤其是雏鸡患白痢病时，病雏肛门周围羽毛粘有白灰样粪便，其他雏鸡就不断啄食病鸡肛门，造成肛门破伤和出血，严重时直肠脱出，很快死亡。产蛋鸡产蛋时泄殖腔外翻，被待产母鸡看见后啄食，往往引起输卵管脱垂和泄殖腔炎。

(2)啄羽癖

各种年龄的鸡群均有发生，但以产蛋鸡、幼鸡换羽时较多见，以翼羽、尾羽刚长出时较为严重，常表现为自食羽毛或互相啄食羽毛，有的鸡只被啄去尾羽、背羽，几乎成为“秃鸡”或被啄得鲜血淋淋。

(3)啄趾癖

多在雏鸡中发生。表现啄食脚趾，引起流血或跛行，有的甚至脚趾被啄光。

(4)啄蛋癖

主要发生于产蛋鸡群。表现为自产自食和互相啄食蛋现象。

2. 防治方法

应针对发病原因采取相应措施。

(1)断喙

于6～9日龄进行断喙,是防治啄食癖较好的一种方法。

(2)合理配合饲料

饲料要合理配合,特别是一些重要的氨基酸(如蛋氨酸、色氨酸、赖氨酸等)、维生素和微量元素不能缺少。试验证明,在日粮中添加0.2%的蛋氨酸,能够减少啄癖的发生。

(3)添加适量硫化物

啄羽癖可能是由于饲料中硫化物不足引起,在饲料中补充硫化钙粉(把天然石膏磨成粉末即可),用量为每只鸡补充0.5～3 g/d,效果很好。或在日粮中加入2%～3%的羽毛粉。

(4)添加适量食盐

有的啄食癖是由于饲料中缺乏食盐所引起,为此可在日粮中短期添加1.5%～2%的食盐,连续3～4 d,可能有效,但不能长期饲喂,避免引起食盐中毒。

(5)及时挑出啄食鸡

鸡群一旦发现啄食癖,应立即将被啄的鸡只移出饲养,对有啄食癖习惯的鸡也可单独饲养或淘汰。有外伤、脱肛的病鸡应及时隔离饲养和治疗,在被啄伤口上涂上与其毛色一致和有异味的消毒药膏及药液,如鱼石脂、磺胺软膏、碘酊、紫药水等,切忌涂红药水(红汞)。

(6)注意改善环境和加强管理

鸡舍通风要好,饲养密度不宜过大,光线不能太强,最好将门窗玻璃或灯泡涂成红色或绿色。食槽、饮水器应足够。喂饲应定时、定量,尤其是不能过晚。

提问：

1. 为什么说抓好引种环节是放养鸡防疫的基础？

2. 如何防治放养鸡啄食癖？

3. 放养鸡的发病规律与特点有哪些？

4. 接种疫苗时应注意的事项有哪些？

第九章　生态放养鸡生产模式

导读

本章介绍了生态养鸡模式设计的基本原则、主要生产模式的设计、应用效果及体会。生产模式设计要与本地气候特点、资源状况和市场相结合，以追求资源利用的最大化和市场销售旺季的吻合度。

在实施生态放养鸡项目的过程中，针对我国华北区域气候特点和市场状况，我们进行了生产模式的设计与实践。所谓生产模式，是指生态放养鸡的周期性安排，例如：何时进雏，何时放养，饲养周期多长，以产肉还是产蛋为主，何时出栏等。模式设计得好，既可以充分利用气候资源和草地资源的优势，又可以利用市场的价格优势，使供需协调，提高经济效益。否则，模式设计得不好，往往事倍功半。

第一节　模式设计的基本原则

模式设计应遵循最大效益原则。在具体操作时，应考虑市场价格、产品供需、气候特点、草地资源和投入产出 5 个方面。

一、市场价格的变化规律

无论是鸡肉，还是鸡蛋，其价格在一年四季是不断波动的。在模式设计时，应将出栏期或产蛋高峰期安排在价格最高的季节或节日，以获取更高的经济效益。

二、产品的供需矛盾

鸡肉或鸡蛋，作为一种特殊商品，有特定的消费群体。在实际生产中，产品的供应并不均衡。有时供不应求，有时供过于求。一般在一年中的几个重大节日期间需求旺盛。在模式的设计或选择时，应根据一般规律，将出栏时间或产蛋高峰期安排在需求量较大的节日或月份。

三、气候特点

我国华北区域属内陆性季风气候，四季分明。冬季寒冷，夏季炎热，春暖花开，秋高气爽。由于育雏期需要额外供温，生长期和产蛋期需要一定的温度，生产性能的高低与气候条件有很大的关系，因此，应尽量利用有利的自然环境条件。如育雏期利用自然温度，少量人工供暖；生长和产蛋的高峰期尽量安排在气候最适宜的时候，以享受大自然的恩惠；把出栏期安排在自然气候条件不适宜延长饲养的季节，如冬季。

四、草地资源

放养土鸡以自由采食野外自然饲草饲料为主，如野草、野菜、虫体、腐殖质等，而这些自然食物具有很强的季节性。从我国华北大多数地区的自然条件看，从每年的 4 月上旬至 10 月下旬，均可获得数量不等的饲料，而最佳时期是 6～10 月份。因此，应将柴鸡生长和产蛋的高峰期安排在这一季节，以通过大量采食优质的自然饲料，提高产品质量，降低投入，提高效益。

五、投入产出比

基本原则是以最小的投入获得最大的效益。但是，生产中有时是很难做到的。有时投入和产出成正比，投入越大，产出越多；投入越小，产出越少。因此，投入和产出是相对的。在模式的设计和应用时，主要考虑两者的比值。只要总体合算，投入多一些也是值得考虑的。

以上5个方面，有的是相关的、统一的和协调一致的。例如，市场价格的变化规律和供需矛盾。一般来说，市场价格最高的时候，也正是产品供需矛盾最突出的时候；气候和资源关系是非常密切的，气候最理想的时候，也是资源最丰富的时候。有的却是矛盾的。如投入产出与市场或供需矛盾关系非常密切，有时可能与气候和资源不协调。因此，在模式设计时要总体考虑，统筹兼顾，不可偏废。

第二节 主要生产模式的设计

根据模式设计的基本原则，我们总结了生产中的一些经验教训，设计了3种模式。

一、105 d×2 生产模式(模式一)

模式一是专门用于生产肉柴鸡。小鸡从出壳到出栏，公鸡90～100 d，母鸡110～120 d，平均105 d出栏，平均体重1.25 kg以上。每年饲养两批，全部作为肉鸡上市，具体安排如下：

①第一批，4月上旬进雏，5月中旬放养，7月中旬出栏。

②第二批，6月中旬进雏，7月中旬放养，9月底至10月初出栏。

二、365 d 生产模式(模式二)

模式二是以产蛋产肉相结合，前期以产蛋为主，后期以产肉为主，饲养1年时，母鸡作为肉鸡出售。其具体安排如下：

1月上旬进雏(冬季育雏)，3月放养(春季育成)，6月上、中旬产蛋(牧草生产旺季产蛋)，翌年1月份淘汰。生产周期1年。

三、500 d 生产模式(模式三)

模式三以产蛋为主，产蛋 1 年后作为肉鸡淘汰。其具体安排如下：

4 月下旬至 5 月上旬进雏，6 月中旬放养，10 月上旬产蛋，翌年 10 月上旬淘汰。

四、长日龄肉鸡全年周转放养模式(模式四)

南方气候温暖，饲草丰富，具有放优质肉鸡的优越条件。由于放养期间的营养获取较少，难以达到快速育肥的效果，饲养周期较长(120～150 d 以上)，因此，称作长日龄肉鸡放养模式。小鸡一月龄放牧，4～5 月龄出栏，全年周转，效益可观。

五、大棚蔬菜—放养鸡交替模式(模式五)

模式五是根据北方冬季大棚错季蔬菜生产特点，在非大棚种植期间，利用大棚和室外种草养鸡，鸡粪作为大棚肥料，种菜养鸡交替进行。此模式分为 4 种，即隔年模式、出栏一批鸡模式、两批鸡模式和三批鸡模式。

六、其他模式

如果采取人工强制换羽 1～2 次，生产周期更长，生产模式将更加复杂。各地可根据具体情况而定。

第三节　应用效果及体会

一、第二节前三种模式的应用及特点分析

(一)饲养效果

3 种模式在不同的养鸡场分别进行了生产试验，具体情况见表 9-1。

表 9-1　不同生产模式生产及效益统计表

模式	批次	雏鸡总数/只	育雏成活数/只	育雏成活率/%	育成鸡数量/只	育成率/%	投入/元				收入/元	效益/元	
							育雏	饲料	防疫	合计		总效益	只效益
模式一	4	3 000	2 824	94.13	2 598	92.01	3 150.00	9 188.44	1 500.00	13 838.44	32 475.00	18 636.56	6.21
模式二	2	2 400	2 213	92.20	3 793	90.08	4 080.00	65 666.88	2 400.00	72 146.88	125 267.11	53 120.23	22.13
模式三	1	2 000	1 870	93.50	1 684	90.03	2 900.00	81 067.70	2 500.00	86 467.70	155 084.02	68 616.32	34.31

注：1. 模式一，平均每只鸡出栏体重 1.25 kg，共出栏体重 4 330 kg，价格 10 元/kg。

2. 模式二，每只鸡产蛋数 118 枚，每 24 枚 1 kg，价格为 9.5 元/kg；每只鸡淘汰时体重 1.5 kg，价格 11 元/kg。

3. 模式三，每只鸡产蛋 180 枚，平均每 22.5 枚 1 kg，价格为 9.5 元/kg；每只 500 日龄淘汰时体重 1.5 kg，价格 12 元/kg。

4. 其他费用，如人工费、房舍费、水电费、土地使用费等，由于不同鸡场的情况不同，本表未计入。

由表9-1可以看出,3种模式的育雏成活率接近,以模式一最高,主要与育雏季节有关。育雏期死亡的主要原因并非疾病,多数是人为伤害或鼠害;育成期的成活率基本一致。近年放养柴鸡产品深受欢迎,一般小贩到农户收购鸡蛋,价格为9.5～10元/kg,而活鸡的价格,当年鸡的价格一般10元/kg,2年以上的鸡的价格为11～12元/kg。尽管如此,仍供不应求,每到节假日每千克价格可增长1～2元,故本试验的3种模式效益都很高。

(二)模式特点分析

1. 模式一

1年在同一地块的鸡场里出栏2批鸡。第一批在气候较温暖的4月上旬育雏。育雏结束后,遍地吐绿,作物生长,牧草旺盛,在整个放牧期全部利用牧草生长季节,少量补充饲料,以放牧为主,7月上旬后选择生长较快的公鸡先出栏,直至中旬全部出售。在第一批全部出栏1个月前,开始培育第二批雏鸡。第一批鸡出栏7 d后即6月中旬,第二批鸡放养,使两批鸡放养有一定的时间间隔。由于此时气温很高,育雏只需要少量的供暖,1个月左右便可放养。小鸡在整个生长期,牧草旺盛,可采食大量的自然饲料。而正值中秋节和国庆节两大节日期间,无论公鸡还是母鸡,全部出栏,可卖一个好的价钱。鸡全部出栏后,也正赶上农忙季节,即秋收秋种,这时可腾出时间用于农活。

2. 模式二

模式二主要考虑柴鸡在漫长的越冬期能量消耗较多,而产蛋率较低的现状,设计使牧草生长的季节与鸡产蛋期相吻合,使蛋鸡在放养期产蛋,充分利用优质的自然资源,生产优质鸡蛋,并使鸡蛋的出售赶上国庆节、中秋节和元旦等几个大的节日。在产蛋高峰过后,也就是元旦期间,停止饲养,全部作为肉鸡淘汰,获得较高的效益。但这一模式育雏期和育成期是在较寒冷的季节进行,需要的投入较多,也要求较高的技术支撑。在鸡全部淘汰的同时,又引进下一年度的鸡雏，形成1年1个生产循环。

3. 模式三

模式三借用了笼养蛋鸡500 d生产周期的模式，以充分挖掘柴鸡的产蛋潜力。其时间安排具有几个特点：

①育雏期安排在气候较温暖的5月份。

②放养期在整个牧草生长期——夏季和秋季。

③产蛋期正值供求矛盾突出的4大节日——中秋节、国庆节、元旦和春节。

④产蛋1周年后淘汰，也是在供求矛盾的中秋节和国庆节期间进行。

（三）生长速度与营养水平

本试验设计105 d×2模式，以利用牧草生长旺季生产2批肉鸡。生产中发现，鸡105 d是否能出栏，关键在于放养期的补料量和补料营养水平。按照本试验设计的营养水平和补料水平，基本可实现设计目标。但生产中发现很多养鸡场过分依赖自由采食自然饲料，补充的饲料过少，使小鸡处于饥饿或半饥饿状态，体重增长慢，一般到140 d以后方可出栏，有的甚至180 d还没有达到出栏体重。因此，应参考不同品种鸡的标准体重合理调控鸡的生长发育，确定适宜的营养水平和饲料补充量。

（四）开产日龄与营养水平

试验中发现，柴鸡的开产日龄差距很大，有的120 d见蛋，有的220 d还不开产，其主要原因在于育雏期和育成期的营养水平和补料量。本试验设计的营养水平和补料量，基本可实现120～130 d见蛋，150～160 d开产。

（五）模式的选择

3种模式，各具千秋。生产中如何确定，应根据当地情况选择。在以小柴鸡肉鸡销售较好，而鸡蛋销售不是主流的地方，可以模式一为主；而以生产鸡蛋为主的鸡场，可以模式二或模式三为主;特别是具有建筑完好的鸡场和鸡舍,应以模式三为佳。

二、长日龄肉鸡全年周转放养技术

据资料介绍,浙江嘉兴地区土地资源丰富,桑园、果园众多。近几年来,当地政府积极引导农户利用园地多的资源优势,开展园地放养长日龄肉鸡。园地肉鸡的饲养标准日龄为:母鸡大于 120 d,公鸡大于 130 d,阉鸡大于 150 d。由于饲养日龄长,肉鸡羽毛紧凑、毛色油亮、肉色鲜红、肌纤维结实、味道鲜美,深受消费者欢迎。目前,园地养鸡已成规模化,已成为当地农户一项主要收入来源。

(一)园地选择

园地要排水良好、通风向阳,树龄、藤龄二年以上为宜,要有搭建棚舍的地形条件,园地适当轮作草本类作物供鸡食用。

(二)品种选择

根据市场消费热点,选择"三黄"(羽黄、喙黄、胫黄)鸡,体型中等,但要符合宾馆饭店等客户的要求。

(三)平地育雏

1. 育雏准备

密度:1～7 日龄,30～35 只/m^2;8～14 日龄,25～30 只/m^2;15～28 日龄,20～25 只/m^2。育雏室消毒。将育雏室打扫干净,用福尔马林、高锰酸钾熏蒸消毒,按每立方米空间福尔马林 14 mL、高锰酸钾 7 g 计算好用量,先将福尔马林倒入陶瓷钵中(不能用金属容器),加入福尔马林一半量水,再倒入高锰酸钾,关闭门窗,24 h 后开窗换气;准备好饮水器、食槽、取暖用具和垫料。饮水器、食槽清洗后消毒,垫料要在阳光下暴晒 2 d。

2. 温度和湿度

0～1 周龄,31～32℃;2 周龄,27～29℃;2 周龄以后,每周下降 2℃,降到 20℃时逐渐脱温,随气候变化灵活掌握。温度计离地面 15～20 cm。室内湿度，10 日龄为 65%～70%，10 日龄以上为 60%～65%。

3. 光照

光照时间：3 日龄内保持 24 h/d，4 日龄后递减 2～3 h/d，直至自然光照。光照强度：30 m^2 育雏室 2 盏 40 W 为宜。

4. 开水开食

开水：出壳 12～24 h 内，放入育雏室 1～2 h 进行开水，用清洁饮用水，水中加 0.005%高锰酸钾促排胎粪，保证每只鸡喝到水。开食：开水 0.5～1 h 后开食，用开食小鸡料，将料弄湿后撒在桶(槽)内，保证每只鸡吃至半饱。

(四)园地放养

1. 转入园地

一般 1 月龄时，天气晴好，转入园地放养。

2. 园地放养

园地每 667 m^2 放养 80 只左右，每 2 000 m^2 左右为一单元，是否采用围网要视园地条件。放养棚舍面积以 6 只/m^2 左右建造。棚舍既要通风，又要御风雨，冬天防寒。

3. 公鸡阉割

当地有春节吃阉鸡的习俗。公鸡阉割日龄为 50～60 日龄；阉割后 5 d 内喂全价饲料，同时添喂 20%～30%粉碎玉米。

4. 饲喂

0～29 日龄用小鸡开食料、小鸡全价料，日喂 4～6 次；30～60 日龄，日喂 3～4 次，大鸡前期全价料，同时添喂 10%～40%谷、麦、糠麸类饲料，添加比例随日龄逐步增加；60 日龄以上，早晚各喂 1 次大鸡全价料，同时添喂 40%～90%谷麦、糠麸类饲料，比例随日龄增加。100 日龄后，全部喂谷、麦、玉米、糠麸类饲料。

5. 用药

用药遵循《无公害食品 肉鸡饲养兽药使用准则》(NY

5035—2001)。做好停药期,不得使用违禁药物。

6.肉鸡免疫程序

根据园地放养、饲养日龄长的特点,制订肉鸡免疫程序。

三、大棚蔬菜—放养鸡交替模式技术

(一)隔年模式

利用大棚作为鸡舍,4 月 20 日以后在棚外土地上种植籽粒苋、苜蓿等青饲料。6 月份,鸡在白天可出棚放养,采食青饲料,晚上回棚休息。棚内设常规网架设施,棚四周设防护网。饲养 1 年以后,翌年可种菜。这样既增加了棚内外的土壤肥力,又储备些有机肥料(鸡粪)。在冬季最冷的季节空棚 2 个月,进行消毒、灭菌。一年内可养 4 批鸡。

(二)养一批鸡后种菜模式

养一批鸡后种菜模式为秋冬春三季种菜,夏季养鸡。4 月下旬在棚外种上青饲料,6 月初至 8 月初养一批鸡,白天出棚放养,采食青饲料,晚上回棚休息。棚内设简易支架,棚四周设防护网。不养鸡时可随时拆除支架,既经济又方便。鸡出栏后,种植蔬菜,芹菜、黄瓜等可提前在冷棚内育苗,8 月中旬移栽到温室,不耽误蔬菜正常生产。

(三)养两批鸡后种菜模式

养两批鸡后种菜模式,5 月初至 9 月中旬饲养两批鸡,其他时间种菜。棚外提前种上青饲料供放养鸡采食。棚内设简易栖息架,四周设防护网。10 月初可种植芹菜、播种菠菜、小白菜、萝卜菜等叶菜类。芹菜可提前在冷棚内育苗,10 月份移栽到温室,不影响生长。

(四)养三批鸡后种菜模式

养三批鸡后种菜模式,3 月初进鸡,到 10 月份可以养三批鸡。4 月下旬在棚前种青饲料,6 月份鸡可出棚放养。棚内设常规网架设施，棚四周设计防护网。10 月中旬在棚内种绿叶菜类。

提问：

1. 何谓饲养模式？饲养模式设计的基本原则是什么？

2. 请参考本章饲养模式的设计，比较不同饲养模式的优缺点。

3. 根据本地区气候、资源和市场规律，设计适合本地区的饲养模式。

第十章 生态放养鸡绿色产品生产技术

导读

绿色食品产自优良环境，按照规定的技术规范生产，并使用专用标志的食用农产品及加工品，分为AA级和A级；生产技术操作规程符合环境质量标准、生产技术标准、产品质量标准、包装储运准则等要求。

随着我国人民生活水平的不断提高和农产品准入制度的实行，家禽生产标准化、清洁化问题凸显出来。一方面，人们为了身体健康，减少"病从口入"，崇尚绿色、自然食品，生产安全、优质、健康的禽肉、蛋乃大势所趋；另一方面，欧、美、日等组织和国家早就实行农产品市场准入制度，无公害农产品成了进入市场的最低门槛。在国内，北京、上海已在全国率先实行了食用农产品质量安全市场准入制度。生产无公害畜产品和减少畜牧业对环境的污染越来越引起世界各国的重视。解决畜禽产品的安全性和畜牧业生产对环境的污染问题已成为全球的共同呼声和重要课题。无公害食品是发达国家最低标准的食品，今后将向"绿色"食品方向发展，目前生产"绿色"畜禽产品已成为畜牧业可持续发展的最迫切问题。

第一节 概 念

"绿色食品"是指产自优良环境，按照规定的技术规范生产，实行全程质量控制，无污染、安全、优质并使用专用标志的食用农产品及加工品。之所以称为"绿色"，是因为自然资源和生态环境是食品生产的基本条件，由于与生命、资源、环境保护相关的事物国际上通常冠之以“绿色”，为了突出这类食品出自良好的生态环境，并能给人们带来旺盛的生命活力，因此将其定名为“绿色食品”。

发展绿色食品必须遵循可持续发展的原则。从保护、改善生态环境入手，以开发无污染食品为突破口，将保护环境、发展经济、增进人们健康紧密地结合起来，促成环境、资源、经济、社会发展的良性循环。

绿色食品规定的生产技术规范是指按照标准生产、加工和对产品实施全程质量控制以及依法对产品实行标志管理。

无污染、安全、优质、营养是绿色食品的特征。无污染是指在绿色食品生产、加工过程中，通过严密监测、控制，防止农药残留、放射性物质、重金属、有害细菌等对食品生产各个环节的污染，以确保绿色食品产品的洁净。绿色食品的优质特性不仅包括产品的外表包装水平高，而且还包括内在质量水准高；产品的内在质量又包括两方面：一是内在品质优良，二是营养价值和卫生安全指标高。

为了保证绿色食品产品无污染、安全、优质、营养的特性，开发绿色食品有一套较为完整的质量标准体系。绿色食品标准包括产地环境质量标准、生产技术标准、产品质量和卫生标准、包装标准、储藏和运输标准以及其他相关标准。它们构成了绿色食品完整的质量控制标准体系。

为了与一般的普通食品区别开，绿色食品由统一的标志来标识。绿色食品标志由特定的图形来表示。绿色食品标志图形由3部分构成：上方的太阳、下方的叶片和蓓蕾。标志图形为正圆形，意为保护、安全。整个图形描绘了明媚阳光照耀下的和谐生机，告诉人们绿色食品是出自纯净、良好生态环境的安全、无污染食品，能给人们带来蓬勃的生命力。绿色食品标志还提醒人们要保护环境和防止污染,通过改善人与环境的关系,创造自然界新的和谐。

绿色食品标志管理的手段包括技术手段和法律手段。技术手段是指按照绿色食品标准体系对绿色食品产地环境、生产过程及产品质量进行认证,只有符合绿色食品标准的企业和产品才能使用绿色食品标志商标。法律手段是指对使用绿色食品标志的企业和产品实行商标管理。绿色食品标志商标已由中国绿色食品发展中心在国家工商行政管理局注册,专用权受《中华人民共和国商标法》保护。

第二节　绿色食品标准

绿色食品分为AA级绿色食品和A级绿色食品。

AA级绿色食品(又称有机食品)指在生态环境质量符合规定标准的产地生产,生产过程中基本不使用化学合成物质,按特定的生产操作规程生产、加工,产品质量及包装经检测、检查符合特定标准,并经中国绿色食品发展中心认定,许可使用AA级绿色食品标志的产品。

A级绿色食品系指在生态环境质量符合规定标准的产地生产,生产过程允许限量使用限定的化学合成物质,按特定生产操作规程生产、加工,产品质量及包装经检测、检查符合特定标准,并许可使用中国绿色食品标志的产品。

A级绿色食品的认证标准如下:

①产品或产品原料产地必须符合绿色食品的生态环境标准,限制产品生产过程中使用化学肥料、农药和其他化学物质。

②农作物种植、畜禽饲养、水产养殖及食品加工必须符合绿色食品的生产操作规程。

③产品必须符合绿色食品质量和卫生标准。

④产品外包装必须符合国家食品标签通用标准，符合绿色食品特定的包装、装潢和标签规定。

绿色食品标准体系结构框架见图10-1。

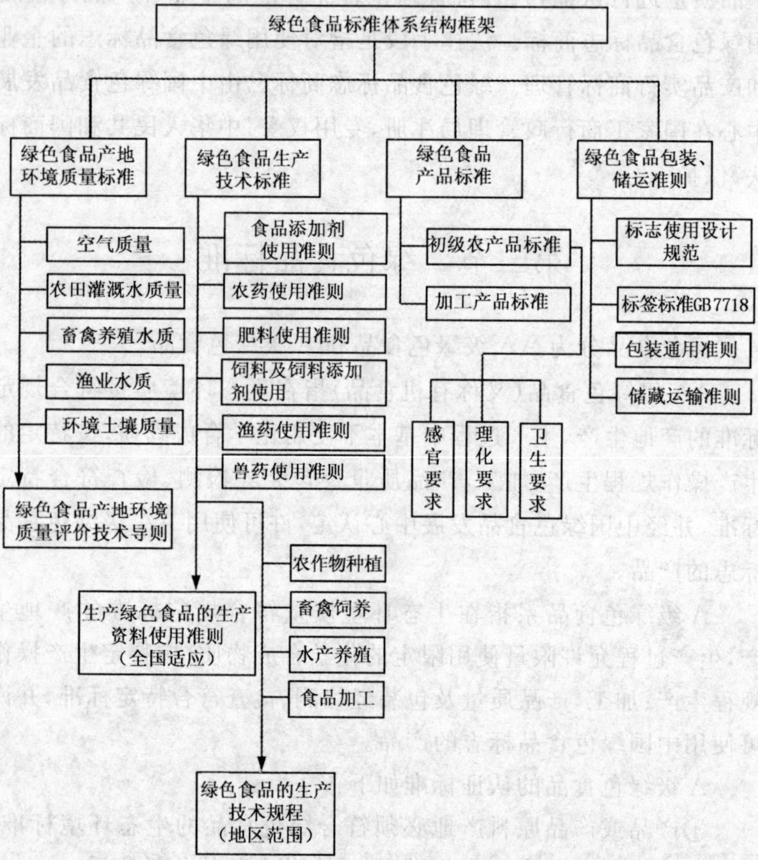

图10-1 绿色食品标准体系结构框架图

第三节　“A级绿色食品”禽及其产品质量标准

一、“A级绿色食品”禽肉质量标准

活禽应来自非疫病区、健康、无病。禽的饲养环境、饲料及饲料添加剂、兽药、饲养管理应分别符合《绿色食品产地环境技术条件》、《绿色食品饲料和饲料添加剂》、《绿色食品兽药使用准则》和《绿色食品动物卫生准则》的要求。

活禽应按《绿色食品动物卫生准则》的要求，经检疫、检验合格后，进行屠宰。从活禽放血至加工或分割产品到包装入冷库时间不得超过2 h。

感官要求应符合表10-1的规定。

表10-1　感官要求

项　目		鲜禽肉	冻禽肉(解冻后)
组织状态		肌肉有弹性，经指压后凹陷部位立即恢复原位	肌肉经指压后凹陷部位恢复慢，不能完全恢复原状
色泽		表皮和肌肉切面有光泽，具有禽种固有的色泽	
气味		具有禽种固有的气味，无异味	
煮沸后的肉汤		透明澄清，脂肪团聚于表面，具有固有香味	
淤血	淤血面积≥1 cm^2 时	不允许存在	
	淤血面积≤1 cm^2 时	不得超过抽样量的2%	
硬杆毛/(根/10 kg)		≤1	
肉眼可见异物		不得检出	

注：淤血面积以单一整禽或单一分割禽体的1片淤血面积计。

理化指标应符合表 10-2 的规定。

表 10-2 理化指标 %

项 目	指 标
水分	≤77
解冻失水率	≤8

卫生指标应符合表 10-3 的规定。

表 10-3 卫生指标 mg/kg

项 目	指 标
挥发性盐基氮/(mg/100 g)	≤15
汞(以 Hg 计)	≤0.05
铅(以 Pb 计)	≤0.5
砷(以 As 计)	≤0.5
镉(以 Cd 计)	≤0.1
氟(以 F 计)	≤2.0
铜(以 Cu 计)	≤10
铬(以 Cr 计)	≤1.0
六六六	≤0.1
滴滴涕	≤0.1
敌敌畏	≤0.05
四环素	≤0.1
金霉素	≤0.1
土霉素	≤0.1
己烯雌酚	≤0.001
二氯二甲吡啶酚	≤0.01
呋喃唑酮	≤0.01
磺胺类	≤0.1
二甲硝咪唑	≤0.005

微生物指标应符合表 10-4 的规定。

表 10-4　微生物指标

项　目	指 标
菌落总数/(cfu/g)	$\leqslant 5\times10^5$
大肠菌群/(MPN/100 g)	$<10^4$
沙门氏菌	不得检出
致泻大肠埃希氏菌	不得检出
单核细胞增生李斯特氏菌	不得检出

二、"A 级绿色食品"蛋与蛋制品质量标准

鸡蛋应来自非疫病区、健康、无病鸡群。鸡的饲养环境、饲料及饲料添加剂、兽药、饲养管理应分别符合《绿色食品产地环境技术条件》、《绿色食品饲料和饲料添加剂》、《绿色食品兽药使用准则》和《绿色食品动物卫生准则》的要求。

鲜蛋应按《绿色食品蛋与蛋制品》的要求，经检疫、检验合格后，进行包装。蛋制品按《绿色食品蛋与蛋制品》的要求，进行加工生产、包装。

感官要求应符合表 10-5 的规定。

表 10-5　感官指标

项 目	要　求
鲜蛋	蛋壳清洁完整，灯光透视时，整个蛋呈橘黄色至橙红色，蛋黄不见或略见阴影。打开后蛋黄凸起、完整、有韧性，蛋白澄清、透明、稀稠分明，无异味，破次率≤7%，劣蛋率≤1%
皮蛋(松花蛋)	外包泥或涂料均匀洁净，蛋壳完整，无霉变，敲摇时无水响，剖检时蛋体完整；蛋白呈青褐、棕褐或棕黄色，呈半透明状，有弹性，一般有松花花纹。蛋黄呈深浅不同的墨绿色或黄色，溏心或硬心。具有皮蛋应有的滋味和气味，无异味，破次率≤5%，劣蛋率≤1%

续表 10-5

项 目	要 求
咸蛋	包壳包泥(灰)等涂料洁净均匀，去泥后蛋壳完整，无霉斑，灯光透视时可见蛋黄阴影，剖检时蛋白液化、澄清，蛋黄呈橘红色或黄色环状凝胶体。具有咸蛋正常气味，无异味，破次率≤5%，劣蛋率≤1%
糟蛋	蛋形完整，蛋膜无破裂，蛋壳脱落或不脱落。蛋白呈乳白色、浅黄色，色泽均匀一致，呈糊状或凝固状。蛋黄完整，呈黄色或橘红色，呈半凝固状。具有糟蛋正常的醇香味，无异味
巴氏杀菌冰全蛋	坚洁均匀，呈黄色或淡黄色，具有冰禽全蛋的正常气味，无异味，无杂质
冰蛋黄	坚洁均匀，呈黄色，具有冰禽蛋黄的正常气味，无异味，无杂质
冰蛋白	坚洁均匀，白色或乳白色，具有冰禽蛋白正常的气味，无异味，无杂质
巴氏杀菌全蛋粉	呈粉末状或极易松散的块状，均匀淡黄色，具有禽全蛋粉的正常气味，无异味，无杂质
蛋黄粉	呈粉末状或极易松散块状，均匀黄色，具有禽蛋黄粉的正常气味，无异味，无杂质
蛋白片	呈晶片状，均匀浅黄色，具有禽蛋白片的正常气味，无异味，无杂质

理化指标应符合表 10-6 的规定。

表 10-6 理化指标 %

项目	水分	脂肪	游离脂肪酸	酸度	pH (1∶15 稀释)	食盐 (以 NaCl 计)
鲜蛋	—	—	—	—	—	—
皮蛋	—	—	—	—	≥9.5	—
咸蛋	—	—	—	—	—	2.0～5.0
糟蛋	—	—	—	—	—	—

续表 10-6

项目	水分	脂肪	游离脂肪酸	酸度	pH（1∶15 稀释）	食盐（以 NaCl 计）
巴氏杀菌冰全蛋	≤76	≥10	≤4	—	—	—
冰蛋黄	≤55	≥26	≤4	—	—	—
冰蛋白	≤88.5	—	—	—	—	—
巴氏杀菌全蛋粉	≤4.5	≥42	≤4.5	—	—	—
蛋黄粉	≤4.0	≥60	≤4.5	—	—	—
蛋白片	≤16	—	—	≤1.2	—	—

卫生指标应符合表 10-7 的规定，干制蛋制品应按鲜蛋折算。

表 10-7 卫生指标 mg/kg

项目	指标
汞（以 Hg 计）	≤0.03
铅（以 Pb 计）	≤0.1
砷（以 As 计）	≤0.5
镉（以 Cd 计）	≤0.05
氟（以 F 计）	≤1.0
铜（以 Cu 计）	≤5（皮蛋≤10）
锌（以 Zn 计）	≤20
铬（以 Cr 计）	≤1.0
六六六	≤0.05
滴滴涕	≤0.05
四环素	≤0.2
金霉素	≤0.2
土霉素	≤0.1
呋喃唑酮	≤0.01
磺胺类（以磺胺类总量计）	≤0.1

注：表中锌指标仅对皮蛋需要检测。

微生物指标应符合表 10-8 的规定。

表 10-8 微生物指标

项目	菌落总数/(cfu/g)	大肠菌群/(MPN/100 g)	沙门氏菌	志贺氏菌	金黄色葡萄球菌	溶血性链球菌
鲜蛋	$\leqslant 5\times10^{4}$	<100				
皮蛋	$\leqslant 500$	<30				
咸蛋	$\leqslant 500$	<100				
糟蛋	$\leqslant 100$	<30				
巴氏杀菌冰全蛋	$\leqslant 5\,000$	$<1\,000$				
冰蛋黄	$\leqslant 10^{6}$	$<1.1\times10^{6}$	不得检出	不得检出	不得检出	不得检出
冰蛋白	$\leqslant 10^{6}$	$<1.1\times10^{6}$				
巴氏杀菌全蛋粉	$\leqslant 1\times10^{4}$	<90				
蛋黄粉	$\leqslant 5\times10^{4}$	<40				
蛋白片	$\leqslant 5\times10^{4}$	<40				

第四节 “A 级绿色食品”鸡肉及鸡蛋的产地环境

鸡的外界环境内容十分广泛，概括起来可以分为自然环境和人为环境两大类。构成自然环境的物质种类很多，主要有空气、水、土壤、太阳辐射、动物、植物、微生物等。这些都是鸡赖以生存的物质基础。自然环境按其主要的组成要素可再分为大气环境、水环境、土壤地质环境、生态环境等。鸡的人为环境包括养鸡场建筑物与设备、饲养管理条件、选育方法、人的风俗习惯等。

绿色食品生产基地应选择在无污染和生态条件良好的地区。基地选点应远离工矿区和公路铁路干线，避开工业和城市污染源的影响，同时绿色食品生产基地应具有可持续的生产能力。

一、空气环境质量要求

绿色食品产地空气中各项污染物含量不应超过表10-9所列的浓度值。

表10-9　空气中各项污染物的浓度限值(标准状态)

项　目	日平均	1 h平均
总悬浮颗粒物(TSP)/(mg/m^3)	0.30	—
二氧化硫(SO_2)/(mg/m^3)	0.15	0.50
氮氧化物(NO_x)/(mg/m^3)	0.10	0.15
氟化物/(μg/m^3)	7	20
氟化物/[μg/(dm^2·d)]	1.8(挂片法)	

注:1.日平均指任何1 d的平均浓度。
2.1 h平均指任何1 h的平均浓度。
3.连续采样3 d,1 d 3次,晨、中和晚各1次。
4.氟化物采样可用动力采样滤膜法或用石灰滤纸挂片法,分别按各自规定的浓度限值执行,石灰滤纸挂片法挂置7 d。

二、农田灌溉水质要求

绿色食品产地农田灌溉水中各项污染物含量不应超过表10-10所列的限值。

表10-10　农田灌溉水中各项污染物的浓度限值

项目	限值
pH	5.5～8.5
总汞/(mg/L)	0.001
总镉/(mg/L)	0.005
总砷/(mg/L)	0.05
总铅/(mg/L)	0.1
六价铬/(mg/L)	0.1
氟化物/(mg/L)	2.0
粪大肠菌群/(个/L)	10 000

注:灌溉菜园用的地表水需测粪大肠菌群,其他情况下不测粪大肠菌群。

三、畜禽养殖用水要求

绿色食品产地畜禽养殖用水中各项污染物不应超过表 10-11 所列的标准值。

表 10-11 畜禽养殖用水各项污染物的限值

项目	标准值
色度/°	15,并不得呈现其他异色
混浊度/°	3
臭和味	不得有异臭、异色
肉眼可见物	不得含有
pH	6.5～8.5
氟化物/(mg/L)	1.0
氰化物/(mg/L)	0.05
总砷/(mg/L)	0.05
总汞/(mg/L)	0.001
总镉/(mg/L)	0.01
六价铬/(mg/L)	0.05
总铅/(mg/L)	0.05
细菌总数/(个/mL)	100
总大肠菌群/(个/L)	3

四、放养鸡场土壤环境质量要求

将土壤按耕作方式的不同分为旱田和水田两大类,每类又根据土壤 pH 值的高低分为 3 种情况,即 pH<6.5,pH=6.5～7.5,pH>7.5。绿色食品产地各种不同土壤中的各项污染物含量不应超过表 10-12 所列的限值。

表 10-12　土壤中各项污染物的含量限值　mg/kg

项目	旱田			水田		
	pH＜6.5	pH＝6.5～7.5	pH＞7.5	pH＜6.5	pH＝6.5～7.5	pH＞7.5
镉	0.30	0.30	0.40	0.30	0.30	0.40
汞	0.25	0.30	0.35	0.30	0.40	0.40
砷	25	20	20	20	20	15
铅	50	50	50	50	50	50
铬	120	120	120	120	120	120
铜	50	60	60	50	60	60

注：1. 果园土壤中的铜限量为旱田中的铜限量的 1 倍。
2. 水旱轮作的标准值取严不取宽。

第五节　绿色饲料的生产技术

畜禽饲料必须来源于绿色作物生产基地。饲料生产中普遍存在其原料来源广而杂、原料的污染和农药残留难以控制的问题。绿色食品的生产要求饲料必须有固定的原料产地，而产地必须是绿色作物生产基地。

养鸡业的成本 75％来自于饲料。饲料质量的好坏直接影响到养鸡水平的高低，影响最终产品的质量。是否可以作为绿色食品，首要的也是最关键的问题是饲料是否优质，是否符合环保的要求，组成饲料的原料是否来源于绿色作物生产基地，也就是说，只有符合以上几个要求，才可以作为生产绿色饲料的原料。具体来说，组成绿色饲料的原料必须是无污染、无农药残留、不含有任何激素及抗生素残留，加工过程中尽量不额外添加抗生素，杜绝使用激素。这是生产绿色饲料的前提。

绿色作物生产基地是指在生态环境质量符合规定标准的产地，可以限量使用限定的化学合成物，其中包括化肥和农药。生产绿色饲料所使用的肥料必须满足作物对营养元素的需要，使足够数量的有机物质返回土壤，以保持或增加土壤肥力及土壤的生物活性。所有有机或无机（矿质）肥料，尤其是富含氮的肥料应对环境和作物（营养、味道、品质和植物抗性）不产生不良后果方可使用。生产绿色饲料要利用覆盖、翻压、堆沤等方式合理利用绿肥；腐熟的沼气液残渣及人畜粪尿可用作追肥；严禁施用未腐熟的人粪尿；严禁施用未腐熟的饼肥；叶面肥质量应符合相应国家标准技术要求；微生物肥料可用于拌种做基肥和追肥，有效活菌的数量应符合技术指标；农家肥无论采用何种原料制作堆肥，必须高温发酵，以杀灭各种寄生虫卵和病原菌、杂草种子，达到无害化卫生标准；农家肥原则上就地生产就地使用，外来农家肥料应确认符合要求后才能使用；商品肥料及新型肥料必须通过国家有关部门的登记认证及生产许可，质量指标应达到要求 A 级绿色饲料生产过程，允许限量地使用部分化学合成肥料（禁止使用硝态氮肥），以对环境和作物（营养、味道、品质和植物抗性）不产生不良后果方可使用；允许化肥与有机肥或复合微生物配合施用，有机氮与无机氮之比不超过 1∶1，最后一次追肥必须在收获前 30 d 进行；城市生活垃圾要经过无害化处理，质量达到一定的技术要求才能使用，允许用少量氮素化肥调节碳氮比和秸秆还田。

绿色作物生产应从作物—病虫—草等整个生态系统出发，综合运用各种防治措施，创造不利于病虫、草害滋生和有利于各类天敌繁衍的环境条件，保持农业生态系统的平衡和生物多样化，减少各类病虫、草害所造成的损失。优先采用农业措施，通过选用抗病抗虫品种、非化学药剂种子处理、培育壮苗、加强栽培管理、中耕除草、秋季深翻晒土、清洁田园、轮作倒茬、间作套种等一系列措施起到防治病虫、草害的作用；还应尽量利用灯光、色彩诱杀害虫和机械捕捉害虫以及机械和人工除草等措施，防治病虫、草害。特殊情况下，必须使用农药时，应遵守以下准则：A 级绿色食品生产资料农药类产品不能满足植保工作需要的情况下允许使用的农药及方法，即中等毒性以下植物源农药、动物源农药和微生物源农药，在矿物源农药中允许使用硫制剂、铜制剂，有限度地使用部分有机合成农药，严禁使用“致癌、致畸、致突变”药物。

第六节 “绿色食品”鸡蛋、肉的生产技术

绿色食品生产者应按《绿色食品饲料及饲料添加剂使用原则》供给动物充足的营养，生产条件符合《绿色食品生产卫生条件》，提供良好的饲养环境，按《绿色食品鸡的操作规程》加强饲养管理，采取各种措施以减少应激，增强动物自身的抗病力。应严格按《中华人民共和国动物防疫法》的规定防止畜禽发病和死亡，力争不用或少用药物。畜禽疾病以预防为主，建立严格的生物安全体系；必要时，进行预防、治疗和诊断疾病所用的兽药必须符合《中华人民共和国兽药典》、《兽药质量标准》、《兽用生物制品质量标准》和《进口兽药质量标准》的规定，所用兽药必须来自具有生产许可证的生产企业，并且具有企业、行业或国家标准及产品批准文号，或者具有《进口兽药登记许可证》，符合《绿色食品兽药使用准则》，所用兽药的标签必须遵守兽药标签和使用说明书管理规定。使用兽药时还应遵循以下原则：

①优先使用绿色食品生产资料的兽药产品。

②允许使用消毒防腐剂对饲养环境、厩舍和器具进行消毒，但不准对动物直接施用。不能使用酚类消毒剂。

③允许使用疫苗预防动物疾病。但是活疫苗应无外源病原污染；灭活疫苗的佐剂未被动物完全吸收前，该动物产品不能作为绿色食品。

④允许使用：钙、磷、硒、钾等补充药，酸碱平衡药，体液补充药，电解质补充药，营养药，血容量补充药，抗贫血药，维生素类药，吸附药，泻药，润滑剂，酸化剂，局部止血药，收敛药和助消化药。

⑤允许使用表 10-13 中的抗寄生虫药和抗菌药。使用该类药，应注意严格遵守规定的作用与用途、使用对象、使用途径、使用剂量、疗程和注意事项，停药期必须遵守表 10-13 中规定的时间。

⑥建立并保持患病动物的治疗记录，包括患病家畜的畜号或其他标志、发病时间及症状、治疗用药的经过、治疗时间、疗程、所用药物的商品名称及主要成分。

⑦禁止使用有致畸、致癌、致突变作用的兽药。

⑧禁止在饲料中添加兽药。

⑨禁止使用激素类药品。

⑩禁止使用安眠镇静药、中枢兴奋药、镇痛药、解热镇痛药、麻醉药、肌肉松弛药、化学保定药、巴比妥类药等用于调节神节神经系统机能的兽药。

⑪禁止使用基因工程兽药。

表 10-13 生产 A 级绿色食品允许使用的抗寄生虫和抗菌化学药品和抗生素

类别	药名	剂型	途径	剂量	停药期
抗寄生虫药	地克珠利	溶液	饮水	0.5～1 mg/L	5 d
抗菌药	红霉素	粉剂	饮水	125 mg/L	5 d，产蛋禁用
抗菌药	林可霉素	片剂	口服	10 mg/kg	5 d，产蛋禁用
抗菌药	新霉素	可溶粉	饮水	59～75 mg/L	5 d，产蛋禁用
抗菌药	大观霉素	可溶粉	饮水	1 g/L	5 d，产蛋禁用
抗菌药	泰乐菌素	可溶粉	饮水	500 mg/L	1 d，产蛋禁用
		酒石酸	皮下	5～13 mg/kg	14 d

第七节 鸡场废弃物的处理与利用

随着规模化生态放养鸡的发展，鸡场废弃物的数量也急剧增加，主要有鸡粪及鸡场污水、鸡的尸体、废弃的垫料等。以上这些废弃物未经处理或处理不当，最易对环境造成污染。但如果经无害化处理并加以合理利用，则可变为宝贵的资源。因此，随着我国规模化生态放养鸡生产的不断发展，鸡粪等废弃物的处理和利用已成为亟待解决的问题。

一、鸡粪的加工处理

鸡粪加工处理的基本要求：

①鸡粪产品应当是便于贮存和运输的商品化产品，应当经过干燥处理。

②必须杀虫灭菌，符合卫生标准，而且没有难闻的气味。

③应当尽可能保存鸡粪的营养价值。

④在鸡粪加工处理过程中不能造成二次污染。

(一)直接干燥法

我国采用的直接干燥法多为高温快速干燥。其中中国农业工程研究设计院研制的JH系列鸡粪快速烘干成套设备和华南农业大学等研制的JFGJ-1鸡粪干燥加工生产线的主机形式为内带破碎装置的回转圆筒，四川省农业机械研究院研制的9ZS系列鸡粪再生饲料烘干成套设备的主机形式为搅拌干燥机。

成套设备的主机是内带破碎装置的回转圆筒干燥器——滚筒破碎烘干机。

鲜鸡粪经定量喂料器、提升机、进料螺旋，进入滚筒破碎烘干机。在引风机的作用下，燃烧炉产生的高温烟气介质呈负压状态经进风管进入烘干机。烘干机滚筒转动时，内壁上的抄板将物料不断抄起到一定高度再撒落，物料下落过程中被高速旋转的破碎装置打碎，与烘干介质充分接触迅速蒸发水分；干燥鸡粪颗粒由排料螺旋排出，并经除杂筛、冷却输送器，由计量包装机包装成袋。烘干尾气经除尘器初步净化，分离出的粉尘经关风器排出，可再混入湿鸡粪；初步净化的尾气经余热水箱降温(同时可为工人提供洗浴热水),再经吸附槽和两级水浴塔的洗涤、氧化作用,去除粉尘和臭气,达到排放标准。

将燃烧炉调整到700℃左右的稳定温度,视鸡粪含水量情况,通过调整定量喂料器转速(无级调速)调整进料量,可使出料水分稳定在13%左右(或所需要的含水量)。

(二)发酵干燥法

以上海市农机研究所研制的PJF-86鸡粪槽式发酵干燥处理成套设备和湖北德隆生化有限公司研制的箱式多层固体发酵装置为代表。

其工作原理是:利用微生物在有氧条件下生长和繁殖,对鸡粪中的有机和无机物质进行降解和转化,产生热能,进行发酵,使鸡粪容易被动植物吸收和利用。由于发酵过程中产生大量热能,使鸡粪升温到60～70℃或以上,再加上太阳能的作用,可使鸡粪中的水分迅速蒸发,并杀死虫卵病菌,除去臭味,达到既发酵又干燥的目的。

湖北德隆生化有限公司研制的箱式多层固体发酵装置的工作过程如下:将鸡粪、粉碎的秸秆、草炭及混合微生物培养物搅拌均匀,从上部装入发酵装置,在常压、床温15～65℃下自然发酵,并依靠发酵产生的热量使上述鸡粪混合物去除部分水分。翻板一般每天倾翻1次,物料由上一层落入下一层。物料在发酵装置中发酵5～7 d,从装置底部排出。冬天温度低时,需要从发酵装置下部通入适量热风。这种发酵物与无机氮、磷、钾等肥料混合,经粉碎、过筛、挤压造粒、烘干、冷却,生成有机脱臭熟化肥料。如再将此熟化肥料与多种微生物菌制成的混合菌合装,即可制成多效有机生物肥料。使用时将熟化肥料与混合菌搅拌均匀。

这是20世纪90年代开始出现的鸡粪处理方法,能耗低,对环境的二次污染小。

(三)组合干燥法

目前国内运用较多的是太阳能大棚槽式发酵干燥和高温快速干燥组合。此法既利用了前者能耗低的优点，又利用了后者不受气候条件影响，产品质量高、商品化性能好的优点，而且两者的结合还可使高温快速烘干设备的尾气净化(除尘和除臭)，余热得到进一步的利用。

实施办法是：在发酵干燥槽的下部设置一个烟道，烘干尾气通入这个烟道，尾气余热加热槽底，并将热量传给物料，促进其发酵干燥。烟道前部截面积很大，烟气流速很慢，降尘效果显著。烟道后部装入可更换的吸附材料，可除去烘干机尾气的臭味。中国农业工程研究设计院的实践证明，这种组合干燥法比高温快速干燥节煤25%左右。

(四)沼气发酵法

我国养鸡场的沼气厌氧发酵工程一般由固液分离、厌氧消化、沼气输配和沼液利用四部分组成。将鸡粪及垫料和植物秸秆按一定比例放入发酵池。在沼气生产过程中，因厌气发酵可杀灭病原微生物和寄生虫。沼气作为新能源，发酵后的沼渣又是很好的肥料。因此，这是综合利用畜产废弃物和防止污染环境以及开发新能源的有效措施。

二、死鸡的处理

在养鸡生产过程中，由于各种原因鸡死亡的情况时有发生。这些死鸡若不加处理或处理不当，尸体能很快分解腐败，散发臭气。特别应该注意的是患传染病死亡的鸡，其病原微生物会污染大气、水源和土壤，造成疾病的传播与蔓延。

(一)高温处理法

对畜禽尸体常用专门的焚烧炉加以焚烧。

(二)土埋法

土埋法是利用土壤的自净作用使死鸡无害化。此法虽简单但并不理想，因其无害化过程很缓慢，某些病原微生物能长期生存，条件掌握不好就会污染土壤和地下水，造成二次污染，因此对土质的要求是决不能选用沙质土(有些国家规定死鸡不能直接埋入土壤)。采用土埋法，必须遵守卫生防疫要求，即尸坑应远离鸡场、鸡舍、居民点和水源；掩埋深度不小于 2 m；死鸡四周应撒上消毒药剂。

第八节　绿色食品认证

一、绿色食品认证申请人资格

按照《绿色食品标志管理办法》第五条中规定："凡具有绿色食品生产条件的单位和个人均可作为绿色食品标志使用权的申请人"。为了进一步规范管理，对标志申请人条件具体做了如下规定：

①申请人必须能控制产品生产过程，落实绿色食品生产操作规程，确保产品质量符合绿色食品标准要求。

②申报企业要具有一定规模，能承担绿色食品标志使用费。

③乡、镇以下从事生产管理、服务的企业作为申请人，必须要有生产基地，并直接组织生产；乡、镇以上的经营、服务企业必须要有隶属于本企业和稳定的生产基地。

④申报加工产品企业的生产经营须 1 年以上。

二、绿色食品认证程序

(一)认证申请

申请人向中国绿色食品发展中心(以下简称中心)及其所在省

（自治区、直辖市）绿色食品办公室、绿色食品发展中心（以下简称省绿办）领取《绿色食品标志使用申请书》、《企业及生产情况调查表》及有关资料，或从中心网站（网址：www. greenfood. org. cn）下载。申请人填写并向所在省绿办递交《绿色食品标志使用申请书》、《企业及生产情况调查表》及以下材料：保证执行绿色食品标准和规范的声明；生产操作规程（种植规程、养殖规程、加工规程）；公司对“基地＋农户”的质量控制体系（包括合同、基地图、基地和农户清单、管理制度）；产品执行标准；产品注册商标文本（复印件）；企业营业执照（复印件）；企业质量管理手册；要求提供的其他材料（通过体系认证的，附证书复印件）。

（二）受理及文审

省绿办收到上述申请材料后，进行登记、编号，5 个工作日内完成对申请认证材料的审查工作，并向申请人发出《文审意见通知单》，同时抄送中心认证处。申请认证材料不齐全的，要求申请人收到《文审意见通知单》后 10 个工作日内提交补充材料。申请认证材料不合格的，通知申请人本生长周期不再受理其申请。

（三）现场检查、产品抽样

省绿办应在《文审意见通知单》中明确现场检查计划，并在计划得到申请人确认后委派 2 名或 2 名以上检查员进行现场检查。检查员根据《绿色食品检查员工作手册》（试行）和《绿色食品产地环境质量现状调查技术规范》（试行）中规定的有关项目进行逐项检查。每位检查员单独填写现场检查表和检查意见。现场检查和环境质量现状调查工作在 5 个工作日内完成，完成后 5 个工作日内向省绿办递交现场检查评估报告和环境质量现状调查报告及有关调查资料。

现场检查合格，可以安排产品抽样。凡申请人提供了 1 年内绿色食品定点产品监测机构出具的产品质量检测报告，并经检查员确认，符合绿色食品产品检测项目和质量要求的，免产品抽样检测。现场检查合格，需要抽样检测的产品安排产品抽样：

①当时可以抽到适抽产品的，检查员依据《绿色食品产品抽样技术规范》进行产品抽样，并填写《绿色食品产品抽样单》，同时将抽样单抄送中心认证处。特殊产品（如动物性产品等）另行规定。

②当时无适抽产品的，检查员与申请人当场确定抽样计划，同时将抽样计划抄送中心认证处。

③申请人将样品、产品执行标准、《绿色食品产品抽样单》和检测费寄送绿色食品定点产品监测机构。

现场检查不合格，不安排产品抽样。

（四）环境监测

绿色食品产地环境质量现状调查由检查员在现场检查时同步完成。经调查确认，产地环境质量符合《绿色食品产地环境质量现状调查技术规范》规定的免测条件，免做环境监测。根据《绿色食品产地环境质量现状调查技术规范》的有关规定，经调查确认，必须进行环境监测的，省绿办自收到调查报告 2 个工作日内以书面形式通知绿色食品定点环境监测机构进行环境监测，同时将通知单抄送中心认证处。定点环境监测机构收到通知单后，40 个工作日内出具环境监测报告，连同填写的《绿色食品环境监测情况表》，直接报送中心认证处，同时抄送省绿办。

（五）产品检测

绿色食品定点产品监测机构自收到样品、产品执行标准、《绿色食品产品抽样单》、检测费后，20 个工作日内完成检测工作，出具产品检测报告，连同填写的《绿色食品产品检测情况表》，报送中心认证处，同时抄送省绿办。

（六）认证审核

省绿办收到检查员现场检查评估报告和环境质量现状调查报告后，3 个工作日内签署审查意见，并将认证申请材料、检查员现场检查评估报告、环境质量现状调查报告及《省绿办绿色食品认证情况表》等材料报送中心认证处。中心认证处收到省绿办报送材料、环境监测报告、产品检测报告及申请人直接寄送的《申请绿色食品认证基本情况调查表》后，进行登记、编号，在确认收到最后一份材料后2个工作日内下发受理通知书，书面通知申请人，并抄送省绿办。中心认证处组织审查人员及有关专家对上述材料进行审核，20个工作日内做出审核结论。

审核结论为“有疑问，需现场检查”的，中心认证处在2个工作日内完成现场检查计划，书面通知申请人，并抄送省绿办；得到申请人确认后，5个工作日内派检查员再次进行现场检查。

审核结论为“材料不完整或需要补充说明”的，中心认证处向申请人发送《绿色食品认证审核通知单》，同时抄送省绿办。申请人需在20个工作日内将补充材料报送中心认证处，并抄送省绿办。

审核结论为“合格”或“不合格”的，中心认证处将认证材料、认证审核意见报送绿色食品评审委员会。

(七)认证评审

绿色食品评审委员会自收到认证材料、认证处审核意见后10个工作日内进行全面评审，并做出认证终审结论。认证终审结论分为两种情况：

①认证合格。

②认证不合格。

结论为“认证不合格”，评审委员会秘书处在做出终审结论2个工作日内，将《认证结论通知单》发送申请人，并抄送省绿办。本生产周期不再受理其申请。

(八)颁证

中心在5个工作日内将办证的有关文件寄送“认证合格”申请人，并抄送省绿办。申请人在60个工作日内与中心签订《绿色食品标志商标使用许可合同》。中心主任签发证书。

提问：

1.绿色食品的概念是什么?

2.绿色食品生产有哪些标准?实行全程质量控制涵盖哪些方面?

3.鸡场粪污处理有哪些技术?

4.绿色食品认证程序有哪些?

第十一章　放养鸡产品品质鉴定和屠宰加工

导读

本章介绍了放养鸡的活体、屠体质量标准、分级和鸡蛋品质鉴定标准，放养鸡活鸡运输、屠宰、胴体分割、产品包装储藏以及放养鸡鸡蛋和鸡肉独特风味加工技术。

放养鸡产品含有丰富的营养，要进入市场获得更高的附加值，还要有规范化品质鉴定标准、严格的加工条件和保存条件，保证产品符合食品卫生标准。

第一节　放养鸡的品质鉴定和分级

一、放养活鸡的质量标准和分级

放养鸡活鸡上市必须健康无病，符合《家畜家禽防疫条例》，同时又必须符合市场对放养鸡质量的需求。

(一)检验方法

对于成群的活鸡，首先进行大群观察，后采用看、触、听、嗅等方法进行检验。

1. 大群观察

全面观察鸡群的精神状况，看有无缩颈、垂翅、羽毛蓬乱和独立、闭眼等情况，鸡冠的颜色有无发紫发黑、呼吸是否有困难或是否有不正常的叫声。

2.逐只检查

坚持“看、摸、压、倒、查、听”。看:看头、口、鼻、眼和鸡冠有无异常;拨开胸腹部绒毛,看皮肤有无创伤、发红、硬块。摸:摸嗉囊有无积食,摸胸骨两端,看胸肌的肥瘦程度。挤:挤压嗉囊有无气体或积水。倒:倒提鸡看有无液体流出。查:查肛门周围绒毛有无绿白色稀粪或石灰样粪便附着;肛门色泽是否正常。听:将鸡提到耳边,轻拍鸡体,听有无异常的呼吸音。

通过以上的检查,将发现的病鸡和可疑病鸡剔除或处理。

(二)质量标准及分级

健康的鸡外观表现为:鸡冠和肉髯色泽鲜红,质地柔软,眼睛圆大而有神,眼球灵活、明亮,喙紧闭、干燥,嗉囊无气体,肛门附近绒毛洁净、干燥,肛门湿润微红,胸肌丰满有弹性,脚腱有力,体温正常,活泼好动,勤于觅食,粪便软硬适度。

内销规格等级大致分为:一级鸡,胸肌十分丰满,背部平宽,腹部脂肪厚实,翅下肋骨附近肌肉突起;二级鸡,胸肌丰满,背部及尾部肌肉发达,腹部脂肪较厚;三级鸡,胸骨稍摸出,背部比较丰满,稍有脂肪。

二、放养鸡屠体的质量标准和分级

(一)检验方法

经屠宰加工后,鸡屠体在上市销售或加工前也必须经过质量检验,以防病鸡肉和变质肉流入市场。

1. 肉眼观察

观察肉体和内脏有无异常,如皮肤、肌肉、脂肪、骨骼和各种器官的色泽、形状、光洁程度等。

2. 手指触摸

用手指触摸肌肉与内脏,检查硬度、弹性及有无结节等情况。

3. 嗅觉检验

用嗅觉嗅检肉质有无腐败变味或药物气味。嗅检时，可取小块鸡肉，放在装有清水的烧杯或试管中加盖煮沸后揭开，嗅其气味，判别肉质有无腐败变味；也可用削尖的木针从翅下插入胸膛，而后拔出嗅味，进行判别。

4. 检验的程序和内容

先检查鸡体新鲜度，再观察鸡体表面的完整度和清洁度，判定屠宰加工过程是否符合卫生操作要求；最后检查体腔内有无肿瘤、寄生虫、传染病变的存在。对半净膛鸡的体腔可用扩张器撑开泄殖腔，以手电筒照射，看有无血块、粪便、断肠和破碎胆囊等物，并观察脏器和胸膛腹壁的色泽有无异常。

凡检出的变质有病屠体，均应按规定剔出处理，不能作食用出售。

我国食品卫生标准中规定了鲜鸡肉的感官指标（表 11-1）和理化指标（表 11-2 ）。

表 11-1　鲜冻鸡胴体品质的感官指标

项 目	一级鲜度	二级鲜度
眼球	眼球饱满平坦	眼球皱缩凹陷，晶状体较混浊
色泽和皮肤	皮肤有光泽，因品种不同呈淡黄、浅红、灰白等色，肌肉切面有光泽，皮肤无淤血、无血斑、无残毛	皮肤色泽转暗，肌肉切面有光泽，皮肤有少许残毛、外伤
黏度	外表微湿润、不黏手	外表干燥或黏手，新切面湿润
组织状态	肌肉丰满，结构紧密，指压后的凹陷立即恢复。脂肪覆盖良好，鸡体洁净无碰伤、骨折	肌肉欠丰、发软，指压后的凹陷恢复缓慢。脂肪覆盖不好，鸡体有刀伤、污物、骨折
气味	具有鸡肉正常的气味	无其他异味，唯腹腔内有轻度不快味
煮沸后肉汤	透明、澄清、脂肪团聚于表面，具特有香味	稍有混浊、油珠呈小滴浮于表面，香味差或无香味

表 11-2　鲜冻鸡胴体品质的理化指标

项　　目	一级鲜度	二级鲜度
挥发性盐基氮/(mg/100 g)	≤15	≤25
汞(以 Hg 计)/(mg/kg)	≤0.05	≤0.05
六六六/(mg/kg)	≤0.5	≤0.5
滴滴涕/(mg/kg)	≤0.5	≤0.5

(二)质量标准和分级

1. 质量标准

屠体要求皮肤整洁,无羽毛和血管毛,无擦伤、破皮、污点和溢血。通常是把肥度和重量相结合以肥度为主规定屠体的规格和等级。

2. 分级

(1)一级

肌肉发育良好,胸骨尖不显著,胸角大于 60°,体表皮下脂肪层均匀适度,尾部肥满。

(2)二级

肌肉发育完整,胸骨尖稍突出,胸角大于 50°,体表皮下有脂肪层。

(3)三级

肌肉不很发达,胸骨尖突出,胸角大于 50°,尾部有脂肪层。

若以半净膛屠体重量划分,不同品种有不同的要求:一级 1.1 kg,二级 0.6～1.1 kg,三级 0.6 kg 以下。

3. 我国出口冻肉鸡的规格和分级标准

我国目前出口半净膛冻肉鸡规格为:去毛、头、爪、肠,留肺、肾,带翅,另将心、肝、肌胃及颈洗净,用塑料薄膜包裹后放入腹腔内。

分级标准如下:

①特级:每只鸡净重不低于 1 200 g。

②大级:每只鸡净重不低于 1 000 g。

③中级：每只鸡净重不低于 800 g。

④小级：每只鸡净重不低于 600 g。

⑤小小级：每只鸡净重不低于 400 g。

(三)影响放养鸡鸡肉品质的因素

1. 饲料、鸡的品种、年龄及加工方法

饲料中含有油饼和鱼粉，鸡肉会有不良气味。我国放养鸡品种鸡肉比引进品种鸡肉风味好，国内的土鸡品种之间，肉的风味也有一定的差别。年龄不同，风味也有区别，一般成年鸡肉的风味较雏鸡肉浓。加工时的开膛、冷却、冷冻、冷藏、包装、加热、脱水和辐照等也影响肉的风味。不科学的加工过程也会影响鸡肉的风味。

2. 纯洁度

许多化学药品不论是口服或在饲料中添加或外用，都可能在鸡肉中残留，因此，最好少用化学药品，特别是出场前 1 周最好不用。宰前要着重检查沙门氏杆菌病、传染性滑膜炎、鸡新城疫病毒等，防止传染给人。剔出病鸡屠体。鸡肉加工和贮藏，应通过各种微生物学检验，确定产品的卫生状况及新鲜度，排除病原物。

3. 嫩度

一般生长期短的鸡嫩度高于成年鸡或老鸡，肌肉组织结构中结缔组织含量高的鸡嫩度低。嫩度好的鸡肉多汁性也好，受消费者欢迎。

三、放养鸡鸡蛋品质鉴定

放养鸡鸡蛋蛋黄色泽橙黄、浓香、爽口、质地疏松、弹性好，味香适口，并且营养丰富。

国内外均未见技术质量监督部门颁布的放养鸡鸡蛋标准。相关标准有 SB/T 10277《鲜鸡蛋》，规定了鲜鸡蛋的感官指标、蛋重指标和卫生指标；GB 2748《蛋卫生标准》中规定了感官指标，理化指标中仅有汞指标 1 项；《无公害食品鸡蛋》(NY 5039—2001)，理化指标中仅含重金属及农药。

我们于2004年起草了《柴鸡蛋》地方标准，通过审定后已由河北省技术质量监督局颁布。《柴鸡蛋》标准中规定了感官指标、蛋重指标和卫生指标，同时规定了柴鸡蛋的蛋黄色泽、蛋黄水分含量、蛋黄/蛋重、蛋黄脂肪含量、蛋黄磷脂质含量等指标。由于放养鸡的环境条件和柴鸡相似，可以参考《柴鸡蛋》标准的相应指标进行放养鸡鸡蛋品质的鉴定。

(一)感官指标

感官指标应符合表11-3的规定。

表11-3 柴鸡鸡蛋的感官要求

项目	指标
外观	蛋壳清洁完整
蛋内品质	灯光透视：整个蛋呈橘黄色至橙红色，蛋黄不见或略见阴影 色泽、质地：打开后蛋黄凸起、完整、有韧性，蛋白澄清、透明、黏稠
气味	无异味

(二)理化指标

理化指标应符合表11-4的规定

表11-4 理化指标要求 %

项目	指标
蛋重/(g/枚)	≤54
蛋黄色泽(色泽指数)	≥9
蛋黄鲜重/鲜蛋重	≥30
蛋黄中水分	≤48
蛋黄脂肪/鲜蛋重	≥10
蛋黄磷脂质	≥15
汞(以Hg计)/(mg/kg)	≤0.03
铅(以Pb计)/(mg/kg)	≤0.1
砷(以As计)/(mg/kg)	≤0.5

(三)微生物指标

微生物指标应符合表11-5的规定。

表11-5 微生物指标要求

项 目	指 标
菌落总数/(℃uf/g)	$\leqslant 1\times 10^5$
大肠杆菌/(MPN/100 g)	$\leqslant 1\times 10^4$
致病菌(系指沙门氏菌)	≤不得检出

第二节 放养鸡的屠宰与加工

一、活鸡的运输

鸡只必须来自非疫区的健康鸡群,并按兽医卫生检验要求进行宰前检查,检验合格后方可进入屠宰场地。在宰前检查中,如疑似病鸡或异常鸡,则严禁屠宰,以防宰后屠体交叉感染而影响肉的品质。运鸡的笼具和车辆必须进行清洗、消毒;笼底应垫有薄片,以防擦伤鸡胸部皮肤,影响屠体等级;装笼时要注意做健康检查,及时发现和剔除病鸡。

二、宰前准备

宰前应充分供水,断食18~24 h,并给予12~24 h的适当休息时间。

三、屠宰

(一)机械化屠宰加工过程

从活鸡到包装冷冻的机械屠宰加工全过程一般需要0.5 h左右,主要工艺流程是:肉鸡的验收—断食休息—送宰—挂鸡—宰杀—放血—浸烫—脱毛—拔细毛—剪肛门—拉肠—去头和割爪—屠体分割—分级—包装冷冻。

1. 挂鸡

挂鸡是防止胴体污染的第一步。由于鸡只在屠宰开始时会剧烈拍翅,空气中漂浮着许多来自羽毛的尘埃和微生物,因而挂鸡处必须与屠宰车间分开。挂鸡时应轻抓轻挂,防止机械损伤,双脚同时挂在挂钩上。

2. 放血

屠体放血要充分,有利于保证屠体质量和长时间保存,一般放血时间为 3～5 min,然后进行浸烫。如果放血不充分则胴体发暗,影响外观而降低等级。

3. 浸烫脱毛

浸烫的水温应为 60～65℃,浸烫时间一般为 30～50 s。如果水温高,有助于快速杀死大肠杆菌,但容易使胸肉烫熟、皮肤变色或脱落,造成次品;水温低,有利于最终胴体产品外观色泽的改善,但会有沙门氏菌存在,增大交叉感染的几率,同时造成残羽多,拔除羽毛困难。脱毛后必须保持鸡只皮肤有光泽,肌肉红润有弹性。浸烫池需设温度显示装置,池水采用流动水或勤换水,保持池水清洁。也可以在水中加清洁剂或氯制剂,减少交叉感染的发生。

鸡体脱毛可用 2 台脱毛机连续进行,绝大部分羽毛被脱毛机打掉,羽毛应及时处理,在有水冲洗的链条上去净鸡体残毛、黄衣、脚皮和趾壳等,鸡体上残留的绒毛可以通过火焰烧掉,胴体上残留的一些毛锥需要用小镊子拔掉。脱毛后的鸡体不得被粪便污染和破损。由于脱毛环境气雾条件和设备本身的因素,要求烫毛和脱毛间与其他加工车间分割开,用含氯制剂的水多次冲洗鸡体。

4. 去内脏

有条件的屠宰场一般采用内脏摘取机摘取内脏,也可以用手工操作。内脏摘取过程中要防止肠道破损和胆囊破裂污染胴体。

损伤的肠管不能垂挂在鸡体的表面。当污染发生时，应立即将胴体用足够压力的清水反复冲洗干净。

当肠道内容物逸出污染屠体时，应立即将胴体内外清洗干净。摘取内脏的可食部分，通过水流等运送到内脏处理室，由专门的卫检人员检查。

机械器具上的粪便、血污、脂肪等，应尽量用有压力的水彻底冲洗，并进行消毒。

5. 冷却

经冲洗干净后的鸡胴体，应迅速进入含有搅动装置的冷水槽中冷却。冷却分为预冷却和终冷却。

预冷却水温控制在5℃以下，以缓慢降低胴体的温度来防止肌纤维迅速缩短而导致肉的老化。鸡肉必须向水流相反的方向移动，以便在肌肉移动时始终接触最清洁的水，保持冷却水干净。预冷却时间占总冷却时间的1/3～2/3。

终冷却通常采用冷水加1/3冰块或冷却水，水温保持在0～2℃。冷却后鸡体胸部肌肉中心温度降至5℃以下。总的冷却时间应不少于30 min。

由于浸水冷却存在交叉感染的隐患，可以在冷却水中添加氯，使氯在水中的含量为45～50 mg/L，以杀灭大肠杆菌。具体操作时由于水的洁净度和氯的浓度会不断降低，应不断换水和添加氯。

6. 沥干

冷却后的鸡体，沥干2～3 min。如需整鸡包装，在沥干自动称重后，装入包装袋密封保存，低温速冻。

7. 胴体修整

取出内脏经冷却后的胴体，在分割前必须进行修整，摘取胸腺、甲状腺、甲状旁腺及残留气管后，用真空泵吸取胸腔内血水、血块和黏液。随时准备带有足够压力的清水，彻底有效地冲洗胴体内外。胴体经修整后，体表应达到：洁净，色泽正常，无出血点，无溃疡，无毛囊，无创、挫伤，无青黑跗关节，无骨折，无血污，无杂质。

（二）人工屠宰加工过程

人工屠宰加工方法主要包括宰杀、烫羽、拔羽和内脏的处理，如果需要也可以进行屠体分割。

1. 宰杀

宰杀方法之一是在颈下喉部割断血管、气管和食管，血流出后死亡。这种颈放血方法操作虽然简便，但因切口过大，容易被污染，且影响屠体美观。宰杀方法之二为口腔放血法，即将鸡头固定，刀伸入口腔，使刀尖达第二颈椎处，割断颈静脉和桥状静脉的联合处，然后刀尖稍微抽出，在上颌裂缝中央、眼的内侧斜刺延脑，破坏神经中枢，使其尽快死亡。这种方法外部无伤口，外观整齐，放血也较完全。

2. 烫毛和拔毛

浸烫的水温应根据鸡的日龄而定，一般为60～63℃。老龄鸡水温应提高到65～68℃，浸烫时间也要适当延长。烫不透，造成拔毛困难；烫得过熟，皮毛齐下，影响品质。

拔毛的动作要轻快，去毛要干净。手拔毛时，可根据羽毛的性能、特点和分布，有顺序地进行。先拔翅羽，每次拔1根或2根；然后拔背毛；再拔胸腹部的，倒搓拔颈毛；最后拔尾毛。

3. 开膛

一种方法是从右翅下缘用刀割开一个月牙形的口，长6～7 cm，将腱带割断，然后拉肠。采用这种方法加工的鸡可制成烧鸡等。另一种方法是腹下开膛，用刀或剪刀从肛门正中处切开，刀口长3 cm，食指和中指伸入腹腔拉肠。家庭给鸡开膛，从肛门到胸骨端沿正中切长6～10 cm的口，然后拉肠。

4. 内脏的处理

经过浸烫去羽的鸡，要立刻进行内脏的处理。

先除肛粪，将鸡的腹部朝上，用手掌托住背部，用两手指按下腹部向下推挤，清除直肠和肛门内的粪便，然后用水冲洗，避免下步操作时污染鸡体。

清除淤血，一手握住头颈，另一手的中指用力将口腔或喉部的淤血挤出，在水中上下、左右摆动，将血污洗净。同时把喙的角质壳和舌衣拉掉。

内脏的处理一般有半净膛和全净膛。

半净膛：屠体去除气管、食道、素囔、肠、脾、胰、胆和生殖器官、肌胃内容物及角质膜，保留心、肝（去除胆囊）和脂肪。翼下开膛，要把鸡体腹部朝上，右手控制鸡身，左手压住小腹，用大拇指、无名指、中指用力向上推挤，使内脏脱离尾部，便于取出内脏；然后用右手中指和食指从翼下的刀口处伸入，抠住内脏并拉出，用两手指圈牢食管，将与肌胃周围相连的筋膜和薄膜分开，把全部内脏取出。腹部开膛的鸡，一般用右手的 4 个手指伸入切口，触到鸡的心脏，向上一转，把周围薄膜分开，4 个手指抓牢心脏向后拉，取出全部内脏。

全净膛：半净膛重减去心、肝、腺胃、肌胃、肺、腹脂和头脚。

如果需要作屠体分割，则按标准进行鸡翅、鸡腿、鸡胸的分割。

四、胴体的分割

放养鸡胴体按产品种类可以分割成为主产品、副产品和二次加工产品，如表 11-6 所示。

（一）全鸡类

1. 净膛鸡（鸡胴体）

屠体从腹部开口（2 cm），将内脏（包括食道、嗉囊、气管、肺、肠道、生殖器官、腹脂）摘取，除去头、颈、脚。颈皮从内侧划开，保留 5 cm 左右。

净膛鸡目前国内市场称为西装鸡。

2. 半净膛鸡

将符合质量卫生标准要求的心、肝、肫、颈装入聚乙烯袋内，放入净膛鸡胸腹腔内，不得散放或遗漏。

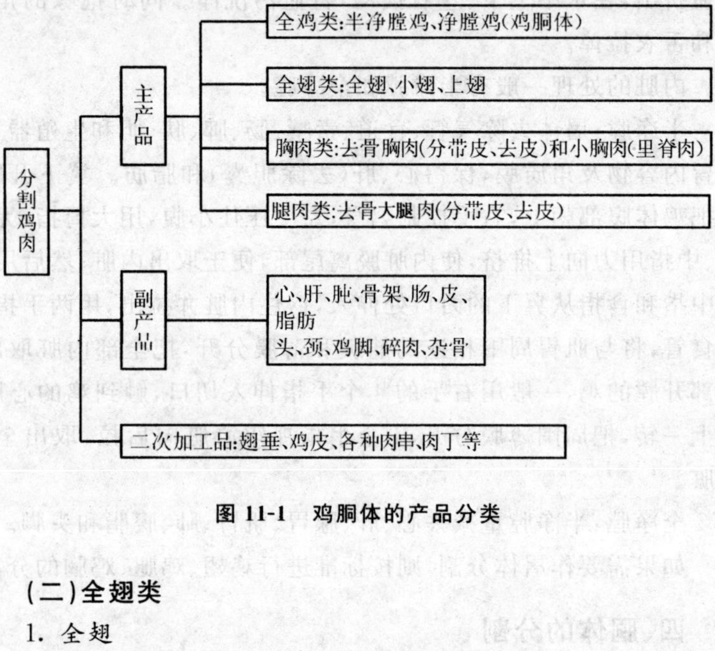

图 11-1 鸡胴体的产品分类

(二)全翅类

1. 全翅

从肩关节处割下，切断筋腱，不得划破骨关节面和伤残里脊。

2. 上翅

从肘关节处切断，由肩关节至肘关节段。

3. 小翅

切断肘关节，由肘关节至翅尖段。

(三)胸肉类

1. 胸肉

从肋骨两侧用刀划开，切割肩关节，握着翅根连胸肉向尾部撕下，剪下翅，皮附于肉上，大小一致，称为带皮去骨胸肉。

2. 小胸肉(胸里脊)

沿锁骨和乌啄骨两侧处的胸里脊部分。

(四)腿肉类

1. 全腿

在腿腹间两侧用刀划开,将大腿向背侧方向用刀,从髋关节处脱开,割断关节四周肌肉和筋腱。在跗关节处切断。腿形完整,边缘整齐,腿皮覆盖良好。

2. 大腿

从髋关节至膝关节间的部分。

3. 小腿

从膝关节至跗关节间的部分。

4. 去骨腿肉

从胫骨到股骨内侧用刀划开,切断膝关节,剔除股骨,修割多余的皮、软骨、伤痕。皮附于肉上,大小一致,称为带皮去骨腿肉。

(五)副产品

内脏产品整理必须在单独车间进行。

1. 心

去除心包膜、血管、脂肪和心内血块。

2. 肝

去除胆囊、血管,修净结缔组织。

3. 肫

去除腺胃、肠管、表面脂肪。在腱一侧切开,去除内容物,剥除鸡内筋。

4. 骨架

去除鸡胸部及皮肤后的胸椎和肋骨部分。

5. 鸡脚

从趾关节处切下,除去爪尖。

(六)二次加工产品

1. 翅垂

将中翅的桡骨去除,保留尺骨,将皮肉拉向腕关节侧。

2. 腿肉切块

产品呈方块形,重量 70～75 g 或 80～85 g,肉上带皮,每个等级差为 20 g。

3. 腿肉串

竹签长度有 15 cm 和 18 cm,每串肉块为 4～6 块不等,肉串每块重量为 25～30 g。

4. 腿葱肉串

竹签长度有 15 cm 和 18 cm,肉块和葱白相间串在一起,葱白大小同肉块相似。

5. 腿肉皮串

肉块和皮块相间串在一起,其他同腿葱肉串相同。

6. 皮串(分烫、生)

皮块约 3 cm,15 cm 长竹签串 7～8 个。

此外还有尾串(带尾脂腺和去尾脂腺),鸡肫串、水煮鸡肉块等产品。

五、包装、冷冻和冷藏

鸡屠体经修整分割后,无论以胴体形状或分割二次加工,必须在室温为 12～15℃条件下,迅速给予包装。使用的包装材料有防潮、无毒的玻璃纸、塑料袋等。包装后的成品不准堆积,要及时入库,从宰杀到成品进入冻结库所需时间不得超过 1.5 h。

(一)预冻

经过屠宰加工处理后,应马上移至冷却间进行预冻,室内温度为 2～3℃。经过几个小时的冷却,即完成预冻。

(二)速冻

将预冻的包装箱移到冷冻室，使鸡肉内水分结成冰晶。冷冻室温度为－29～－23℃。冷冻大约需要 3 h。要求肌肉中心温度在 24 h 内降至－15℃以下，保持产品有良好的色泽、保水性和卫生状况。

(三)冷藏

冷藏温度一般为－18℃，温度变动不得超过±2℃。速冻后如需长时间贮存，应及时送入冷藏间，使鸡肉尽可能不受理化因素、微生物的影响。一般贮存时间越长，温度应该越低。如果贮存时间在 8 个月以上，应采用温度－23～－25℃、相对湿度 85%～90%的冷藏条件。产品在库内应分类分批堆放，先进先出，保质期为 12 个月。

宰杀后的鲜鸡胴体，在运经附近销售点时，要装入专用塑料袋内，并装有碎冰，使温度保持在 5℃以下，用专门冷藏车发运。

第三节 放养鸡产品的品质与加工

一、放养鸡鸡蛋的品质与加工

(一)放养鸡的鸡蛋品质

放养鸡由于在放养期间大量扑食多种虫体(动物性饲料)，自由采食草叶、草籽(植物性饲料)，鸡蛋的品质和主要营养物质含量都有不同程度的改善，如表 11-6 所示。

河北省畜牧兽医研究所和河北农业大学的研究表明，放养鸡蛋黄中胆固醇含量显著低于笼养鸡，而蛋黄中的磷脂含量、蛋黄中脂肪与鲜蛋重量之比显著高于笼养鸡，如表 11-7 所示。

表 11-6 不同饲养方式鸡蛋的品质

品种	饲养方式	蛋重/g	蛋形指数	蛋黄色泽指数	蛋黄系数	哈夫单位	蛋壳厚度/cm	蛋壳相对重/%
柴鸡	笼养	43.38	1.35	8.40	46.43	92.19	0.378	10.65
	放养	43.50	1.34	11.60	50.45	94.16	0.417	11.42
绿壳蛋鸡	笼养	48.41	1.30	6.20	46.70	96.34	0.357	11.22
	放养	46.13	1.33	10.60	49.53	98.63	0.418	11.38
某品牌鸡	笼养	50.40	1.27	7.20	45.01	81.55	0.334	11.11
	放养	46.38	1.33	8.80	49.78	84.42	0.347	11.93

表 11-7 笼养鸡和放养鸡鸡蛋主要营养物质含量 %

品种	饲养方式	蛋清水分	蛋黄水分	蛋黄胆固醇	蛋黄磷脂质	蛋黄相对重
柴鸡	笼养	88.16	49.77	1.50	13.35	30.73
	放养	86.66	47.40	1.40	14.51	32.20
绿壳蛋鸡	笼养	87.67	50.53	1.55	13.50	29.26
	放养	86.71	48.03	1.33	14.21	30.55
某品牌鸡	笼养	88.10	51.39	1.59	9.50	26.92
	放养	86.21	46.86	1.46	10.56	28.48

(二)放养鸡鸡蛋的加工

1. 松花蛋的加工

松花蛋又称皮蛋、变蛋、碱蛋或泥蛋，是我国传统风味蛋制品。松花蛋营养价值高，口味鲜美浓郁，不仅深受国内群众欢迎，在国际上也享有很高的声誉。松花蛋虽然品种很多，加工工艺也各不相同，但加工过程中所用的辅料大同小异，加工原理也基本相同，都是利用生石灰和纯碱反应产生氢氧化钠，氢氧化钠使蛋白蛋黄凝固的过程。

(1)加工松花蛋所用辅料

辅料有碱面(又称纯碱、食碱)、生石灰、食盐、茶叶、氧化铅(又称黄丹粉、密佗僧、金生粉、金罗底等)、草木灰、黄土和其他辅料。

(2)加工松花蛋所用配料

配料是加工松花蛋的关键。可以生产有铅松花蛋,也可以生产无铅松花蛋。

配料之一:纯碱 7 kg,生石灰 30 kg,草木灰 5 kg,茶叶 4 kg,盐 6 kg,水 120 kg,氧化铅 20 g,鸡蛋 100 kg。

配料之二:纯碱 7.5 kg,生石灰 30 kg,食盐 6 kg,茶叶 3 kg,硫酸锌 0.6 kg,水 120 kg,鸡蛋 100 kg。

(3)松花蛋的加工方法

根据加工工艺可分为浸泡法、滚粉法和包泥法 3 种。

1)浸泡法

选蛋和装缸　用照蛋器将原料蛋逐个进行光照检验,剔除裂纹蛋、气孔少或无气孔的钢壳蛋以及气孔大、蛋壳较薄的沙壳蛋。将选好的原料蛋大头向上装入预先在缸底铺有一层纸屑的缸内,装到八成满为止,然后用自用的竹箅压在蛋面上以防止加入料液后蛋浮起。

配制料液　将水、茶叶在锅中煮沸 10～20 min,滤出茶汁,趁热倒入盛有碱面、食盐、氧化铅(或硫酸锌)及砸成小块的生石灰的陶瓷缸中,待料液不再沸腾后,充分搅拌均匀,最后加入草木灰充分搅拌。当料液冷却到 30℃以下时,便可灌料。

灌料　当料液冷却后,捞出缸底没有充分溶解的石块,再按量补足,待其充分溶解后,搅拌均匀。用勺或搪瓷杯将料液沿缸壁全部灌入装好的蛋缸内,直至鸡蛋全部浸入料液中,然后用双层塑料布将缸口扎紧,置于阴凉处。

成熟　每种配方都有一个基本稳定的成熟期,但成熟期并不是固定不变的,它随加工条件、温度、配料质量的变化而变动。因此,应在成熟前 3～5 d 内抽样检查。成熟良好的松花蛋剥壳检查时，蛋清凝固光洁，不黏壳，呈棕红色或棕褐色，蛋黄大部分凝固，外部呈黄色，内部为青绿色。

出缸　完全成熟的松花蛋应立即出缸以防止碱伤，出缸前应准备好凉开水以备洗蛋，特别在冬季温度不宜过高，否则会使成熟好的松花蛋破裂。洗蛋时，工作人员要戴耐酸碱的手套或用工具将蛋逐个捞出，放入凉开水中，也可用料液中的上清液洗蛋，洗去蛋壳表面的残液，放入竹筛中晾干后包泥滚糠或用液体石蜡涂膜蛋壳。

包泥滚糠　为方便运输，出缸洗净后的松花蛋应包泥滚糠。包泥前应检查，将破蛋、裂纹蛋、水响蛋剔除，而后用浸泡过蛋的稠料与黄土调成稠泥状，将蛋逐个包上 2～3 cm 厚的泥，再滚上一层稻壳或锯末，装入筐、箱或缸中，贮存或销售。

2)滚粉法

原料蛋准备　与浸泡法相同。

调制泥浆　每 100 kg 鸡蛋约需干黄土 30 kg，开水 10 kg。用黄土和开水调制成稠泥状，稠度以使蛋在泥浆中滚动能黏土约 2 mm 厚为宜。

调制混合粉　每 100 kg 鸡蛋需：生石灰 4 kg，碱面 3 kg，食盐 2 kg。先将生石灰放入铁锅中，用手指蘸清水滴在石灰块上，使其不断吸收水分，这时石灰块由大变小，最终化成粉末状，剔除小石灰渣，置火上炒干，然后倒入纯碱和细盐，翻搅均匀备用。

缠泥滚粉　将蛋逐个放入泥浆中滚动 1 周，使其裹上厚约 2 mm 的泥浆，用取蛋钳取出，放入在小火上加热的混合粉中，用戴手套的手滚动蛋 2 周，使蛋周身都沾满白粉，装入缸内或不透气的塑料袋中密封，置阴凉干燥处。

成熟　本配方在 18～27℃室温下 15 d 左右便可成熟。可根据成熟期间室温高低，酌情提前 3～4 d 抽样剥壳检查。若发现蛋清基本凝固，不粘壳，便应及时取出晾置。晾 1 周左右，碱味便可大大减轻，蛋体会进一步坚韧，便可食用。

3)包泥法

原料蛋准备　同浸泡法。

配料　加工 100 kg 鲜蛋所需配料：纯碱 6 kg，生石灰 15 kg，草木灰 15 kg，食盐 2 kg，茶叶 2 kg，氧化铅 20 g，黄土 30 kg，水 45 kg。

将挑选质优量轻的生石灰砸成 1/2 个鸡蛋大的小块，放入陶制缸中，加入纯碱、食盐及氧化铅。将茶叶与水煮沸 10～20 min，捞去茶叶，趁热倒入缸内，这时由于生石灰与热茶水反应，出现沸腾状态，待沸腾停止后，充分搅拌，捞出未溶解的石灰块，再取同量的生石灰添补，搅拌均匀，同时边搅边加入碾细干燥的黄土，最后加入草木灰，用力搅拌，直至料泥拌成黏稠均匀状为止。用此方调制的料泥较稠，呈干泥状，可用小铲取泥块包蛋，双手戴上耐酸碱的手套，右手用铁铲取鸡蛋 2/3 大小的料泥于左手心上，右手取蛋轻轻插入左手料泥中，双手一合轻轻揉搓，使料泥均匀地包裹在鸡蛋周围。将包好的鸡蛋逐个放入盛有锯末或稻壳的竹筛中滚动 1 周，使其均匀地粘上一层锯末或稻壳，逐个放入干净的缸中，用塑料布将缸密封，以待成熟。

本配方在 20℃左右环境条件下，10 d 左右便可出缸。与浸泡法一样，在成熟前 3～5 d 要及时抽样检查，以防出缸过早或造成碱伤。

2. 咸蛋的加工

咸蛋的加工非常普遍。家庭最常用的是水腌法。

水腌法　主要是用食盐和开水，有的也加入一些花椒、茴香、桂皮等腌成五香味咸蛋。先把食盐放入容器中，倒入开水使食盐溶解，待冷却到 20℃左右时，即可将选好的鲜蛋放进去浸泡。盐水的浓度以20%为宜(即20 kg食盐加80 kg开水)。当装至距缸口5～6 cm时,将蛋摆平,盖上一层竹箅,以免鸡蛋漂浮。一般夏季20 d、春秋季30～35 d即可出缸食用。为使蛋黄多出油,可在盐水中加些烧酒。

二、放养鸡鸡肉的品质与加工

(一)放养鸡鸡肉的品质

放养鸡的饲养受环境的影响较大,饲养时间相对较短,肉质细嫩,结缔组织含量较少而柔软,并且鸡肉的蛋白质含量可高达22%～23%,远远高于猪肉、羊肉,比蛋白质含量较高的牛肉还高3%左右,脂肪含量较其他畜肉低,仅含2%～3%。

我们通过对放养鸡和笼养鸡的肌肉养分含量分析发现,前者的养分含量高于后者,如表11-8所示。

表11-8 放养鸡肌肉营养成分

项目	干物质/%	粗蛋白/%	粗脂肪/%	钙/(mg/kg)	磷/(mg/kg)
放养鸡胸肌	26.67	25.76	0.38	259.00	2 712.20
放养鸡腿肌	37.36	23.47	1.37	269.80	2 666.60
笼养鸡胸肌	27.24	25.53	0.36	232.20	2 676.40
笼养鸡腿肌	25.08	22.70	1.94	283.00	2 540.60

通过研究我们还发现,放养鸡和笼养鸡相同部位的氨基酸含量有差异。因为谷氨酸是重要的鲜味氨基酸,含量的多少直接影响到加热后产生肉味的强弱及轮廓。在我们进行的试验中,谷氨酸含量由高到低依次为:放养鸡腿肌、笼养鸡腿肌、放养鸡胸肌、笼养鸡胸肌。肌肉中谷氨酸与肌苷酸按一定比例混合,可以使谷氨酸的鲜味增至6倍,并且对酸、苦味有抑制作用。分析表明,肌苷酸含量由高到低依次为:放养鸡胸肌、笼养鸡胸肌、放养鸡腿肌、笼养鸡腿肌,如表11-9所示。

表 11-9　放养鸡肌肉中氨基酸和肌苷酸的含量

mg/g

项目	天冬氨酸	苏氨酸	丝氨酸	谷氨酸	甘氨酸	丙氨酸	胱氨酸	缬氨酸	蛋氨酸	异亮氨酸	亮氨酸	酪氨酸	苯丙氨酸	赖氨酸	组氨酸	精氨酸	脯氨酸	AA总量	肌苷酸
笼养鸡胸肌	1.75	0.95	0.55	1.05	1.06	1.66	0.26	1.43	0.65	1.06	1.88	0.89	1.16	2.06	0.79	1.62	1.00	19.83	1.64
放养鸡胸肌	1.87	1.03	0.59	1.22	1.00	1.69	0.28	1.36	0.70	1.09	2.17	0.87	1.13	2.11	0.81	1.58	0.92	20.42	1.965
笼养鸡腿肌	1.90	0.97	0.66	1.37	0.87	1.27	0.25	1.07	0.64	1.25	1.80	0.79	0.97	1.92	0.59	1.49	0.98	18.79	0.868
放养鸡腿肌	1.84	0.92	0.63	1.40	0.88	0.82	0.24	1.22	0.60	2.30	1.61	0.82	0.94	1.80	0.71	1.31	0.92	18.96	1.185

(二)放养鸡鸡肉的加工

放养鸡的肌肉风味和营养价值优于笼养鸡,放养鸡鸡肉的加工和其他饲养方式鸡肉的加工方法相同。

1. 烧鸡

烧鸡是我国传统名优特产熟制品,在烹调制作工艺上别具匠心,颇有特色。其制作方法严格。成品具有形优、色佳、味美、肉嫩等特点。调制所用配料分别具有健胃、去腥、提香的作用。现以道口烧鸡为例说明加工方法。

(1)选鸡与宰杀

采用颈部宰杀、放血,去毛后腹下开膛,掏出内脏,斩去两爪,洗净血污。

(2)造型

把洗净的鸡置于工作台上,腹部朝上,左手按住鸡体,右手持刀切开肋骨,根据鸡的大小,将一束高粱秆放入腹腔内把鸡撑开,再将两腿插入刀口内,两翅交叉插入鸡的口腔,形成两头尖的半圆形造型,再用清水漂洗干净,挂起晾去水分。

(3)清油炸鸡

将晾好的鸡坯抹上饴糖或蜂蜜水,浓度为饴糖(或蜂蜜)30%、水 70%;然后将花生油(最好用鸡油)加热到 150～160℃,将鸡坯翻炸,成柿黄色即可捞出。

(4)卤煮

按比例配好料:以 100 只鸡(100～125 kg)计算,需要砂仁 16 g、豆蔻 15 g、丁香 3 g、肉桂 90 g、良姜 90 g、陈皮 30 g、白芷 90 g、食盐 2～3 kg。把油炸的鸡,按顺序逐层放入锅内,兑入老汤,加入各种辅料盐水,用箅子压住鸡,使汤淹过鸡体。用旺火将汤煮沸后,每 100 只鸡再加 18 g 亚硝酸钠放在鸡汤沸处溶化,从而保证烧鸡色泽鲜艳;然后用小火徐徐焖煮,直到煮熟为止。从汤沸时算起,母鸡一般煮 4～5 h,公鸡 2～4 h,但要灵活掌握,防止过火或欠火。整个焖煮过程中，火候的大小直接影响烧鸡的鲜味和香味。

(5)出锅

事前准备好工具，将鸡逐只从锅中捞出。先撇去浮油，然后用叉夹住鸡颈，左手摊开双筷端住鸡腹内秸秆，两手配合，迅速将鸡捞出，放在箅子上，保持鸡体完整。要求确保造型，不破不碎。成品规格为：鸡身色泽浅红，稍有黄底，鸡皮不破不裂，造型完整，咸甜适口，鸡肉不碎烂，而且一咬齐茬。道口烧鸡的成品形态优美，肉色黄里带红，味香肉烂，咸中带甜，母鸡肥而不腻，雏鸡肉鲜且嫩，热鸡一抖即骨肉分开，食后有余味。

2. 扒鸡的加工

(1)选鸡与处理

以当年生的1～1.5 kg的鸡为最好。

(2)整形

活鸡从颈部宰杀放血，浸烫退毛，取出内脏后，用清水冲洗干净，将两腿交盘至肛门内，双翅向前由颈部切口伸进，从口腔内交叉盘出，形成卧体含双翅形态，造型优美。

(3)涂色、烹炸

将鸡盘好，晾透，涂上用白糖或蜜熬制的糖色，然后放入烧沸的油锅内，烹炸1～2 min，鸡体变为全黄透红色即可。

(4)焖煮

按比例配好料：每20只鸡(15 kg)配花椒5 g、八角茴香10 g、陈皮5 g、草蔻5 g、桂皮13 g、山萘7 g、草果5 g、白芷12 g、丁香2.5 g、肉蔻5 g、砂仁1 g、茴香5 g、姜25 g、酱油400 g、盐350 g。把茴香、花椒和压碎的砂仁装入布袋，随同其他配料一起放入锅中。把炸鸡放入锅内，放老汤和新汤各1/2，以淹没鸡体为度；压上石块等，防鸡体滚动。先用旺火煮沸1.5～2 h，再改微火焖煮8～10 h，直至煮烂为止。

(5)出锅

出锅时,先加火把汤煮沸,取下石块,利用肉汤沸腾和浮力,手持铁钩和汤勺,顺势将鸡捞出。出锅动作要敏捷,并按照鸡的排列,用钩子钩住头部,轻提到漏勺内,平稳端起。要防止脱皮、掉头、断腿,力求鸡体完整。出锅后的鸡即为成品。

3. 香酥油鸡的加工

香酥油鸡也是美味佳肴,是颇受人们青睐的一道名菜。

(1)准备配料

宰好的鸡1只(约重1.25 kg),酱油75 g,绍酒15 g,丁香、蔻仁、桂皮、白芷、橘皮各1 g,五香粉1 g,白糖7.5 g,精盐、葱段、姜块各5 g,芝麻油10 g,花生油1 000 g。

(2)宰杀与整理

在鸡胸下部割开一小口,取出内脏,并将眼睛挖出(以防在油炸时,眼珠爆炸伤人)。洗净后,用刀背把翅膀和大腿骨砸断(要骨断肉连),并用手错开腿骨的断缝,顺大腿骨向里推,使腿部缩短。再用剪刀从开腔的地方插入鸡胸骨的两侧,把胸骨拧断,使胸骨凸起部朝下(因鸡胸凸起部分肉薄,遇到高温油皮易裂开),并用力将胸部压扁。再将鸡身侧放,用力压一下,使肉离骨,腌时才能入味。

(3)腌制与蒸煮

将鸡的里外用盐搓匀,再将五香粉均匀撒在鸡腹中,放在高19 cm、直径25 cm的瓷盆内,倒入酱油、芝麻油(5 g)、绍酒、白糖、葱、姜、丁香、蔻仁、桂皮、白芷、橘皮,稍拌一下腌制8 h。腌制时,要翻转1～2次,然后取一张白纸用水浸湿,盖在瓷盆上面,把口封严,使香味不致外溢。把鸡连同瓷盆上笼蒸3～4 h,取出鸡,沥净膛内水分,除去鸡身上的葱、姜和香料。

(4)油炸

把花生油倒在炒勺内,在旺火上煎至八成熟后,端离火口,放入蒸好的鸡;再把炒勺放在旺火上,来回翻转油炸2～3 min,取出盛在盘中，浇上热芝麻油 5 g，即为成品。

4. 沟帮子熏鸡

沟帮子熏鸡体型完整，美观大方，肉质软嫩，鲜香可口，具有熏制香味。

(1)准备配料

以体重 1 kg 的 1 只鸡计，配料用量为：食盐 30 g，丁香、山萘、白芷、陈皮、桂皮、花椒、大茴香各 4.2 g，砂仁、肉蔻各 1.4 g，鲜姜 7 g，胡椒粉、香辣粉各 0.7 g，味精少许。

(2)宰杀退毛

将活鸡按常法宰杀放血后，放进 60℃ 热水中烫毛，烫约 30 s，用手试拔，如能轻轻拔掉毛即趁温迅速拔毛。

(3)取内脏

拔净毛的鸡放在案板上，用酒精喷灯烧掉鸡身上的绒毛。用刀先在鸡右翅根处颈侧割一小口，取出嗉囊；再用刀在腹部靠肛门处横割一小口，除掉肛门；伸进手指，慢慢掏出内脏；然后放进清水里洗刷，重点冲洗肛门、腹腔、胸腔、嗉囊等处。

(4)整形

将净膛鸡放在清水里，浸泡 2 h，控出血水，使鸡肉颜色鲜亮。捞出后，在案板上用刀背砸断鸡大腿，再用剪刀剪断胸骨，双腿折过来塞进鸡肚子里，鸡头压在翅下，双翅别在背上。

(5)煮制

将整好形的鸡放进开水锅里浸 1 h，捞出。浸过鸡的水过滤，再倒入锅内，烧开后，将鸡和食盐、砂仁、肉蔻、丁香、山萘、白芷、陈皮、桂皮、花椒、大茴香、鲜姜、胡椒粉、香辣粉、味精等配料一起放入锅里。大火烧开后改小火慢煮，以免鸡肉破碎走形。当年新鸡煮制 1 h，老鸡煮制 2 h 左右。

(6)熏制

将煮好的鸡捞出，用小刷子蘸糖水（4 份糖 6 份水混合在一起)，涂抹在鸡身上。把涂好糖的鸡摆在铁丝网箅子上，放入烧热的空铁锅内，在锅内撒些锯末或木屑，一见生烟，赶快盖上锅盖，焖熏 15 min 即成。也可用熏炉进行熏烤。

(7)涂油

用软毛小刷子蘸上香油，往熏好的鸡肉上涂抹，抹油后即为成品。

5. 鸡肉松的加工

(1)准备配料

主料为鸡肉 50 kg。选用新鲜鸡肉或鸡胴体，剔除骨、皮、脂肪、筋腱等，以精肉为原料。辅料为精盐 1 kg、白糖 2 kg、鲜姜 400 g、黄油 1.5 kg、味精 100 g。

(2)煮制

锅内加水煮沸，放入鲜姜和精盐，再把整理好的鸡肉下锅，用大火煮 15 min 左右，撇去油沫，加盖焖煮 3 h。前 1 h 继续用大火，以后改用小火。将鸡肉捞出后，去掉油筋杂质，再进行第二次煮制。锅内汤水烧开时，加入白糖和黄酒，随即进行挤压，边挤压边撇油，用小火焖煮 3 h。

(3)炒干

将煮熟的肉块捞出，冷却 12 h 后进行炒干(刚出锅的熟肉易焦锅和断绒)。炒干时，应用小火，轻炒轻翻，待肉块松散、干燥时出锅。

(4)搓松

可利用滚筒式擦松机将肌肉纤维擦开，再用振动筛将长短不一的纤维分开，使产品更整齐。也可用干洁的搓松板，在簸箕中用手揉搓鸡肉，用力要均匀，否则碎屑较多。待将鸡肉全部搓成松软的丝绒状时，即为成品。加工的鸡肉松成品要求颜色浅黄微白，纤维细长松软，有弹性，无碎骨，甜咸适度，清香浓郁，营养丰富。

6. 鸡肉火腿类制品

工艺以鸡肉为主要原料加工的西式蒸煮火腿为例。

(1)整理原料肉

对原料鸡肉进行修割，剔去筋腱和脂肪。胴体分割环境温度应控制在12℃左右，使新鲜肉有较好的黏着力。

(2)腌制

将配好的腌制料充分和鸡肉混拌，于4～7℃低温室内腌制1～2 d即可(如带骨鸡腿可采用湿腌法腌制)。腌制料配方：食盐2%～2.5%，亚硝酸钠0.03%，砂糖0.05%～1%，白胡椒0.2%，肉豆蔻0.05%，丁香0.01%，姜粉0.2%，味精0.3%，冰水10%。

(3)整形

可根据市场要求使火腿呈方形、圆形、长方形。目前鸡肉火腿以圆形为主。为了提高制品的黏结效果，可取5%～10%已腌制好的鸡，斩拌成肉糜，然后和鸡肉块混合经搅拌和滚揉，直至肉块变黏为止。同时可添加3%～5%淀粉和冰水。通过灌装机，把原料肉灌入不同规格的肠衣(天然的、塑料的、胶质的)中，然后结扎。

(4)烟熏

烟熏的目的是使制品外观和色泽度好，有茶褐色的光泽。烟气成分的渗入，使制品具有特殊的烟熏味，并提高防腐能力和抗脂肪的氧化，有利于发色。将灌制后火腿吊挂在铁架上送入烟熏室，先用50℃低温烘烤1 h左右，使其干燥，然后可采用50～80℃的热熏法熏制2～3 h。烟熏材料以硬木类较好。

(5)蒸煮

肉制品的蒸煮，分蒸汽煮和水煮。

水煮温度应控制在80℃以内。当温度超过80℃时，肉制品变硬，保水性下降，易生成硫化氢物质使制品风味降低，并且破损率会增加。水温在70～75℃时，1 kg火腿水煮需1.5～2 h，大型火腿5～6 h，应根据火腿直径大小来决定水煮时间。水煮时温度应上下一致。制品避免相互接触。

火腿制品的烟熏和蒸煮有时因制品风味需求不同,也可先水煮后烟熏,以增加制品烟熏味,或只水煮不烟熏,但其工艺和原理基本相似。

(6)冷却

蒸煮和熏制完毕后的产品应尽快冷却,使制品温度迅速下降,以保证产品质量,待降到一定温度或冷藏或销售。

冷却方式为水冷却。将蒸煮后的产品立即放入冷水中,通常冷却时间为 20 min 左右。为了防止制品的污染,提高其贮藏期,冷却后可进入活性氯为 50 mg/L 的消毒水中,也可直接进入冷库,在-11℃下快速降温。

提问:

1. 放养鸡胴体质量标准分为几个等级?
2. 如何鉴定放养鸡鸡蛋和鸡肉品质?
3. 放养鸡鸡蛋有哪些风味加工技术?
4. 放养鸡鸡肉有哪些风味加工技术?

附　　录

附录1　中华人民共和国农业行业标准
——《绿色食品　饲料和饲料添加剂使用准则》(节选)

使用准则

绿色畜产品的生产首先以改善饲养环境、善待动物、加强饲养管理为主，按照饲养标准配制配合饲料，做到营养全面，各营养素间相互平衡。所使用的饲料和饲料添加剂等生产资料必须符合《饲料卫生标准》、《饲料标签标准》、各种饲料原料标准、饲料产品标准和饲料添加剂标准的有关规定。所有饲料添加剂和添加剂预混合饲料必须来自有生产许可证的企业，并且具有企业、行业或国家标准，产品批准文号，进口饲料和饲料添加剂产品登记证及配套的质量检验手段。同时还应遵守以下准则：

(一)生产A级绿色食品的生产资料使用准则

1. 优先使用绿色食品生产资料的饲料类产品。

2. 至少90%的饲料来源于已认定的绿色食品产品及其副产品，其他饲料原料可以是达到绿色食品标准的产品。

3. 禁止使用转基因方法生产的饲料原料。

4. 禁止使用以哺乳类动物为原料的动物性饲料产品(不包括乳及乳制品)饲喂反刍动物。

5. 禁止使用工业合成的油脂。

6. 禁止使用畜禽粪便。

(二)绿色食品的饲料添加剂使用准则

1. 优先使用符合绿色食品生产资料的饲料添加剂类产品。

2. 所选饲料添加剂必须是《允许使用的饲料添加剂品种目录》中所列的饲料添加剂和允许进口的饲料添加剂品种，但附录 A 中所列的饲料添加剂除外。

3. 禁止使用任何药物性饲料添加剂。

4. 禁止使用激素类、安眠类、镇静类药品。

5. 营养性饲料添加剂的使用量应符合 NY/T 14、NY/T 33、NY/T 34、NY/T 65 中所规定的营养需要量及营养安全幅度。

附录 A(规范性附录)

生产 A 级绿色食品禁止使用的饲料添加剂

种类	品种
调味剂、香料	各种人工合成的调味剂和香料
着色剂	各种人工合成的着色剂
抗氧化剂	乙氧基喹啉、二丁基羟基甲苯(BHT)，丁基羟基茴香醚(BHA)
黏结剂、抗结剂和稳定剂	羟甲基纤维素钠、聚氧乙烯 20 山梨醇酐单油酸酯、聚丙烯酸树脂Ⅱ
防腐剂	苯甲酸、苯甲酸钠
非蛋白氮类	尿素、硫酸铵、液氨、磷酸氢二铵、磷酸二氢铵、缩二脲、异丁叉二脲、磷酸脲、羟甲基脲

附录 2 中华人民共和国农业行业标准 ——《绿色食品 兽药使用准则》(节选)

使用准则

绿色食品生产者应供给动物充足的营养，提供良好的饲养环境，加强饲养管理，采取各种措施以减少应激，增强动物自身的抗病力。应严格按《中华人民共和国动物防疫法》的规定防止畜禽发病和死亡，力争不用或少用药物。畜禽疾病以预防为主，建立严格的生物安全体系。必要时，进行预防、治疗和诊断疾病所用的兽药必须符合《中华人民共和国兽药典》、《兽药质量标准》、《兽用生物制品质量标准》和《进口兽药质量标准》有关规定。所用兽药必须来自具有生产许可证的生产企业，并且具有企业、行业或国家标准，产品批准文号；或者具有《进口兽药登记许可证》。所用兽药的标签必须遵守兽药标签和使用说明书管理规定。使用兽药时还应遵循以下原则：

（一）优先使用绿色食品生产资料的兽药产品。

（二）允许使用消毒防腐剂对饲养环境、厩舍和器具进行消毒，但不准对动物直接施用。不能使用酚类消毒剂。

（三）允许使用疫苗预防动物疾病。但是活疫苗应无外源病原污染，灭活疫苗的佐剂未被动物完全吸收前，该动物产品不能作为绿色食品。

（四）允许使用钙、磷、硒、钾等补充药、酸碱平衡药、体液补充药、电解质补充药、营养药、血容量补充药、抗贫血药、维生素类药、吸附药、泻药、润滑剂、酸化剂、局部止血药、收敛药和助消化药。

（五）允许使用附录 A 中的抗寄生虫药和抗菌药，使用中应注意以下几点：

1. 严格遵守规定的作用与用途、使用对象、使用途径、使用剂量、疗程和注意事项。

2. 停药期必须遵守附录 A 中规定的时间。

3. 产品中的兽药残留量应符合《动物性食品中兽药最高残留限量》规定，认证机构负责监督生产单位执行标准并抽检产品中的兽药残留量。

（六）建立并保持患病动物的治疗记录，包括患病家畜的畜号或其他标志、发病时间及症状、治疗用药的经过、治疗时间、疗程、所用药物的商品名称及主要成分。

（七）禁止使用有致畸、致癌、致突变作用的兽药。

(八)禁止在饲料中添加兽药。

(九)禁止使用激素类药品。

(十)禁止使用安眠镇静药、中枢兴奋药、镇痛药、解热镇痛药、麻醉药、肌肉松弛药、化学保定药、巴比妥类药等用于调节神经系统机能的兽药。

(十一)禁止使用基因工程兽药。

附录 A(规范性附录)

生产 A 级绿色食品允许使用的抗寄生虫和抗菌化学药品和抗生素

类别	药名	剂型	途径	剂量	停药期
抗寄生虫药	地克珠利	溶液	饮水	0.5～1 mg/L	5 d
抗菌药	红霉素	粉剂	饮水	125 mg/L	5 d,产蛋禁用
	林可霉素	片剂	口服	10 mg/kg	5 d,产蛋禁用
	新霉素	可溶粉	饮水	59～75 mg/L	5 d,产蛋禁用
	大观霉素	可溶粉	饮水	1 g/L	5 d,产蛋禁用
	泰乐菌素	可溶粉	饮水	500 mg/L	1 d,产蛋禁用
		酒石酸	皮下	5～13 mg/kg	14 d

附录 3 家禽常用饲料成分表

饲料名称	水分/%	粗蛋白/%	代谢能/(kJ/kg)	粗脂肪/%	粗纤维/%
玉米	13.5	9.0	13 347	4.0	2.0
高粱	12.9	9.5	13 138	3.1	2.0
小麦	12.1	12.6	12 385	2.0	2.4
大麦	12.6	11.1	11 506	2.1	4.2
黑麦	11.8	11.6	12 092	1.7	1.9
燕麦	12.9	10.0	11 255	4.6	9.8
小麦粉	13.6	15.8	13 891	2.6	1.0
粗米	14.2	7.9	13 557	2.4	1.1

续附录表 3

饲料名称	水分/%	粗蛋白/%	代谢能/(kJ/kg)	粗脂肪/%	粗纤维/%
稻谷	13.2	7.8	10 962	2.4	8.4
小米	11.2	12.0	12 259	4.0	7.6
大豆	13.8	36.9	13 347	15.4	6.0
马铃薯	81.1	1.9	2 573	0.1	0.6
甘薯(干)	11.3	2.8	12 175	0.7	2.2
木薯(干粉)	12.4	2.6	12 008	0.6	4.2
大豆粉	11.9	46.2	10 334	1.3	5.0
棉籽饼	11.0	36.1	7 950	1.0	13.5
菜籽饼	11.4	35.3	6 820	1.9	10.7
花生饼	8.8	47.4	10 125	1.5	8.5
亚麻仁饼	11.9	31.6	7 699	4.6	9.6
芝麻饼	8.4	48.0	10 000	8.7	9.2
椰子油饼	10.8	20.9	8 075	8.5	9.7
葵花籽饼	10.4	31.7	6 653	1.3	22.4
米糠	12.8	15.0	11 380	17.1	7.2
米糠(脱脂)	12.5	17.9	7 322	2.3	8.6
麦麸	12.2	16.0	8 661	4.3	8.2
糖蜜(甘蔗)	26.8	3.3	9 540	0.4	0.1
鱼粉(CP 60%)	8.3	60.8	11 088	8.9	0.4
鱼粉(粗鱼渣)	8.7	50.5	9 874	12.0	0.7
骨肉粉	6.5	48.6	11 129	11.6	1.1
羽毛粉	15.0	85.0	12 619	2.5	1.5
血粉	9.2	83.8	10 251	0.6	1.3
蚕蛹粉	10.2	68.9	11 129	3.1	4.8
动物性油脂	2.6	0	33 430	96.2	0
饲用酵母(啤酒)	9.3	51.4	10 167	0.6	2.0
紫苜蓿粉	11.4	15.5	3 556	2.3	23.6
白三叶草(开花前)	87.4	3.7	795	0.7	1.7

附录4 家禽常用饲料中氨基酸含量

%

饲料名称	精氨酸	甘氨酸	组氨酸	异亮氨酸	亮氨酸	赖氨酸	蛋氨酸	胱氨酸	苯丙氨酸	酪氨酸	苏氨酸	色氨酸	缬氨酸	丝氨酸
玉米	0.49	0.35	0.24	0.32	1.11	0.24	0.17	0.22	0.43	0.42	0.32	0.06	0.45	0.45
高粱	0.33	0.30	0.21	0.38	1.19	0.23	0.12	0.13	0.44	0.23	0.29	0.08	0.49	0.40
小麦	0.60	0.52	0.28	0.40	0.81	0.38	0.16	0.26	0.52	0.38	0.34	0.13	0.54	0.56
大麦	0.46	0.44	0.21	0.37	0.76	0.37	0.13	0.14	0.52	0.27	0.36	0.12	0.53	0.46
黑麦	0.53	0.49	0.23	0.37	0.70	0.37	0.13	0.27	0.50	0.31	0.38	0.15	0.55	0.51
燕麦	0.56	0.45	0.34	0.34	0.66	0.35	0.16	0.22	0.45	0.26	0.29	0.12	0.45	0.45
小麦粉	0.39	—	0.29	0.58	0.87	0.29	0.11	—	0.58	0.19	0.29	0.11	0.48	—
粗米	0.52	0.40	0.19	0.41	0.69	0.30	0.22	0.10	0.40	0.23	0.37	0.12	0.59	0.45
稻谷	0.65	0.99	0.11	0.33	0.65	0.33	0.21	0.12	0.33	0.74	0.22	0.12	0.63	—
小米	0.38	0.28	0.22	0.41	1.33	0.19	0.28	0.20	0.64	0.23	0.34	—	0.52	0.85
大豆	2.77	—	0.89	2.03	2.80	2.36	0.48	0.59	1.81	1.18	1.44	0.48	1.92	—
马铃薯粉	0.38	—	0.15	0.32	0.98	0.43	0.14	0.15	0.47	0.06	0.32	0.07	0.42	—
甘薯(干)	0.09	0.11	0.04	0.10	0.15	0.11	0.03	0.02	0.10	0.04	0.09	0.04	0.13	0.11
木薯粉	0.26	—	0.04	0.09	0.12	0.12	0.13	0.03	0.07	0.04	0.08	0.03	0.11	—
大豆饼	3.77	1.70	1.11	2.00	3.10	2.59	0.49	0.70	1.77	1.40	1.48	0.44	2.14	1.70
棉籽饼	0.04	—	0.90	1.44	2.13	1.48	0.54	0.61	1.88	0.97	1.19	0.47	1.73	—

续附录表 4

饲料名称	精氨酸	甘氨酸	组氨酸	异亮氨酸	亮氨酸	赖氨酸	蛋氨酸	胱氨酸	苯丙氨酸	酪氨酸	苏氨酸	色氨酸	缬氨酸	丝氨酸
菜籽饼	1.86	1.47	0.90	1.24	2.09	1.64	0.53	0.68	1.24	0.90	1.30	0.68	1.58	1.30
花生饼	5.16	2.58	1.14	1.44	2.73	1.44	0.29	0.41	2.05	1.82	1.14	0.99	1.74	1.97
亚麻仁饼	3.52	1.87	0.62	1.31	1.82	1.14	0.54	0.54	1.48	0.91	1.08	0.68	1.48	1.59
芝麻饼	6.07	2.38	1.54	1.77	3.30	1.31	0.92	0.69	2.07	1.77	1.77	0.56	2.30	2.10
椰子油饼	2.34	0.78	0.41	0.61	1.12	0.51	0.25	0.28	0.81	0.47	0.58	0.14	0.95	0.78
葵花籽饼	2.85	—	0.70	1.71	1.93	1.84	0.54	—	1.49	—	0.82	0.63	1.62	—
米糠	1.26	0.92	0.46	0.60	1.17	0.89	0.21	0.32	0.69	1.78	0.66	0.17	0.92	0.74
麦麸	1.05	0.79	0.44	0.51	0.97	0.64	0.16	0.26	0.59	0.33	0.49	0.28	0.74	0.36
鱼粉(CP 60%)	3.25	3.66	1.40	2.56	4.36	4.20	1.80	0.55	2.42	1.97	2.42	0.74	2.91	2.38
骨肉粉	3.34	5.91	0.78	1.32	2.88	2.49	0.52	0.50	1.40	1.09	1.63	0.22	1.94	2.02
血粉	7.11	3.08	9.25	0.78	9.25	6.17	0.45	0.43	4.42	1.74	2.55	1.06	5.90	3.35
羽毛粉	5.25	—	0.50	3.75	6.58	1.42	0.42	3.75	3.58	3.17	3.58	0.50	6.41	—
蚕蛹粉	3.53	2.54	1.76	2.54	3.97	3.86	1.32	0.68	3.20	4.74	2.54	1.43	2.43	2.54
脱脂乳	0.12	—	0.09	0.18	0.32	0.26	0.09	0.03	0.16	0.13	0.15	0.05	0.23	—
饲用酵母	3.12	2.19	1.06	2.11	3.33	3.95	0.85	0.56	1.96	1.57	2.31	—	2.54	2.53
紫苜蓿	0.67	0.67	0.25	0.60	0.97	0.64	0.16	0.14	0.62	0.40	0.55	0.24	0.72	0.60
紫苜蓿(开花前)	0.21	—	0.10	0.22	0.36	0.25	0.07	0.06	0.23	0.11	0.21	0.06	0.27	—
白叶草	0.15	0.13	0.07	0.16	0.10	0.16	0.04	0.05	0.16	0.09	0.18	0.07	0.18	0.13

附录5 家禽常用饲料中矿物质含量

饲料名称	钙/%	磷/%	镁/%	钾/%	钠/%	氯/%	硫/%	铁/%	铜/(mg/kg)	钴/(mg/kg)	锌/(mg/kg)	锰/(mg/kg)
玉米	0.03	0.28	0.11	0.39	0.01	—	—	0.01	3.6	—	24	7
高粱	0.07	0.27	0.12	—	—	—	—	0.01	5.2	—	22	16
小麦	0.06	0.32	0.13	—	—	—	—	—	6.7	—	27	51
大麦	0.09	0.41	0.11	0.60	0.15	0.25	—	0.01	6.4	—	33	18
黑麦	0.08	0.33	0.09	—	—	—	—	0.01	6.4	—	0	60
燕麦	0.12	0.37	0.18	0.44	0.02	0.11	0.23	0.01	6.2	0.07	31	51
小麦粉	0.06	0.34	—	—	—	—	—	—	5.6	—	23	21
粗米	0.03	0.33	0.09	—	—	—	—	0.01	3.3	—	10	21
稻谷	0.05	0.26	0.07	0.98	0.05	0.07	0.05	0.00	3.7	—	14	21
小米	0.05	0.30	0.18	0.48	0.02	0.16	0.14	0.01	—	—	15	30
大豆	0.24	0.67	0.34	1.54	0.03	0.03	0.23	0.01	16.6	—	45	27
大豆饼	0.36	0.74	0.33	2.33	0.02	0.03	0.93	0.09	21.1	0.53	69	39
棉籽饼	0.26	1.16	—	—	—	—	—	—	24.2	—	63	23
菜籽饼	0.72	1.24	0.52	1.26	0.01	—	—	0.02	11.4	—	81	60
花生饼	0.22	0.61	0.28	—	—	—	—	0.12	17.6	—	79	47
亚麻仁饼	0.43	0.82	0.60	1.19	0.13	0.05	0.51	0.02	26.9	1.25	83	120
芝麻饼	2.47	1.20	0.68	1.17	0.03	—	—	0.16	68.8	—	154	78

续附录表 5

饲料名称	钙/%	磷/%	镁/%	钾/%	钠/%	氯/%	硫/%	铁/%	铜/(mg/kg)	钴/(mg/kg)	锌/(mg/kg)	锰/(mg/kg)
椰油饼	0.28	0.66	0.33	—	—	—	—	0.15	31.4	—	57	73
葵花籽饼	0.56	0.90	—	—	—	—	—	—	—	—	112	26
马铃薯	0.01	0.05	0.03	0.48	0.02	0.06	—	0.002	—	—	—	—
甘薯	0.03	0.04	0.05	0.38	0.02	0.02	—	0.002	—	—	—	—
米糠	0.05	0.81	—	—	—	—	—	—	15.1	—	35	209
米糠(脱脂)	0.32	2.89	0.96	—	—	—	—	0.02	9.3	—	86	201
麦麸	0.34	1.05	0.39	0.99	0.22	—	—	0.02	13.0	—	141	145
糖蜜	1.19	0.11	0.47	3.17	—	—	—	0.03	79.4	—	—	56
鱼粉(CP 60%)	6.78	3.59	0.19	0.69	0.67	—	—	0.10	11.6	—	122	21
鱼粉(粗渣)	9.24	5.20	0.25	—	—	—	—	0.02	5.4	—	54	12
骨肉粉	11.31	5.61	0.22	0.38	0.61	0.72	—	0.06	8.2	14.37	122	16
血粉	0.20	0.24	0.02	0.17	0.69	0.70	0.42	0.22	15.4	0.08	30	10
羽毛粉	0.30	0.77	0.04	0.52	—	0.35	—	0.06	10.9	—	183	10
蚕蛹粉	0.24	0.88	—	1.15	0.03	—	—	—	—	—	—	—
牡蛎壳	38.10	0.07	0.30	0.10	0.21	0.01	—	0.29	—	—	—	134
骨粉	30.71	12.86	0.33	0.19	5.69	0.01	2.51	2.67	11.5	0.00	130	23
磷酸氢钙	24.32	18.97	—	—	—	—	—	—	—	—	—	—
磷酸钙	32.07	18.25	0.22	0.09	5.45	—	—	0.92	—	—	—	—
碳酸钙	36.74	0.04	0.50	—	0.02	0.04	0.09	—	—	—	—	—
食盐	0.03	—	0.13	—	39.2	60.61	—	—	—	—	—	—

参 考 文 献

1 王长康．优质鸡半放养技术．福州:福建科学技术出版社，2003

2 尹兆正,李肖梁,李震华．优质土鸡养殖技术．北京:中国农业大学出版社,2002

3 刘庆才,姜文夫，朱天福，等．地方鸡的山地放牧技术要点．中国家禽,2001,4:20

4 刘皆惠．织金县林下草地鸡的产业化思考．养禽与禽病防治，2004,5:40-42

5 李英．鸡的营养与饲料配方．北京:中国农业出版社,2000

6 李英,魏忠华,谷子林,等．地方标准《柴鸡蛋》的制定．中国家禽,2004,26(20):30-32

7 李英,魏忠华,郑长山,等．草场养禽——新型的生态产业．河北畜牧兽医,2004,20(3):12-13

8 李英．规模化生态放养鸡技术专栏．河北畜牧兽医,2005,23(6):19

9 李英．规模化生态放养鸡技术新突破．北方牧业,2005,4(3):10

10 李英．河北力推规模化生态放养鸡．中国畜牧兽医报,2005,(714)

11 李建国,谷子林．日光温室畜禽养殖技术．石家庄:河北科学技术出版社,2002

12 杨宁．现代养鸡生产．北京:中国农业大学出版社,1994

13 邱祥聘．家禽学．成都:四川科学技术出版社,1993

14 谷子林,臧素敏．日光温室珍禽鸟兽虫养殖技术．石家庄:河北科学技术出版社,2002

15 谷子林．特禽标准化生产技术．北京:中国农业大学出版社,2003
16 张仲秋．中国畜牧业统计．北京:农业部畜牧业司,2004
17 张国增．生态放养鸡．北京:中国农业出版社,2004
18 赵超．不同蛋鸡品种、饲养方式、补料种类对鸡蛋品质影响的研究．河北农业大学,2004
19 赵国明,杨世俭．谈谈果园养鸡．新农业,1996,8:38
20 赵安锁．成县土鸡养殖产业化发展思路及对策．甘肃农业,2005,1:31-32
21 施顺昌,林建良,王曙雁．林果茶生态草鸡的推广．中国牧业通讯,2005,9:70-71
22 姚迎波,于敏,张金坤．杨树丰产林林间空地的综合利用．山东林业科技,2005,2:58
23 贺普霄,贺克勇．饲料与绿色食品．北京:中国轻工业出版社,2004
24 袁毓峰,兰永武,朵玉玲．岭南黄鸡在祁连山高寒牧区草原放养试验效果．中国畜牧杂志,2005,4:54
25 曹玉凤,李英．紫花苜蓿在畜禽生产中的应用技术．饲料工业,2001,8:25-27
26 葛剑,谷子林．河北柴鸡1～16周龄生长曲线分析与拟合的比较研究．中国饲料,2005,4:22-24
27 葛剑,谷子林．不同饲养方式对河北柴鸡产蛋末期生产性能和鸡蛋品质的影响．河北畜牧兽医,2005,21(3):18-21
28 臧素敏,谷子林．特种经济禽高效养殖技术．石家庄:河北科学技术出版社,1999
29 魏书兰．草地牧鸡灭蝗技术．新农业,1995,8:25
30 魏忠华,李英,郑长山,等.生态放养鸡饮水装置和棚舍设计.中国禽业导刊,2005,22(6):12

31 B·W·卡尔尼克．禽病学．高福，苏敬良，主译．北京：中国农业出版社，1999
32 Bogdanov I A, Bulgarian. Seasonal effect on free range egg production . World Poultry, 1997, 13(6): 47-49
33 Lopez-Bote C J, Sanz Arias R, Rey A I. Effect of free-range feeding on n-3 fatty adic and α-tocopherol content and oxidative stability of eggs. Animal Feed Sci Tech, 1998, 72: 33-40
34 Permin A, Bisgaard M, Frndsen F, et al. Prevalance of gastroitestonal helminths in different poultr production systems. Brit Poultry Sci, 1999, 40: 439-443
35 Sean M, Clark, Stuart H. The effects of free-range domestic birds on the abundance of epigeic predators and earthworms. Applied Soil Ecology, 1997, 5: 255-260
36 Dransfield E, Sosnicki A A. Relationship between muscle growth and poultry meat quality. Poultry Sci, 1999, 78: 743-746